Hermann Dichtl

Vorbereitung auf das Abitur Geographie

MANZ VERLAG

Manz Verlag

Lektorat: Harald Kotlarz, Rottenburg
Herstellung: imprint, Zusmarshausen
Umschlagkonzept: KünkelLopka, Heidelberg
Umschlagfoto: Fotostudio Maurer, Bamberg
Druck: Finidr s.r.o., Český Těšín

ISBN: 978-3-7863-4005-8

www.manz-verlag.de

Zur Arbeit mit diesem Buch

Liebe Schülerin, lieber Schüler,

Sie suchen eine zuverlässige Vorbereitung auf das Geographie-Abitur oder Material zu wichtigen Themen des Geographie-Unterrichtes für ein Referat?

Der vorliegende Band bietet Ihnen eine **aktuelle und fundierte sowie kompakte Darstellung der relevanten Daten und Fakten zu allen Themen**, die nach den gültigen Lehrplänen zum **8-jährigen Gymnasium** gefordert werden. Das Buch greift die **aktuellen Forschungsergebnisse** auf und bezieht sich auf das **neueste vorliegende Datenmaterial**. Die Anforderungen der Bundesländer Bayern und Baden-Württemberg finden dabei besondere Berücksichtigung.

Dieser Band eignet sich als **Repetitorium für die gesamte Oberstufe** und ist damit die ideale Vorbereitung auf die **mündliche und schriftliche Abiturprüfung** sowie auf **Klausuren**. Außerdem bietet er auch **Material für Referate, Hausarbeiten** und die **GFS** (Baden-Württemberg).

Das **Inhaltsverzeichnis** und das **Stichwortverzeichnis** erlauben ein schnelles und gezieltes Nachschlagen. Die **übersichtliche Darstellung** und **Reduktion auf wichtigste Fakten** ermöglichen ein **rasches Einarbeiten** in die Thematik oder Wiederholen zentraler Aspekte.

Hilfreich und wichtig für Prüfungen ist die ausführliche Behandlung der **geographischen Arbeitstechniken** im Kapitel I. Zusammen mit den Tipps für die mündliche Prüfung ist damit der Weg zu einer sehr guten Geographie-Note im Abiturzeugnis geebnet.

Inhalt

A Die Geozonen der Erde

B Ökosysteme und Eingriffe durch den Menschen

C Ressourcen – Nutzung, Gefährdung und Schutz

D Umweltrisiken und menschliches Verhalten

E Unterschiedliche Entwicklung weltweit

F Bevölkerungsentwicklung und Verstädterung

G Globalisierung

H Raumstrukturen und Prozesse in Deutschland

I Geographische Arbeitstechniken

A Die Geozonen der Erde

Zum Begriff: Geozonen werden auch **Landschaftszonen** oder **Landschaftsgürtel** genannt.
Die Naturlandschaft wird durch das Zusammenspiel von Naturfaktoren geprägt. Dazu gehören: Klima, Boden, Pflanzen- und Tierwelt und das Relief. Insgesamt ergibt das auf der Erde ein recht vielfältiges Ergebnis. Es zeigt sich aber, dass oft ähnliche Bedingungen herrschen und dadurch auch ziemlich ähnliche Grundtypen von Landschaften entstehen. Die Breitenlage ist dabei sehr entscheidend, denn sie bestimmt wesentlich den Strahlungshaushalt, der wiederum das Klima stark prägt. Solche Grundtypen sind etwa die Tropen, die Subtropen oder die kalten Zonen. Man nennt sie Geozonen.
In den folgenden zwei Kapiteln werden einige prägende Naturfaktoren dargestellt und dann die Tropen und die kalten Zonen als Beispiele für Ökozonen mit den Einwirkungen durch den Menschen skizziert.

1 Atmosphärische Grundlagen

1.1 Aufbau der Atmosphäre

- Als Atmosphäre bezeichnet man die durch die Gravitationskraft festgehaltene Gashülle der Erde. Sie reicht bis etwa 1000 km. Auf Grund der unterschiedlichen vertikalen Temperaturverteilung unterscheidet man verschiedene Stockwerke.
- Das eigentliche Wettergeschehen spielt sich in der **Troposphäre** ab, die in den Polargebieten 6 bis 8 km, in den Mittelbreiten 12 bis 13 km und in den Tropen 17 km erreicht. In ihr bilden sich Wolken und Niederschläge. Der gesamte Wasserdampf findet sich in dieser Schicht. Die Luft wird vom Boden aus erwärmt, deswegen nimmt die Temperatur innerhalb der Troposphäre mit zunehmender Höhe bis auf etwa −55 °C ab, in Äquatornähe noch mehr. Mittlerer Abnahmewert 0,5 bis 0,6 °C je 100 Meter. Wasserdampf, der für das Klimageschehen von sehr großer Bedeutung ist, gibt es fast nur in der Troposphäre. Die Obergrenze wird von der Tropopause gebildet, wo der Luftdruck nur noch 250 hPa beträgt. Sie bildet eine Inversionsschicht (Sperrschicht für Luftaustausch nach oben und unten) mit dem Beginn einer Temperaturumkehr.

- In der **Stratosphäre** bleibt die Temperatur zunächst noch niedrig, steigt dann etwas rascher an und erreicht an ihrer Obergrenze bei 50 km Werte zwischen 0 und 10 °C. Die Temperaturerhöhung ist durch das **Ozon** (O_3) bedingt, das zwischen 15 und 50 km Höhe liegt und einen großen Teil der schädlichen UV-Strahlung absorbiert. Die freigesetzte Wärme wird an die übrige Luft abgegeben, daher der Temperaturanstieg. Die Gesamtmenge des Ozons in der Stratosphäre ist sehr gering. Würde ein Druck wie auf der Erde herrschen (etwa 1000 hPa), so wäre die Ozonschicht nur 3 mm mächtig. Das zeigt, wie leicht diese Schicht zerstört werden kann. Die **Ozonschicht** ist in einem ständigen natürlichen Auf- und Abbau begriffen. Die Abbauprodukte der FCKW zerstören Ozon. Am stärksten ist dies jeweils am Ende des Winters in der Antarktis im Oktober (Ozonloch). UV-Strahlung schädigt Pflanzenzellen und das Phytoplankton und gefährdet die Gesundheit der Menschen (Hautkrebs, Augenkrankheiten)
- In der **Mesosphäre** zwischen 50 und 80 km Höhe nimmt die Temperatur bis auf −90 °C ab.
- Erst darüber steigt die Temperatur auf sehr hohe Werte an.

Abb. 1: Die Stockwerkgliederung der Erdatmosphäre

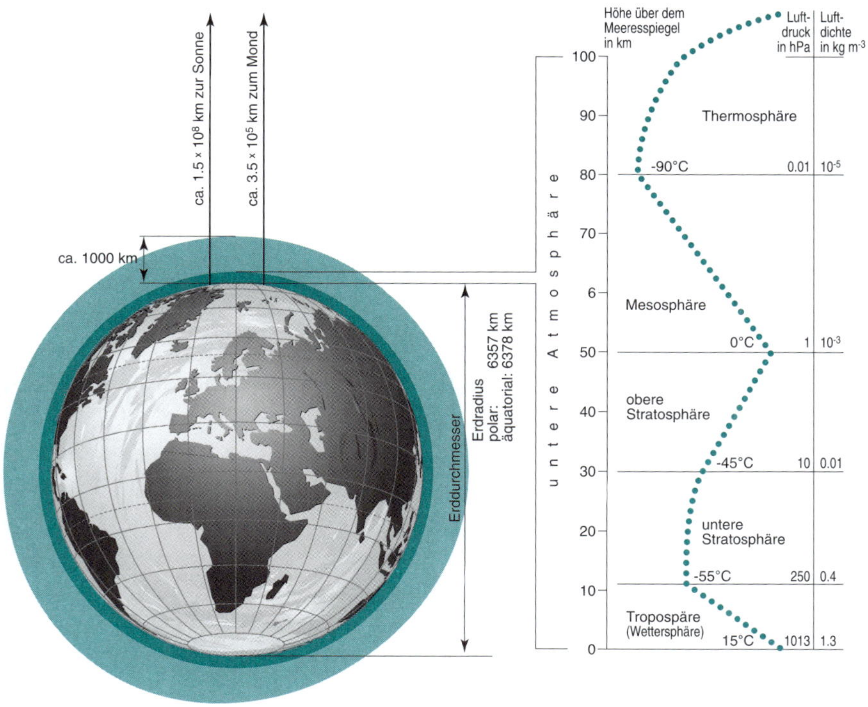

Rechts: Vertikalgliederung der Erdatmosphäre nach thermischen Kriterien (wobei die gepunktete Kurve die räumlich-zeitlich gemittelte Lufttemperatur angibt);
links: Größenvergleich mit der festen Erde

1.2 Zusammensetzung der Atmosphäre

- Die Angaben beziehen sich auf trockene (wasserdampffreie) und reine (ohne Aerosole = Staub, Rauch, Mikroorganismen, Salzpartikel) Luft in Bodennähe.
- Quelle: IPCC

Abb. 2: Zusammensetzung der Erdatmosphäre

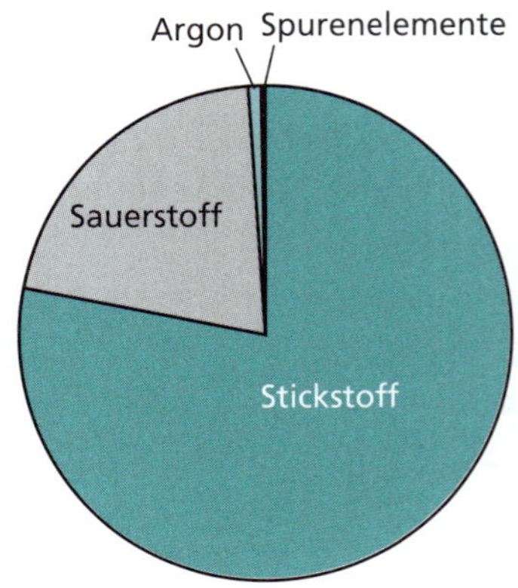

Stickstoff 78,08 %
Sauerstoff 20,95 %
Argon 0,93 %
Spurenelemente: 0,04 % (Kohlendioxid 0,037 % = 370 ppm, außerdem: Neon, Helium, Methan, Krypton, Wasserstoff, Distickstoffoxid, Xenon, Kohlenmonoxid, Ozon, Stickoxide, Ammoniak und FCKW)

- Das Gasgemisch wird in der Atmosphäre nach oben immer dünner. Es bleibt bei allen vorkommenden Temperaturen gasförmig. Die einzige Ausnahme ist der Wasserdampf.
- **Gase** können das Klima entscheidend beeinflussen: Wasserdampf (H_2O), Kohlendioxid (CO_2), Methan (CH_4), Distickstoffoxid (N_2O), Ammoniak (NH_3), FCKW. Sie beeinflussen die Strahlung und erhöhen den Treibhauseffekt, auch wenn sie teilweise nur in sehr geringer Menge vorkommen. Sie können von Natur aus schwanken. Der H_2O-Anteil kann sich in der unteren Atmosphäre zwischen 4 % und weniger als 1 % bewegen. Durch den Einfluss des Menschen kann die Menge dieser Gase in der Atmosphäre ebenfalls schwanken.
- Von besonderer Bedeutung ist **Kohlendioxid**. Sein Anteil ist nach Eisbohrkernmessungen in der Antarktis und Messungen auf Hawaii zwischen 1850 und 2000 von 288 auf 370 ppm gestiegen. Ursachen sind Vulkanausbrüche, Verwesungsprozesse und Atmungsvorgänge. Der größte Teil aber stammt aus der Verbrennung fossiler Energieträger: Holz, Kohle, Öl, Erdgas. Die bedeutenste Senke für CO_2 sind die Ozeane.
- Zusätzlich zu den Gasen sind in der unteren Atmosphäre auch **Aerosole**, das sind feste und flüssige Schwebstoffteilchen, die als Kondensationskerne und Eiskerne wirken und auch einen Treibhauseffekt haben. Sie sind entweder natürlichen Ursprungs (Wüstenstaub, Vulkanauswürfe) oder vom Menschen verursacht: Rauch aus Heizungen, Industrieanlagen; Emissionen aus dem Straßen- und Luftverkehr.

1.3 Beleuchtungsverhältnisse

- Sie sind abhängig vom **Einfallswinkel** der Sonnenstrahlung und von der **Dauer**.
- Die Erdkrümmung infolge der kugelähnlichen Gestalt bewirkt, dass Gebiete in Äquatornähe mit steilem Einfallswinkel mehr Strahlung empfangen als Gebiete in hohen Breiten mit flachem Einfallswinkel.
- Infolge der Erdrevolution um die Sonne und gleichzeitig der Schiefstellung der Erdachse um 23,5°, die beim Umlauf parallel zu sich selbst bleibt, entstehen die **Jahreszeiten**.
- Im **Nordsommer** am 21. Juni steht die Sonne am nördlichen Wendekreis 23,5° im Zenit. In dieser Jahreszeit ist die Nordhalbkugel durch die Einstrahlung bevorzugt.
- Im **Nordwinter** am 21. Dezember steht sie über dem südlichen Wendekreis bei 23,5°; jetzt empfängt die Nordhalbkugel weniger Einstrahlung.

Abb. 3: Entstehung der Jahreszeiten

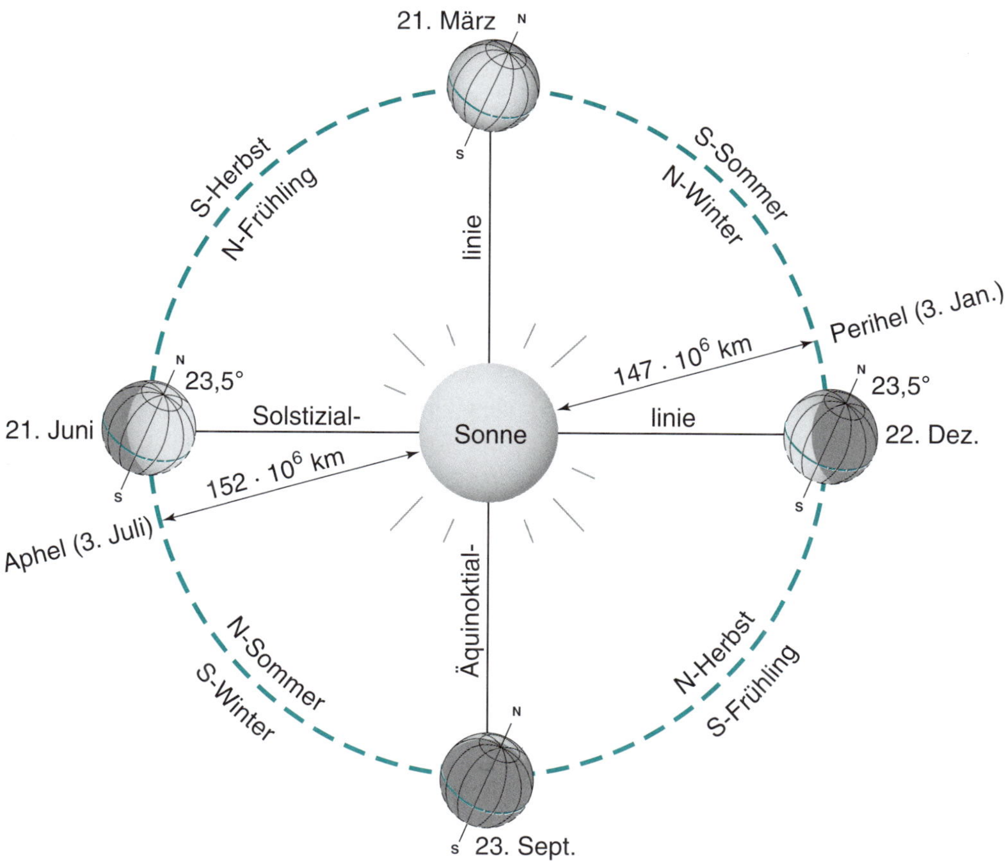

Erklärung der Jahreszeiten aus dem Umlauf der Erde um die Sonne in Verbindung mit der Erdachsenneigung gegenüber der Umlaufebene

- Wechselt man die Perspektive und sieht die scheinbare Sonnenbewegung vom Standpunkt eines Betrachters aus, der sich an verschiedenen markanten Punkten auf der Erde aufhält, so ergibt sich folgendes Bild:

Abb. 4: Scheinbare Sonnenbahnen in ausgewählten Breiten der Nordhemisphäre

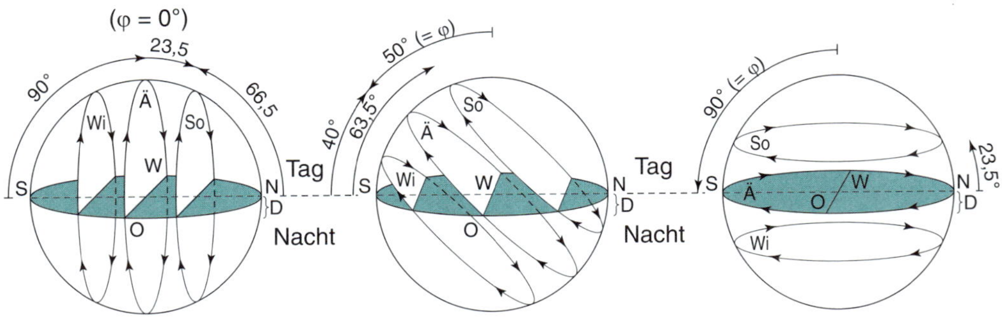

- Er überblickt den Horizont und sieht am 21. Juni (Sommersolsitium = Sommersonnenwende) am Nordpol, dass die Sonne in 23,5° Höhe den ganzen Tag um ihn kreist und nie untergeht.
- Zum Frühlings- und Herbstbeginn wandert sie 24 Stunden am Horizont entlang und geht weder auf noch unter; am 21. Dezember bleibt sie immer unter dem Horizont, geht nie auf (Polarnacht).
- Machen Sie sich an Hand der Graphik den scheinbaren Sonnenweg bei den übrigen Breitenlagen bewusst. Dann wird Ihnen klar, was Sie in unseren Mittelbreiten schon oft – vielleicht irritiert – beobachtet haben, dass im Sommer die Sonne am Morgen und am Abend eine nördliche Hauswand bescheinen kann.

- Ergänzend gibt die folgende Graphik in verschiedenen Breitenlagen wieder, welchen Einstrahlungswinkel die Sonne mittags höchstens erreichen kann und mindestens erreichen muss.
- Aus dem jeweiligen Einfallswinkel und der **Länge der Tagesbahn** ergibt sich die Tageslänge in verschiedenen Breiten.
- **Ergebnis:**
  - Je weiter wir uns im Sommer vom Nordpol aus in Richtung Äquator begeben, desto kürzer werden die Tage. In Hamburg sind die Sommertage länger als in München.
  - Je weiter wir uns im Winter vom Äquator nach Norden bewegen, desto kürzer werden die Tage.
- Diese längere oder kürzere Einstrahlzeit wirkt sich auf die Wärmemenge aus, die ein Ort empfängt.

Abb. 5: Maximale und minimale Mittagssonnenhöhen und Tageslängen in verschiedenen geographischen Breiten

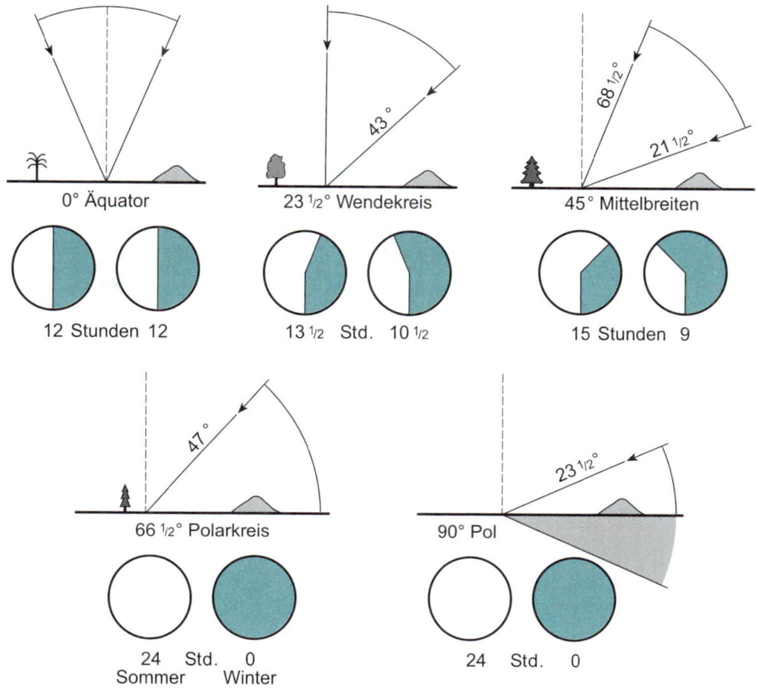

1.4 Strahlungs- und Wärmehaushalt

- An der Obergrenze der Erdatmosphäre trifft die Sonnenstrahlung auf. Sie erreicht bei senkrechtem Auftreffen über dem Äquator einen Wert von 1370 Watt/m^2 (= **Solarkonstante**). Die möglichen Schwankungswerte sind sehr gering, so dass sie in diesem Zusammenhang vernachlässigt werden können.
- Bei schrägem Einfallswinkel in anderen Breitenlagen verringert sich die Strahlungsintensität (Energieflussdichte). Anders veranschaulicht: Bei schrägem Auftreffen verteilt sich ein Strahlenbündel auf eine größere Fläche, die dadurch weniger erwärmt wird.
- Folglich ergeben sich in niedrigen Breiten höhere Energiesummen als in höheren Breiten.

Abb. 6: Energiesummen im solaren Klima in Wh/cm² im Sommer- und Winterhalbjahr in verschiedenen geographischen Breiten

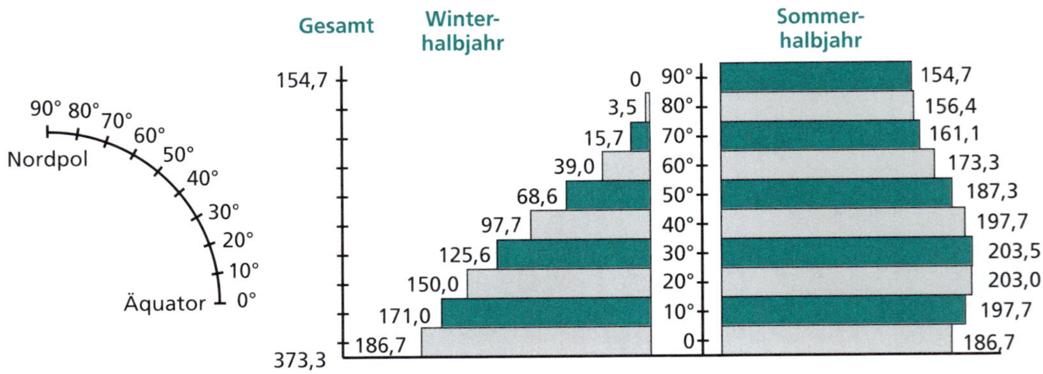

Abb. 7: Die Strahlungsbilanz der Erde

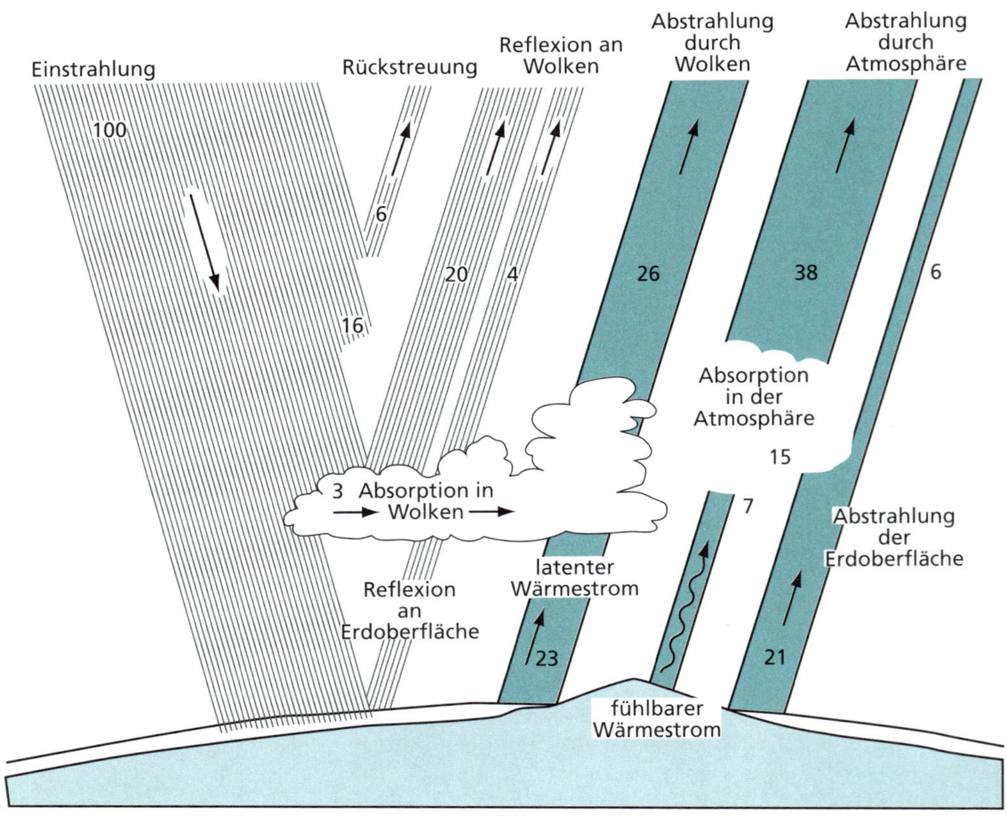

Bilanz von Sonneneinstrahlung und Rückstrahlung der Erde. Strahlung mit weitgehend unveränderter spektraler Zusammensetzung ist gestreift, überwiegend infrarote Rückstrahlung farbig dargestellt. 16 % der Sonnenstrahlung werden von der Atmosphäre absorbiert. Zusammen mit der teilweisen Absorption der Rückstrahlung vom Boden und dem fühlbaren Wärmestrom führt dies zur Erwärmung der Atmosphäre.

- Wie kann man sich erklären, dass im Sommerhalbjahr von 10° bis 50° nördlicher Breite die Energiesumme im solaren Klima größer ist als am Äquator? Die Atmosphäre spielt dabei keine Rolle.
- Diese Strahlungsmengen sind nicht identisch mit denen, die an der Erdoberfläche, also am Grund des Luftozeans ankommen, denn die Atmosphäre sorgt je nach ihrer Zusammensetzung für eine Differenzierung.
- Der Teil der Strahlung, der an der Erdoberfläche ankommt, wird **Globalstrahlung** genannt. Sie ist am höchsten in den kontinentalen Subtropen, am niedrigsten in den Polargebieten.
- Die **Strahlungsbilanz** zeigt, dass ein Teil der ankommenden kurzwelligen Strahlung reflektiert wird, also keinen Energiegewinn für die Erde bringt. Ein anderer Teil wird in den Wolken und in der wolkenfreien Atmosphäre absorbiert und kommt damit der Erwärmung der Erde zu gute. Auch die langwellige Strahlung, die vom Erdboden zurückstrahlt, wird wieder teilweise absorbiert. Auf diese Weise entsteht ein natürlicher Treibhauseffekt, ohne den Leben in der jetzigen Form auf der Erde nicht möglich wäre.
- **Albedowert**: Der Anteil der Strahlung, der reflektiert wird. Ist sehr verschieden: dunkles Gestein 5 %, dunkler Nadelwald 5 %, frisch gefallener Schnee 95 %; Gesamtalbedo der Erde: 39 %.

1.5 Kohlenstoffkreislauf

Abb. 8: Der globale Kohlenstoffkreislauf

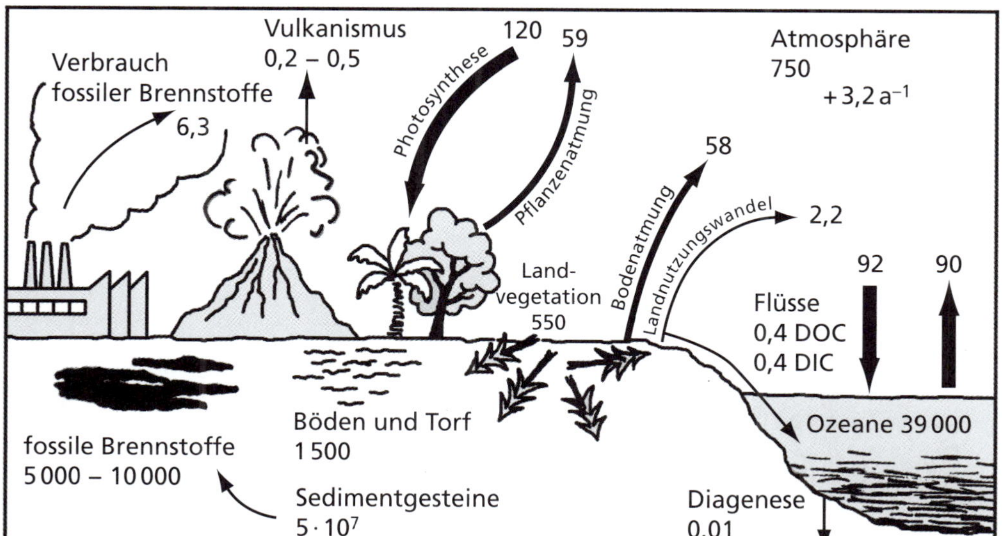

Der heutige globale Kohlenstoffkreislauf. Alle Speicher in 10^{15} g Kohlenstoff und alle Flüsse in 10^{15} g Kohlenstoff pro Jahr, als Durchschnittswert für die 1980er Jahre

- Kohlenstoff kommt in sehr vielen Verbindungen vor, in gasförmigen, flüssigen und festen.
- Er findet sich in vier verschiedenen Teilsystemen: Atmosphäre (Luft), Hydrosphäre (Wasser und Eis), Lithosphäre (Gesteine) und Biomasse.
- Wichtig ist nicht allein die jeweils gespeicherte Menge, sondern vor allem der Austausch (Flussrate), bzw. die Verweildauer in einem bestimmten Teilsystem.

Lithosphäre

- Hier sind 99,9 % aller Kohlenstoffe der Erde gespeichert, größtenteils in den Kalk- und Dolomitgesteinen; der Austausch mit der Atmosphäre ist aber relativ gering. Es gelangen nur 0,2 bis 0,5 Petagramm (Pg) in die Atmosphäre.
- Im Vergleich dazu sind die Speichermengen in den fossilen Brennstoffen (Kohle, Gas, Öl) und in den Böden mit Torf, Humus und organischen Sedimenten sehr gering. Durch die Nutzung fossiler Brennstoffe werden aber 6 Pg im Jahr freigesetzt.

Hydrosphäre

- Hier liegt mit 39 000 Pg der zweitgrößte Kohlenstoffspeicher, teilweise in Form von Plankton, in geringem Maße auch in Form von anorganischem Kohlenstoff.
- Im Wasser der Ozeane befindet sich fünfzigmal mehr Kohlenstoff als in der Atmosphäre.
- Die Ozeane nehmen derzeit jährlich 2 Pg mehr Kohlenstoff auf als sie abgeben. Sie wirken also positiv auf den Kohlenstoffgehalt der Atmosphäre; Kohlenstoffsenke.
- Flüsse transportieren organischen und anorganischen Kohlenstoff ins Meer.

Biomasse in der Biosphäre

- Kohlenstoff ist hier fast ausschließlich in Pflanzen enthalten, in Tieren sind nur 0,1 % gespeichert.

Atmosphäre

- Der Kohlenstoff ist hier nur mit 750 Pg vertreten, steigt aber jährlich um 3,2 Pg.
- Dieser Zuwachs wirkt sich beträchtlich auf das Klima aus. Näheres dazu in Kapitel D 3.
- Der größte Austausch findet im Zusammenhang mit der **Photosynthese** statt. Dabei erfolgt eine Umwandlung in Kohlenhydrate, die zum Teil in den Boden gelangen und beim Abbau durch Bakterien und Pilze in Form von Bodenatmung wieder in die Atmosphäre gelangen.
- Auch Methan gelangt vom Boden aus wieder in die Atmosphäre.

2 Die Bedeutung der Ozeane

2.1 Grundinformationen

Räumliche Verteilung und Volumen

- Die Land-Meer-Verteilung zeigt eine starke Dominanz der Meere. 71 % der Oberfläche der Erde sind von Meeren bedeckt, nur 29 % vom Land. Siehe dazu die Graphik im Kapitel C 1.2. Die Erde ist also eigentlich ein **Wasserplanet**. Besonders deutlich wird das, wenn man den Blickpunkt vom Zenit über Neuseeland wählt. Man sieht dann die Halbkugel mit der größten Wassermasse.

Abb. 9: Halbkugel der größten Wassermasse

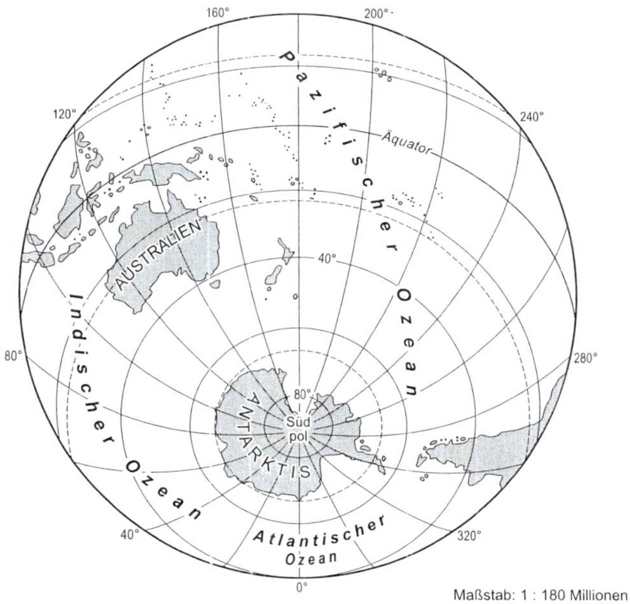

- Die **drei wichtigsten Ozeane** sind der
  - Pazifische Ozean 181 Mio. km^2
  - Atlantische Ozean 107 Mio. km^2
  - Indischer Ozean 74 Mio. km^2
  - Dazu kommen die jeweiligen Nebenmeere, z. B. Beringmeer, Ostchinesisches Meer, Europäisches und Amerikanisches Mittelmeer, Nordsee, Schwarzes Meer, Rotes Meer, die aber außer dem Nordpolarmeer keine allzu großen Flächen einnehmen.

- Das Volumen der Weltmeere insgesamt beträgt $1350 \cdot 10^3\,km^3$. Zur Veranschaulichung: Würde man das Relief der Kontinente und Meeresböden völlig einebnen, dann wäre die ganze Erde mit einem Ozean von 2500 m Tiefe bedeckt.

Hypsographische Kurve

- Eine hypsographische Kurve gibt die prozentuale Verteilung der verschiedenen Höhen und Tiefen auf der Erde wieder. Sie lässt erkennen, welche Höhen- oder Tiefenstufen statistisch besonders weit oder besonders gering verbreitet sind.

Abb. 10: Hypsographische Kurve der Erdoberfläche

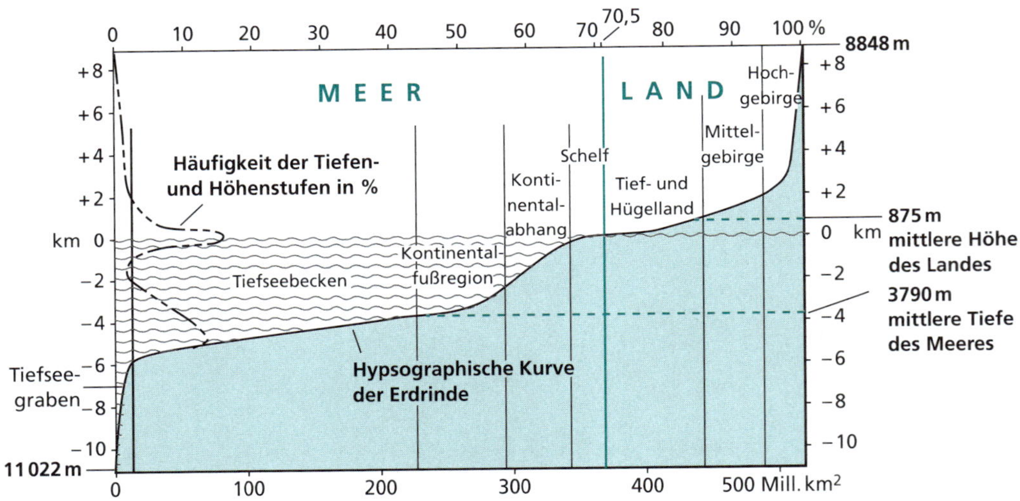

- **Schelfregion**
  - Ist eine Fortsetzung der Küstenebenen unter dem Meeresspiegel;
  - Ein Flachwassergebiet;
  - Reicht bis in 100 bis 400 m Tiefe, im Durchschnitt bis 200 m Tiefe;
  - Besonders breit bei der Nordsee, besonders schmal an der Westküste des amerikanischen Doppelkontinents;
  - Das Wasser darüber heißt Schelfmeer.
  - Lag während der Eiszeit teilweise wiederholt im Trockenen.
  - Hier werden Sedimente der Flüsse abgelagert.
  - Ein wichtiger Wirtschafts- und Lebensraum;
  - Die wirtschaftliche Nutzung kann neben dem Fischfang auch Erdöl- und Erdgasabbau und die Anlage von Windparks umfassen.
  - Durch Meeresverschmutzung besonders gefährdet.

- **Kontinentalabhang und Kontinentalfuß**
  - Hier ist der eigentliche Rand eines Kontinents.
  - Der Abfall kann mehrere 1000 Meter umfassen. Er erscheint in der graphischen Darstellung steiler als er in Wirklichkeit ist. Aber im pazifischen Bereich, wo an die Kontinente oft unmittelbar die Tiefseegräben anschließen, ist der Abfall tatsächlich steil und tief.
  - Die Kontinentalabhänge sind an manchen Stellen von Canyons durchzogen, deren Entstehung noch nicht sicher geklärt ist.
  - Die Kontinentalfußregion, soweit sie vorhanden ist, stellt den flacher werdenden Übergang zu den Tiefseebecken dar. Hier sind auch Sedimente angehäuft.
- **Tiefseebecken**
  - Sie stellen mit einer Tiefe von durchschnittlich fast 3800 m die eigentlichen Böden der Ozeane dar.
  - Die Böden sind sehr eben und haben fast keine Sedimentbedeckung. Durchzogen und voneinander abgetrennt werden sie von den mittelozeanischen Rücken.
  - Aus den Tiefseebecken können Kuppen aufragen oder untermeerische Vulkane;
  - Wenn die relativ dünne ozeanische Kruste (oft nur 5 km) langsam über einen hot spot wandert, kann sie stellenweise durchbrochen werden und es strömt Lava aus dem Erdmantel durch die Kruste nach oben und bildet einen Vulkan, der sogar über die Wasseroberfläche aufragen kann. Die Kette der Hawaii-Inseln ist durch einen solchen ortsfesten hot spot entstanden.
- **Mittelozeanische Rücken**
  - Breite untermeerische Gebirgsregionen an den Nahtstellen von Ozeankrusten;
  - Beispiele: Mittelatlantischer Rücken, Ostpazifischer Rücken, Zentralindischer Rücken;
  - Sie liegen in Regionen, wo zwei ozeanische Platten auseinander driften *(Sea Floor Spreading)*. Durch das Auseinandergleiten der Platten bildet sich ein Graben, in dem frisches Magma aus der Tiefe (Erdmantel) nach oben steigt. Vulkanische Inseln können entstehen, wenn das Meer an dieser Stelle nicht sehr tief ist (Island).
  - Da der Prozess lange Zeit anhält, bilden sich im Laufe der Zeit breite Gebirgsregionen, deren Gestein umso jünger ist, je näher es sich an dem Graben in der Mitte befindet.
- **Tiefseegräben**
  - Viele hundert oder über tausend Kilometer lange, schmale Eintiefungen (40 bis 150 km Breite), die auffällig nahe am Festland liegen;
  - Tiefen von 7000 bis 11 000 Meter; Marianengraben: 11034 m
  - Ihre Entstehung wurde durch die Theorie der Plattentektonik erklärt: Wenn eine leichtere kontinentale Platte und eine schwerere ozeanische Platte kollidieren, taucht die ozeanisch Platte unter die kontinentale (Subduktionszone) und bewirkt die Eintiefung des Reliefs an dieser Stelle. Gleichzeitig wird die kontinentale Platte gestaucht und es kommt zur Faltengebirgsbildung. Entlang der abtau-

chenden Platte werden durch die Reibung Erdbeben ausgelöst und es bilden sich Vulkane.

Eigenschaften des Meerwassers

- Die Eigenschaften von Wasser im Allgemeinen sind unter C 1.1 ausführlich dargestellt. Hier werden nur Eigenschaften des Meerwassers genannt.
- Das gesamte Wasser war ursprünglich in der heißen Phase der Erde in der Atmosphäre, erst durch die Abkühlung kondensierte das Wasser und regnete ab. Es entstanden die Ozeane. Ihr Wasser war noch nicht salzhaltig. Erst durch Auswaschen der Gesteine des Festlandes kam und kommt immer noch Salz ins Meer und reichert sich dort durch Verdunstung zunehmend an.
- Im Durchschnitt beträgt der **Salzgehalt des Meerwassers** 35 Promille (= g Salz/kg Meerwasser). Er kann jedoch zwischen 30 und 40 Promille schwanken: In abgetrennten Meeresteilen in Trockengebieten ist er höher (Rotes Meer bis 41 Promille), in Randmeeren mit viel Süßwasserzufluss viel geringer (westliche Ostsee 11 Promille). Meerwasser mit Süßwasser vermischt heißt Brackwasser.
- Durch den Salzgehalt sinkt der Gefrierpunkt des Meerwassers auf – 1,9 °C. → Das Zufrieren wird dadurch und durch die ständige Wellenbewegung des Wassers deutlich hinausgezögert.
- Die wichtigsten **Salz-Komponenten** sind: Natriumchlorid NaCl und Magnesiumchlorid $MgCl_2$ (zusammen 88,7 %) Magnesiumsulfat $MgSO_4$, Kalziumsulfat $CaSO_4$ und Kaliumsulfat K_2SO_4 (zusammen 10,8 %).
- Im Meerwasser sind auch Gase gelöst, besonders Stickstoff N_2, Sauerstoff O_2 und Kohlendioxid CO_2. Ihr Anteil, der Schwankungen unterworfen ist, ist für das Weltklima von besonderer Bedeutung.
- Die **Dichte des Meerwassers** ist abhängig von Temperatur, Druck und Salzgehalt. Sie steigt mit dem Salzgehalt und dem Druck und sinkt mit zunehmender Temperatur. Also ist tropisch-warmes salzarmes Wasser nicht sehr dicht und damit leichter als salzreiches kaltes Wasser. Zu den Folgen für die Bewegungen im Meer: siehe unten. Wasser in sehr großer Tiefe (z. B. in 10 000 Meter) ist noch deutlich schwerer und nimmt deswegen nur wenig an der Zirkulation teil.
- Dichteunterschiede sind der Hauptgrund für vertikale Wasserbewegungen: Abkühlung und Verdunstung an der Oberfläche → höhere Dichte → Wasser sinkt in die Tiefe → Ozeane durchmischen sich (außer in sehr großer Tiefe).

Eis auf den Weltmeeren

- Süßwasser hat wegen der Anomalie des Wassers seine höchste Dichte bei 4 °C und hört bei weiterer Abkühlung mit der Umschichtung und Durchmischung auf und bildet an der Oberfläche eine Eisschicht.

- In den hohen Breiten (Arktis und Antarktis) ist das tiefer liegende Wasser dichter und nimmt weniger an der Durchmischung teil. Sie beschränkt sich also bei Abkühlung auf den oberflächennahen Bereich. Sie läuft aber länger als in Süßwasserseen, denn das Wasser gefriert erst bei –1,9 °C und die Bewegung durch Wellen und Strömungen ist stärker als im Süßwasserbereich.
- Nach ausreichender Abkühlung bildet sich jahreszeitlich regelmäßig in der Arktis und am Rande der Antarktis ein **Packeisgürtel**, von dem aus Treibeis und Eisberge in Richtung niedere Breiten wandern.
- Ein Teil des Eises stammt von kalbenden Gletschern oder spaltet sich in der Antarktis vom Schelfeis ab (Tafeleisberge). Wegen ihrer großen Masse tauen sie sehr langsam ab und können bis in Regionen vorstoßen, die selbst frostfrei sind (Gefahr für Schifffahrt aber nicht mehr so groß wie früher; Untergang der Titanic 1912).
- Durch die Eisbildung erhöht sich der Albedowert (Rückstrahlung), was zu einer weiteren Abkühlung führt und den klimamildernden Einfluss des Meeres unterbindet. Die geschlossene Eisfläche wirkt wie Festland, also kontinental.
- Umgekehrt verstärkt das abschmelzende Eis der Arktis infolge der Klimaänderung den Effekt der Erderwärmung.
- In der Arktis erreicht die Meereisbedeckung maximal 13 Mio. km^2 (zum Vergleich: Europa bis zum Ural 10 Mio. km^2), geht aber im Spätsommer auf die Hälfte zurück.

Meeresspiegelschwankungen

- Nicht berücksichtigt bleiben kurzfristige Schwankungen wie Wellen, Gezeiten, Windanstau von Wassermassen.
- **Tsunamis** sind zwar auch kurzfristige Erscheinungen, können aber außergewöhnliche Wirkungen haben. Sie werden ausgelöst durch Seebeben mit vertikaler Verschiebung am Meeresboden, durch Vulkanausbrüche oder Massenverlagerungen am Meeresboden. Sie sind besonders häufig im pazifischen Bereich und können über den ganzen Pazifik laufen. Es handelt sich um Schwerewellen, die auf dem Meer kaum wahrzunehmen sind. Beim Auftreffen an der Küste steigt die Amplitude der Wellen beträchtlich an (bis zu 30 m, in Extremfällen noch höher) und kann schwere Schäden hervorrufen. Bisher größte Katastrophe 2004 im Indischen Ozean mit über 230 000 Toten und großen Zerstörungen an Gebäuden und Infrastruktur. Warnsysteme existieren und werden weiter ausgebaut. Die Mehrzahl der Tsunamis löst keine großen Schäden aus.
- Tektonische Ursachen: Verschiebungen ganzer Kontinentalplatten besonders an den Rändern nach oben oder unten durch Plattenkollision oder Subduktion; Wirkung regional;
- **Isostatische Ausgleichsbewegungen** nach Be- oder Entlastung der Erdkruste, wobei die darunter liegende zähflüssige Asthenosphäre für den Ausgleich sorgt. Wirkung regional;

- Durch Verwitterung und Abtragung werden die Landflächen vom Gesteinsdruck entlastet → Landflächen heben sich wieder langsam. Die Sedimente werden im Meer abgelagert und belasten örtlich den Meeresboden.
- In den Eiszeiten lagen mächtige Eisschilde von 1000 bis über 3000 Meter Dicke auf manchen Festlandsbereichen, z. B. Nordkanada und Skandinavien. Nach der Entlastung durch das Abschmelzen des Eises am Ende der Eiszeiten hob sich das Land wieder – in Skandinavien beispielsweise bis zu 295 m.

- **Eustatische Meeresspiegelschwankungen** wirken dagegen weltweit. Sie werden verursacht durch einen unterschiedlichen Füllungsgrad des Meeresbeckens.
  - Aufnahmekapazität des Meeresbeckens ändert sich, z. B. durch die Bildung untermeerischer Gebirge (Mittelozeanische Rücken);
  - Wirkung des Klimas → Das Wasser ändert sein Volumen durch Veränderung des Salzgehalts oder vor allem durch Erwärmung oder Abkühlung des Wassers.
  - Stärkste Wirkung: Entzug von Wasser in der Eiszeit durch Ablagerung in Form von Eis auf dem Festland → Absenkung des Wasserspiegels in der letzten Eiszeit ca. 100 m, in früheren Eiszeiten sogar bis zu 200 m. Bei völligem Abschmelzen des Eises auf der Erde (was nicht zu erwarten ist), würde das Weltmeer um 60 bis 75 m ansteigen.

2.2 Ursachen ozeanischer Strömungen

Bewegungen im Meer

- Eine homogene Flüssigkeit kann in einem Ruhezustand ohne Strömungen verharren. Im Meer dagegen treten ständig **Druckunterschiede** auf, die Bewegungen verursachen.
- Die **Schubkraft des Windes** ist die wichtigste Antriebskraft für Strömungen, besonders im oberflächennahen Bereich.
- **Temperaturunterschiede** suchen ebenfalls nach Ausgleich. Sie werden hauptsächlich durch die Sonneneinstrahlung bewirkt, die in den niederen Breiten am größten ist und in den hohen Breiten am geringsten. Der Ausgleich der Strahlungsbilanz erfolgt etwa zur Hälfte in der Atmosphäre, zur anderen Hälfte im Meerwasser. Diese Strömung zielt also hauptsächlich vom Äquator weg in Richtung der Pole. Abkühlung von Wasser in höheren Breiten;
- **Unterschiede im Salzgehalt** sind ebenso ein Antriebselement. Süßwasserzufuhr durch Flüsse erniedrigen den Salzgehalt und damit die Dichte. Starke Verdunstung in den Passatregionen erhöht den Salzgehalt.
- Daneben spielen noch eine Rolle: Stau von Wasser an Festlandshindernissen, Niederschlagsüberschüsse etwa in den Tropen, Wirkung von Gezeiten.
- Die Corioliskraft bewirkt eine Ablenkung.
- Alle diese Faktoren wirken in einem komplexen System zusammen und verursachen Meeresströmungen, in denen gewisse Grundtendenzen erkennbar sind.

2.3 Modell der globalen ozeanischen Zirkulation

Klassisches System der Oberflächenströmungen

Im Atlas sind die Ströme der beigegebenen Karte meist noch etwas differenzierter. Grundsätzlich gilt: Strömungen von niedrigen in höhere Breiten sind relativ warm im Vergleich zu ihrer Umgebung im Zielgebiet, Strömungen von hohen Breiten in Richtung Äquator sind relativ kalt.

- Ausgangspunkt: Die **Passate** (NO-Passat und SO-Passat) treiben Wassermassen unter ihnen in Richtung Westen. Beispiel: Der Nord- und Südäquatorialstrom fließen von der Westküste Afrikas aus nach Westen über den Atlantik auf die Küste Süd- und Nordamerikas zu. An diesen Kontinentalblöcken werden sie abgelenkt. Aus der Tiefe von 100 bis 300 m steigen vor der afrikanischen Westküste kalte Wasser auf und ersetzen die nach Westen abgedrifteten Wassermassen.
- Die **Corioliskraft** bewirkt auf der Nordhalbkugel eine Ablenkung aller Strömungen nach rechts, auf der Südhalbkugel nach links.
- Auf der Nordhalbkugel heißt der Strom vor der Nordamerikanischen Ostküste **Golfstrom**. Er fließt, weiterhin nach rechts abgelenkt und jetzt zusätzlich durch das West-

Abb. 11: Die wichtigsten Oberflächenströmungen

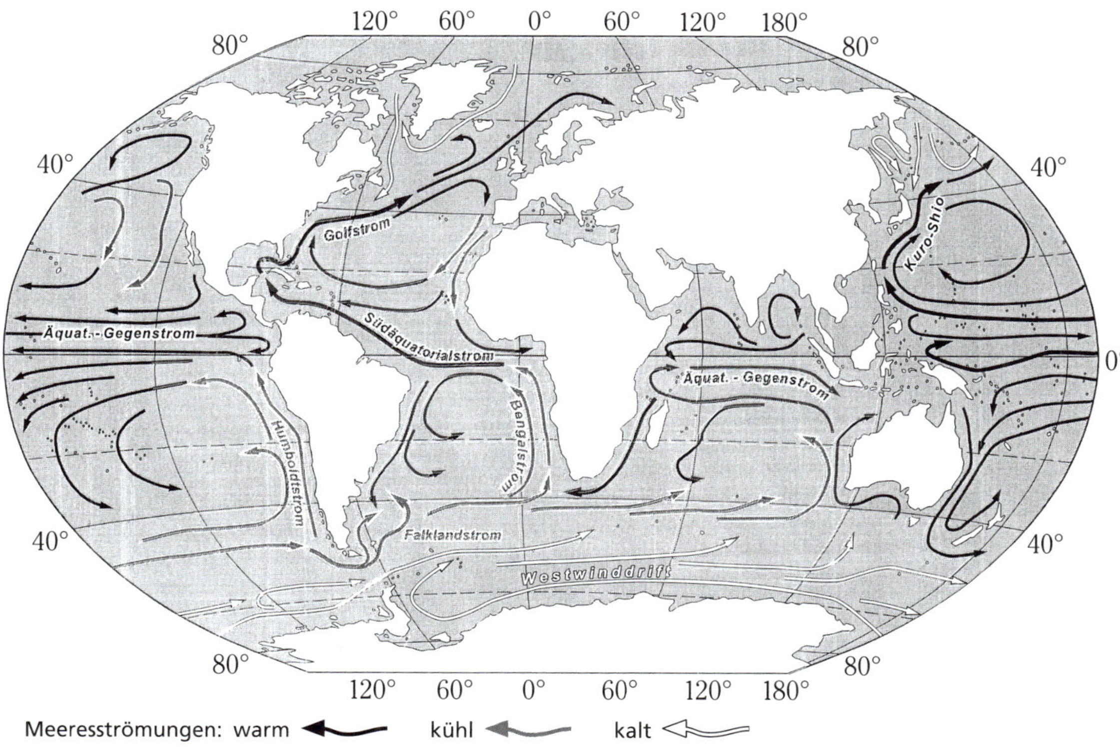

windband angetrieben in Richtung Europa. Dort wird er heute statt Golfstrom meist **Atlantischer Strom** genannt.

- Der **Nordäquatorialstrom** im Pazifik fließt in ähnlicher Weise auf die Küste Asiens zu und zieht als warmer **Kuro-Schio** an Japan vorbei. Entsprechende Ströme finden sich auf der Südhalbkugel.
- Ströme, die zum Ausgleich in Richtung Äquator fließen, sind kühler oder kalt. Beispiele: Kalifornischer Strom und Oya-Schio auf der Nordhalbkugel und Humboldt-Strom sowie Benguelastrom auf der Südhalbkugel.
- Weil auf der Südhalbkugel im Bereich der Westwinde Landmassen als Hindernisse weitgehend fehlen, bildet sich eine durchgehende, wenn auch verwirbelte Weströmung aus.
- Zwischen den rechtsgerichteten Strömungsringen auf der Nordhalbkugel und den linksgerichteten Strömungsringen auf der Südhalbkugel fließt der nach Osten gerichtete Äquatoriale Gegenstrom.

Neues Modell mit Tiefenzirkulation

- Das oben dargestellte System stellt nur die Strömungen an der Oberfläche dar und zeigt eine gewisse Zahl von Strömungsringen, also fast geschlossenen Kreisläufen in einzelnen Ozeanen.
- Die Forschung der letzten Jahrzehnte hat gezeigt, wenn auch noch nicht alle Einzelheiten nachgewiesen sind, dass zwischen den Weltmeeren Verbindungen durch Ströme bestehen, die in tieferen Regionen fließen und mit den Oberflächenströmen zusammenhängen.
- Sie werden *Conveyor Belts*, also Förderbänder, Fließbänder genannt oder in der Wissenschaft **thermohaline Zirkulation**; es handelt sich also um Ströme von Wärme und Salz.
- Ablauf im Atlantik: Wie bereits beschrieben wird Wasser aus dem Äquatorbereich von Passatwinden nach Westen getrieben und gelangt als Golfstrom Richtung Norden und nach Europa zurück. Aber reicht der Anstoß durch die Passate für diesen langen Transportweg bis südlich von Grönland?
- Heute weiß man, dass sich das Wasser südlich von Grönland und bei Island stark abkühlt, dadurch schwerer wird und mehr als 2000 m in die Tiefe absinkt. Das salzreiche kalte Wasser fließt in der Tiefe in Richtung Süden. Es fließt sehr viel langsamer als die Strömungen an der Oberfläche. Das Wasser braucht bis zum Wiederauftauchen über tausend Jahre. An der Absinkstelle entsteht eine Sogwirkung, die Wasser an diese Stelle nachzieht. Dadurch gelangt der Golfstrom bis in so hohe Breiten, das ist also sein zweiter Antrieb.
- Im Nordpazifik gibt es keine Absinkzonen, weil das Wasser zu wenig salzhaltig ist.
- Die **Wassermassen in großer Tiefe** sind sehr kalt – selbst in Äquatornähe ist ihre Temperatur nur wenig über dem Gefrierpunkt – und dicht. Daher sind sie sehr lagestabil und nur langsam in den Kreislauf einbezogen.

- **Problematik:** Wenn infolge der globalen Erwärmung Küstengletscher des Grönlandeises abschmelzen (z. Zt. 51 km^3 im Jahr), dann sammelt sich viel leichtes Süßwasser an der Abtauchstelle, bildet eine Art Süßwasser-„Deckel", die geringe Dichte reicht für das Absinken nicht mehr aus und die ganze Tiefenzirkulation schwächt sich ab oder kommt ganz zum Erliegen.
- Dadurch würde sich Mitteleuropa um 1 bis 2 °C abkühlen, da aber der Temperaturanstieg infolge des Treibhauseffektes größer ist, wird nach heutigen Klimamodellen keine Eiszeit kommen.

2.4 Auswirkungen ozeanischer Strömungen

- Die warmen Meeresströmungen transportieren gewaltige Wärmemengen in höhere Breiten und erwärmen das Klima der angrenzenden Regionen.
- Äquatorwärts gerichtete Ströme kühlen die Ostküsten im Norden der Kontinente deutlich ab.
- Kalte Meeresströmungen unmittelbar vor einer Küste (Humboldtstrom in Südamerika oder Benguelastrom in Afrika) oft verbunden mit kalten Auftriebsströmungen kühlen die über ihnen liegenden Luftmassen ab und bringen sie zum Abregnen. Wenn solche Luft dann zum Land geweht wird und sich dort erhitzt, sinkt ihre relative Luftfeuchtigkeit extrem ab → es entstehen Küstenwüsten (Atacama, Namib).
- Strömungen durchmischen das Meerwasser, reichern es mit Sauerstoff an.

2.5 El-Niño-Phänomen – Zirkulationsumkehr im Pazifik

ENSO *(El Niño/Southern Oscillation)* ist der wissenschaftliche Fachausdruck für die beiden zusammengehörenden Erscheinungen *El Niño* und *La Niña*.

Normalsituation in Äquatornähe

In der Atmosphäre (Walker-Zirkulation)

- Passatwinde wehen von Südamerika (Peru) über den Pazifik nach Indonesien.
- Luft steigt über Indonesien auf, Kondensation, Regenfälle;
- Luft strömt in der Höhe nach Südamerika zurück, sinkt ab, wird noch trockener, keine Niederschläge;

Im Pazifik

- Warmes Oberflächenwasser strömt, durch den Passat angetrieben, Richtung Westen (Indonesien) und staut sich über eine weite Strecke auf. Sogar der Meeresspiegel liegt dadurch 40 cm höher.
- Die Warmwasserschicht im Westpazifik reicht vor Indonesien durch den Staueffekt bis 200 m Tiefe (Grenze zur Kaltwasserschicht).

- In der Tiefe strömt kaltes Wasser nach Osten und steigt vor der Küste Perus auf. Gleichzeitig sorgt hier der kalte Humboldtstrom für kaltes Oberflächenwasser.

El Niño-Situation

In der Atmosphäre

- Wenn die Walker-Zirkulation nachlässt oder auch die Hadley-Zirkulation, nimmt auch der Antrieb für die Westwärtsbewegung des Wassers ab.

Im Pazifik

- Als Folge „schwappt" die im Westpazifik aufgestaute Warmwassermasse nach Osten Richtung Südamerika zurück. *El Niño* ist also zunächst ein Warmwasserereignis.
- Der Meeresspiegel sinkt im Westpazifik um 20 cm und steigt im Ostpazifik um 15 cm. Die Warmwasserschicht legt sich über den kalten Humboldtstrom. Die Grenze zwischen dem Warmwasser und dem Kaltwasser im Westpazifik steigt um 20 m.

Abb. 12: El-Niño im tropischen Pazifik

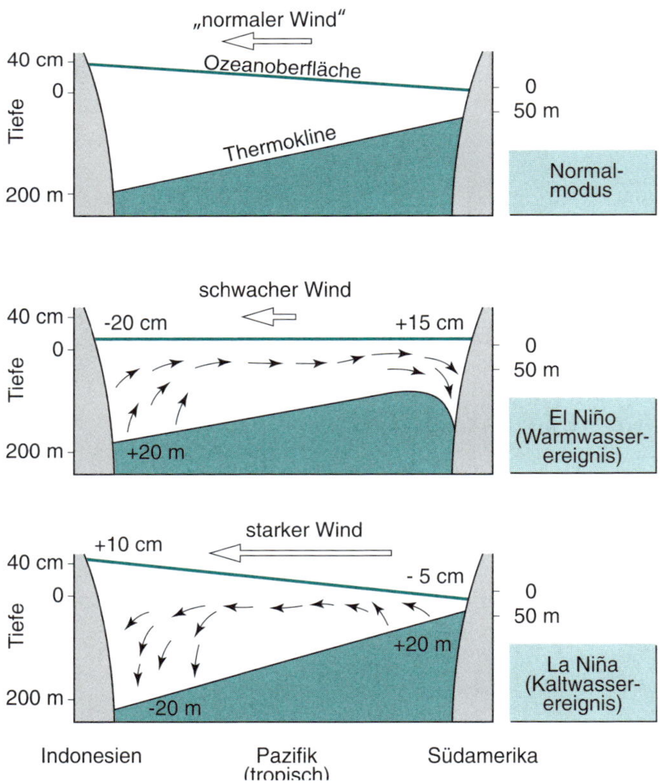

Schema des Zustandes des tropischen Pazifiks der Südhemisphäre (Meeresspiegel, Thermokline und Relativströmung) im a) Normalmodus (Südostpassat), bei b) El Niño (Warmwasser-Ereignis vor der Küste von Peru) und c) La Niña.

- Die Wassertemperatur vor Peru steigt in Extremfällen um bis zu 6 °C. Dies halten die Fische nicht aus.

In der Atmosphäre

- Durch die große Warmwassermenge vor Peru kann auch die darüber liegende Luft so deutlich erwärmt werden, dass sie aufsteigt, in der Höhe kondensiert und extreme Niederschläge bringt.
- Die Luftzirkulation kehrt sich also um. In Indonesien führt die trockene, absinkende Luft zu Dürre; das Gleiche bewirkt die über den Andenkamm hinüber fließende Luft in Nordost-Brasilien.
- Auch in Australien kommt es zu Dürreperioden, aber unterschiedlich ausgeprägt.
- Weil solche Ereignisse häufig um die Weihnachtszeit beobachtet wurden, nannten sie die Peruaner das „Christkind“ (*El Niño*).

La Niña

- Das Kaltwasserereignis;
- Bei diesem Phänomen bleibt die Zirkulation wie im Normalfall, nur sind Wasser- und Windzirkulation erheblich verstärkt mit folgenden Folgen:
- Extremniederschläge in Indonesien;
- Dürren westlich der Anden.

Zusammenfassung

- Die beiden beschriebenen Veränderungen sind kein kurzfristiges Wetter-, sondern ein Klimaphänomen, das monatelang, teils sogar jahrelang anhält.
- Sie treten unregelmäßig, aber im Rhythmus von 4 bis 7 Jahren auf und sind etwa 6 Monate vorhersagbar.
- Durch die atmosphärische Zirkulation bestehen Fernwirkungen auch bis Nordamerika.
- Sie sind keine Erscheinung des gegenwärtigen Klimawandels, sondern ein natürliches Phänomen, das es schon seit Jahrhunderten gegeben hat.

2.6 Die Bedeutung der Weltmeere für das Globalklima

- Der größte Teil der Sonneneinstrahlung, der die Erde erreicht, trifft wegen der großen Wasserflächen auf die Weltmeere.
- Die Wasserflächen können aber noch mehr aufnehmen als das Land, weil durch die Umwälzung von Wasserteilchen die Wärmestrahlung noch tiefer eindringen kann. → Die obersten drei Meter der Ozeane speichern genauso viel Energie wie die gesamte Atmosphäre, die bis zu 20 km Höhe reichen kann.

- Die **Ozeane absorbieren demnach große Wärmemengen**, geben sie aber nur langsam wieder in die Atmosphäre ab, sie stellen also einen riesigen Klimapuffer dar.

Abb. 13: Die Strahlungsbilanz des Meeres

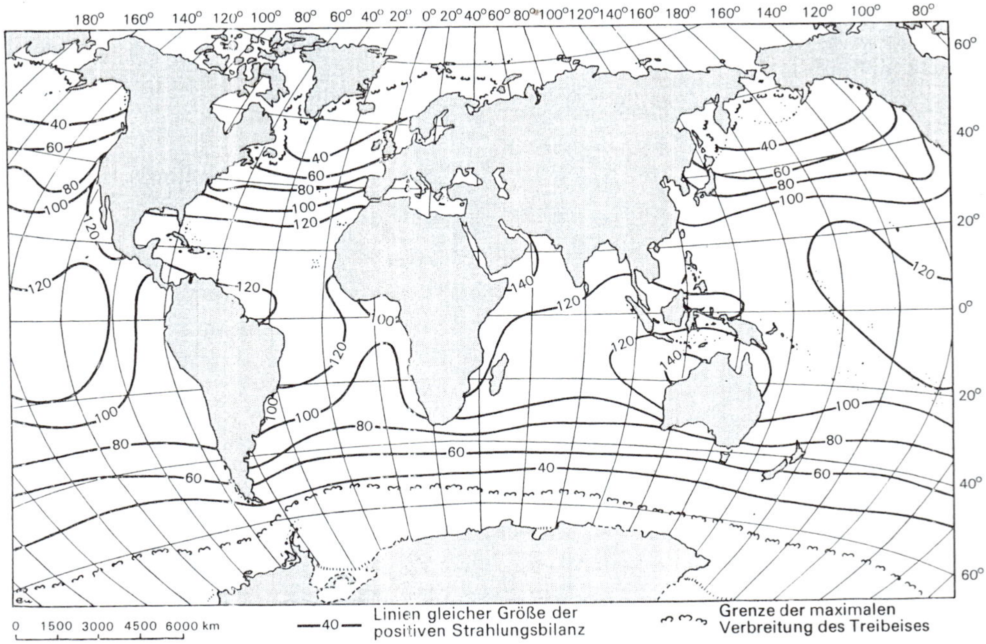

Die Linien gleicher positiver Strahlungsbilanz in kcal/cm²

- Bekannt ist dieser Effekt als **Meeresklima** (maritimes Klima): Küstennahe Gebiete haben einen ausgeglichen Jahresgang der Temperatur (milde Winter, nicht so heiße Sommer); Gegensatz: **Kontinentalklima** mit heißen Sommern und kalten Wintern im Inneren der Kontinente.
- Durch die Strömungen im Meer wird Wärme über den ganzen Globus transportiert, es werden also **Temperaturgegensätze ausgeglichen**, eine bedeutende Klimawirkung.
- CO_2 ist im Wasser sehr gut löslich. Es bildet Kohlensäure und dissoziiert zu Carbonaten, ist also dann chemisch gespeichert. Dadurch ist in den Ozeanen 50mal so viel **Kohlenstoff** gespeichert wie in der Atmosphäre.
- Auch über 30 % der durch den Menschen verursachten CO_2-Emission werden im Meer in gelöster Form oder in Form von Biomasse gebunden, wenigstens vorübergehend. Das Meer stellt also eine **Kohlenstoffsenke** dar, kann aber Gase auch wieder mit der Atmosphäre tauschen.
- Das Meer gibt Wasserdampf an die Atmosphäre ab und ermöglicht damit indirekt Niederschläge auf dem Festland.

3 Die Zirkulation der Atmosphäre

3.1 Theoretische Grundvorstellung

- In Äquatornähe sehr viel Einstrahlung → Wärmeüberschuss
- In Polnähe geringe Einstrahlung → Wärmedefizit
- Daher wäre eine direkte Ausgleichsströmung zu erwarten: Am Äquator infolge der Einstrahlung aufsteigende Luftmasse (am Boden ein Tiefdruckgebiet), in der Höhe abfließende Luftmassen zu den Polen (dort ein Hochdruckgebiet am Boden) und in Bodennähe zurückströmende Luft zum Äquator.
- So wäre es tatsächlich, wenn die Erdachse senkrecht stünde, es keine Land-Meer-Unterschiede gäbe und vor allem, wenn die Erde nicht rotieren würde.
- Tatsächlich wird durch die Coriolis-Kraft jede horizontale Luftbewegung auf der Nordhalbkugel nach rechts abgelenkt und auf der Südhalbkugel nach links.
- Folge: Statt der oben beschriebenen einzigen Strömungszelle auf jeder Halbkugel gibt es jeweils drei, siehe Abb. 14.

Abb. 14: **Generalisiertes Modell der planetarischen Zirkulation**

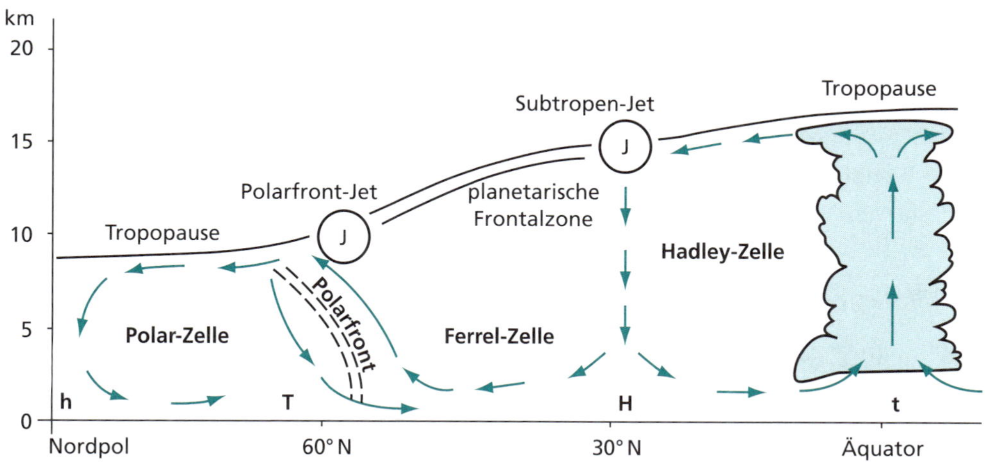

3.2 Polarzelle

- Infolge großer Kälte, besonders im Winter, zieht sich die Luft zusammen, wird schwer und bildet in Bodennähe ein Hochdruckgebiet aus.
- Von ihm aus strömen nach rechts abgelenkte Winde weg, also Ostwinde.
- Die Ausgleichströmung in der Höhe besteht aus sehr kräftigen Westwinden.
- Die Polarzelle ist stabil und beständig.

3.3 Die tropische Luftströmung: Hadley-Zelle

- Im Bereich des Zenitstands der Sonne ist wegen des steilen Einfallswinkels der Sonnenstrahlung die Erwärmung sehr stark. → Luft dehnt sich aus, steigt auf und kondensiert. Täglich gibt es kräftige Niederschläge (Zenitalregen). Weil sich am Boden ein Tiefdruckgebiet entwickelt, spricht man von der **äquatorialen Tiefdruckrinne**. Es herrscht weitgehend Windstille.
- In höheren Luftschichten, an der Obergrenze der Troposphäre, fließt die Luft nach Norden und Süden in Richtung auf die Wendekreise hin ab.
- Im Bereich der absinkenden Luft an den Wendekreisen lösen sich die Wolken auf, die Luft wird sehr trocken. Es entsteht das **Hochdruckgebiet der Rossbreiten** mit Windstille. In Afrika liegen hier die Wüsten Sahara und Kalahari.
- Zwischen den Hochdruckgebieten an den Wendekreisen und der äquatorialen Tiefdruckrinne entstehen als Ausgleichsströmungen die **Passate**. Sie würden sich eigentlich parallel zu den Meridianen bewegen, werden aber durch die Coriolis-Kraft abgelenkt und heißen auf der Nordhalbkugel **NO-Passate** und auf der Südhalbkugel **SO-Passate**. Sie wehen sehr beständig, sind normalerweise trocken, nur wenn sie über ein Meer wehen, können sie auch feucht sein.
- Im Bereich der Tiefdruckrinne strömen sie zusammen. Hier liegt die **Innertropische Konvergenzzone** (ITK, meist aber englisch ITC genannt).
- Manchmal ist die ITC in eine nördliche und südliche Zone geteilt, zwischen denen eine Westwindströmung zu beobachten ist.
- Dieses ganze Strömungssystem wird **Hadley-Zelle** genannt. Sie wandert mit zeitlicher Verzögerung mit dem Zenitstand der Sonne mit, reicht aber nicht bis ganz an die Wendekreise heran. Ausnahme: Über Südasien überquert sie sogar den nördlichen Wendekreis und bewirkt dadurch den Südwest-Monsun.

Die Walker-Zirkulation in Äquatornähe

- Sie stellt eine Luftbewegung etwa parallel zum Äquator dar, also senkrecht zur Bewegung in der Hadley-Zelle.
- Da sie sich in Äquatornähe befindet, ist sie nicht der Ablenkung durch die Corioliskraft unterworfen.
- Die Walker-Zirkulation ist in drei große Zellen unterteilt. Die Bereiche aufsteigender Luft liegen über Landmassen: Südamerika, Afrika und malaiischer Archipel; absteigende Bereiche liegen über den Ozeanen, besonders dort, wo Kaltwasserräume sind. Die El-Niño-Phänomene hängen mit dieser Zirkulation zusammen.
- Dieses Strömungssystem macht deutlich, warum die Strömungen über den Landgebieten kräftiger und über den Meergebieten schwächer oder gar aufgehoben sind.

Der Monsun in Indien

- Im Sommer verlagert sich die ITC ungewöhnlich weit nach Norden bis in die Nähe des Himalaya.
- Der Südostpassat der Südhalbkugel strömt daher auf seinem Weg zur ITC über den Äquator hinüber und wird von diesem Augenblick an nach den Ablenkungskräften auf der Nordhalbkugel nach rechts abgelenkt, er wird daher zur Südwestströmung, die in Indien **SW-Monsun** heißt. Er ist also nichts anderes als ein umgelenkter Passat. Im Winter wandert die ITC wieder nach Süden und Indien liegt dann im Einfluss des NO-Passats, dort **NO-Monsun** genannt.
- Verstärkt wird dieser Vorgang durch die Tatsache, dass sich die asiatische Landmasse im Sommer stark erhitzt und sich dadurch ein sehr kräftiges Tiefdruckgebiet bildet, das natürlich Luftmassen anzieht.

Abb. 15: Schema der bodennahen planetarischen Zirkulation

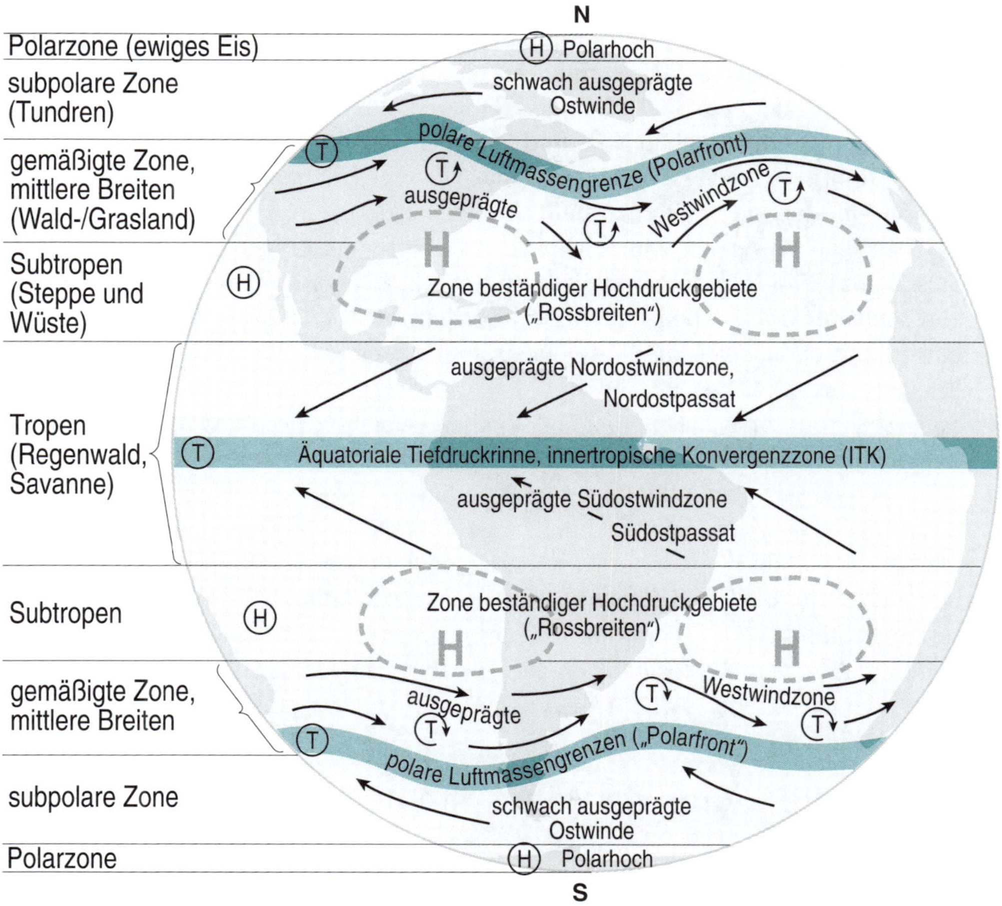

3.4 Die Westwindzone – Ferrel-Zelle

- Zwischen der Polarzelle und der Hadley-Zelle liegt die Ferrel-Zelle, oft auch **Westwindzone der Mittelbreiten** genannt.
- Der globale Druck- und Temperaturgegensatz zwischen Pol und Äquator trifft hier kräftig aufeinander. Deswegen ist sie im Gegensatz zu den beiden anderen nicht so stabil und beständig.
- Sie reicht von etwa 35° bis etwa 60° oder 70° Breite.
- Während im Polar- und Tropenbereich vertikale Luftbewegungen entscheidende Auslöser für die Zirkulation sind, spielt hier eher eine Horizontalbewegung die Hauptrolle. Von den Subtropen nach Norden fließende Luft wird nach Osten abgelenkt, es entsteht ein breites Westwindband.
- Die Grenze zwischen der Polarzelle und der Ferrel-Zelle wird von der Polarfront gebildet, die bis an die Obergrenze der Troposphäre reicht. Man kann sie auch als eine Art Kampfzone zwischen warmen, südlichen Luftmassen und kalten Polarluftmassen sehen.
- Die Westwindzone ist so stark ausgeprägt und erreicht in der Höhe an der Grenze zur Tropopause solche Geschwindigkeit (100 bis 500 km/h), dass man von einem **Strahlstrom** oder **Jet** spricht. Solche kräftigen Luftbänder verhindern eigentlich einen Luftaustausch zwischen Nord und Süd.
- Nun beginnt aber eine Erscheinung, die das Wettergeschehen wesentlich beeinflusst. Das Strömungsband beginnt zu pendeln (Wellenzirkulation) und bald schon lösen sich einzelne Wirbel ab. Durch sie erfolgt nun erst der erwartete Luft- Wärmeaustausch zwischen Nord und Süd. Es kann sich ein solcher Kalt- oder Warmluftwirbel von seiner ursprünglichen Luftmasse lösen und relativ lange in stabiler Lage verharren und dabei sogar die Westwindströmung bremsen oder vorübergehend zum Erliegen bringen.
- So lässt sich unser Wetter in den Mittelbreiten verstehen. Das Westwindband bringt immer wieder **Tiefdruckwirbel** (Zyklone) über den Atlantik nach Europa. Sie können rasch durchziehen oder längere Zeit verharren. Desgleichen können sich Hochdruckzellen ausbilden, die manchmal lange Zeit unser Wetter bestimmen (Kältehoch mit polarer Luft im Winter oder Wärmehoch mit Luft aus den Subtropen im Sommer) bis sich wieder die Westwindströmung durchsetzt. Dadurch bleibt unser Wetter oft sehr unbeständig, je nachdem, welche Luftmassen gerade bestimmend sind.
- In den USA, wo ein westöstlich gerichteter Gebirgszug (wie bei uns die Alpen) fehlt, kann der Luftmassenaustausch zwischen Nord und Süd viel dramatischer sein.

3.5 Typische regionale Windsysteme

- **Zyklonen** mit einem Kalt- und Warmluftsektor;
- **Land-See-Wind**: Land wird erwärmt → steigt auf → Tiefdruckgebiet; kalte Luft vom Meer (dort Hochdruck) strömt zum Festland; nachts umgekehrt;

- **Hangaufwind im Gebirge**: Südexponierter Berghang wird durch Einstrahlung erwärmt, Luft zieht rasch nach oben; nachts umgekehrt: Hangabwind;
- **Tornados** im Sommer: schlauchartiger extrem schnell drehender Unterdruckwirbel, der aus einer Gewitterwolke zum Boden herabwächst und große Zerstörung verursachen kann;
- **Tropische Wirbelstürme**: (Hurrikan, Taifun, Zyklon) Über sehr warmen tropischen Meeren entstehen Tiefdruckgebilde mit extremen Druckgegensätzen. Wegen ihrer großen Ausdehnung wirkt die Corioliskraft und beschleunigt die Drehbewegung. Der Sturm als Ganzes bewegt sich relativ langsam weiter, die verheerenden Schäden kommen durch die Wirbelbewegung und die ergiebigen Niederschläge.

4 Klima- und Vegetationszonen im Überblick

4.1 Grundbegriffe

- **Wetter**: Der augenblickliche Zustand der Troposphäre an einem bestimmten Ort, ausgedrückt durch die Wetter- oder Klimaelemente: Temperatur, Luftdruck, Wind, Strahlung, Luftfeuchtigkeit, Bewölkung und Niederschlag.
- **Witterung**: Der typische Wetterablauf in einem kürzeren oder längeren, sich wiederholenden Zeitraum. Dieser kann ein paar Tage umfassen oder bis zur Dauer einer Jahreszeit reichen. Dabei werden die wichtigsten Charakteristika des Wetters in dieser Zeit beschrieben, etwa im Altweibersommer, in der Zeit der Herbststürme oder in der Tauwetterperiode um Weihnachten.
- **Klima**: Das Klima gibt den langfristigen Zustand der Atmosphäre an einem Ort, in einer Landschaft oder einem Großraum wieder. Dabei werden die einzelnen Elemente durch Statistiken untermauert, die auf mindestens 30-jähriger Messung beruhen. Zur Beschreibung werden Mittelwerte und Extremwerte herangezogen. Zusätzlich wird der typische mittlere Verlauf der Witterung im Ablauf eines Jahres beschrieben.
- **Klimaklassifikation**: Will man das Klima weltweit darstellen, muss man eine Einteilung nach bestimmten, dominierenden Charakteristiken machen. Es gibt dabei zwei Grundprinzipien:
- **Genetische Klassifikation**: Sie fragt nach den Hauptursachen des Klimas in einer Zone und legt deswegen die Hauptwindströmungen zugrunde (Modell von Flohn)
- **Effektive Klassifikation**: Sie legt gemessene Klimaelemente zugrunde, etwa Niederschlagsmengen und jahreszeitliche Verteilung, Temperatur; weil sich daraus unmittelbare Auswirkungen auf die Vegetation ergeben, wird eine gewisse Nähe zu den Vegetationszonen deutlich (Steppenklimate, Wüstenklimate). Beispiele sind die

Einteilungen von Köppen/Geiger; von Troll und Paffen oder von Siegmund und Frankenberg (siehe Atlas).

- Ein Sonderproblem bei allen Klassifikationen ist die Darstellung der Hochgebirge, die es in allen Klimazonen gibt, die aber durch ihre mit der Höhe abnehmende Temperatur fast in kein Schema passen, sondern eben ein eigenes Klima haben.

4.2 Klimate nach Köppen und Geiger

- Diese Einteilung ist für die Schule deswegen sehr praktisch, weil sie durch Zusatzbuchstaben das jeweilige Klima noch sehr gut differenziert.
- Grobeinteilung: A Tropische Klimate, B Trockenklimate, C warmgemäßigte Klimate, D Schneeklimate, E Eisklimate
- Zusatzbuchstaben erläutern: Beispiel Südspanien Csa; ein warmgemäßigtes Klima mit Trockenzeit im Sommer und einem wärmsten Monat über 22 °C; oder Kalaharibecken in Botsuana: BSh: Ein Trockenklima gleichzeitig Steppenklima, trockenheiß mit einer Jahrestemperatur über 18 °C.

4.3 Klimate nach Siegmund und Frankenberg

- Ebenfalls sehr günstig für den Schulgebrauch wegen der guten Differenzierung und wegen der Konsequenz, mit welcher der zweite (Wasserhaushalt) und dritte Klimaschlüssel (Wärmehaushalt und Kontinentalität) angewandt sind.
- Grobgliederung: Tropen, Trockenklimate, Subtropen, Mittelbreiten, Subpolare Zone, Polare Zone

4.4 Vegetationszonen

- In solchen Karten ist die potenzielle natürliche Vegetation dargestellt, also so wie sie aussehen würde ohne den Eingriff des Menschen. Die Rodung von Wäldern etwa in Mitteleuropa oder in den Tropen erscheint also nicht.
- Um dies zu sehen, muss man eine Karte mit der realen Vegetation und der Landnutzung heranziehen.
- In den Vegetationszonen spiegeln sich deutlich die klimatischen Verhältnisse wieder.
- Eine Gesamtdarstellung der Tropen und der kalten Zonen mit Klima, Vegetation und dem Eingriff des wirtschaftenden Menschen finden Sie im Kapitel B 4 und 5.

B Ökosysteme und Eingriffe durch den Menschen

1 Endogene und exogene Kräfte schaffen die Grundlagen

- Die Tektonik beschäftigt sich mit dem Bau der Erdkruste und den Vorgängen, die die Lagerungverhältnisse der Erdkruste verändern.
- Endogene Kräfte sind alle vom Erdinnern her gesteuerten Kräfte. Die nukleare Wärme aus dem Erdkern wird permanent nach außen abgegeben. Da sich dabei wegen der Inhomogenität des Materials Wärmestaus bilden, entwickeln sich Konvektionsströme. Deren Bewegung deformiert die Erdkruste oder verschiebt Teile der starren Kruste (Platten) in horizontaler Richtung (Plattentektonik).
- Sie erzeugen meistens Höhenunterschiede.
- Exogene Kräfte dagegen wirken von außen und gleichen die entstandenen Höhenunterschiede wieder aus.
- Durch das permanente Gegeneinanderwirken beider Kräfte entsteht das Relief der Erde, das ständigen Änderungen unterworfen ist.

1.1 Endogene Prozesse

Krustenbewegungen

Die Theorie über die Gebirgsbildung, über weiträumige Hebungen und Senkungen, über Grabenbildung ist durch die Plattentektonik wesentlich umgestaltet worden. Viele Vorgänge, die man früher nur beschreiben konnte, lassen sich jetzt unter Einbeziehung der Ursachen plausibel erklären. Die Formen der horizontalen Plattenbewegungen sind im Kapitel D 2 bei Erdbeben beschrieben.

Gebirgsbildung/Orogenese

- Das Innere der Kontinente besteht aus sehr alten, stabilen Kernen. Sie stammen aus dem Erdaltertum (Präkambrium) und wurden wenig verändert, höchstens leicht vertikal verbogen. An den gehobenen Bereichen ist die Abtragung tätig, die Senkungen können von Sedimentmaterial überlagert werden. Sie werden als Alte Schilde bezeichnet. Einige Beispiele: Kanadischer Schild, Brasilianischer Schild, Baltischer Schild, Sibirische Tafel, Afrikanischer Schild.

- Am Rand dieser Schilde hat sich im Laufe der Erdgeschichte ein Orogengürtel angelagert. In ihm werden die Gesteine vielfach beansprucht, auch kann von unten Magma eingedrungen und Vulkanismus entstanden sein.
- Ursache ist in den Plattenbewegungen zu suchen. Typisch ist, dass sich vor der eigentlichen Kollision die Platten trennen und zwischen ihnen ein Ozean entsteht. Die Ränder der Kontinente senken sich ab und werden von Sedimenten überdeckt, auch das Meer wird mit vielen Sedimenten aufgefüllt.
- Wenn dann die Konvergenz der Platten einsetzt, werden sehr weiträumig zuerst die Ränder der Sedimente gefaltet, dann werden durch den seitlichen Druck Gesteinspakete zerbrochen und oft übereinander geschoben (Überschiebung). Sie können 10 bis 20 km mächtige Decken bilden. Die horizontale Schubweite kann zehn Kilometer betragen, aber auch mehr als hundert Kilometer. Nach oben dringendes Magma kann bis an die Oberfläche dringen und Vulkane bilden.
- Mit herangeführte kleine Plattenteile können mit dem Kontinent fest verbunden werden. Die emporgeschobenen neuen Berge sind der Erosion ausgesetzt.
- Später kann eine neue Phase der Hebung einsetzen, die über lange Zeit anhält (die Hebung der Alpen ist beispielsweise immer noch nicht abgeschlossen).
- **Beispiele für Gebirgsbildung durch Plattenbewegung:**
  - Himalaya: Die Indische Platte wird seit 60 Mio. Jahren gegen die Eurasische Platte bzw. Chinesische Platte geschoben. Da das mächtige Gesteinspaket einer kontinentalen Platte nicht subduziert werden konnte, staute es sich vor Tibet, wurde vielfach überschoben und bildet heute den Himalaya. Bewegung hält immer noch an mit 5 cm/Jahr.
  - Alpen: Die Afrikanische Platte bewegt sich seit dem Erdmittelalter (Mesozoikum) gegen die Europäische Platte. Es kam zu Überschiebungen und zu Bruchtektonik, die im einzelnen sehr kompliziert sind.
  - Anden: Die ozeanische Nazca-Platte wird unter die Südamerikanische Platte subduziert. An der Abtauchstelle hat sich der Atacama-/Perugraben gebildet. Der Rand der Südamerikanischen Platte wurde zu den Anden aufgefaltet.

Epirogenese

- Durch Kräfte innerhalb der Kruste können weiträumig Landoberflächen angehoben werden, ohne dass es zu Brüchen kommt.
- So etwa Skandinavien, das in der Eiszeit von einem schweren Eispanzer bedeckt war. Durch das Gewicht wurde die Kruste an dieser Stelle tiefer in die zähflüssige Asthenosphäre eingetaucht. Nach dem Abschmelzen der Eismassen und der Druckentlastung ist die Kruste an dieser Stelle dann wieder langsam in ihre frühere Lage zurückgekehrt.
- Auch das Coloradoplateau ist epirogenetisch emporgestiegen.

Bruch- und Grabenbildungen

- Wenn alte Gebirge, die durch die Abtragung schon weitgehend eingeebnet sind, infolge kräftiger Bewegung in Schollen zerbrochen werden und diese dann gehoben oder gesenkt werden, entsteht ein Bruchschollengebirge wie die Mittelgebirge im Zentrum Europas. Einzelne Schollen können als Horste emporragen wie der Harz.
- Bei Aufwölbung kann der Scheitelbereich nach dem Bruch in die Tiefe absacken, wie beim Oberrheingraben oder dem großen Ostafrikanischen Grabenbruch.

Vulkanismus

→ siehe Kapitel D → 2 Erdbeben, Tsunamis und Vulkanismus als Herausforderung

Gesteinskreislauf

- **Es gibt drei Gesteinsgruppen:**
  - 1. die aus dem Magma (Glutfluss) durch Abkühlung entstandenen magmatischen Gesteine
  - 2. die nach Verwitterung und Transport daraus gebildeten Ablagerungsgesteine (Sedimentgesteine) und
  - 3. die entweder aus magmatischen oder Sedimentgesteinen gebildeten Umwandlungsgesteine (metamorphe Gesteine)
- Die **magmatischen Gesteine** sind nach ihrer Freilegung an der Erdoberfläche der Verwitterung ausgesetzt.
- Ihre Verwitterungsprodukte können als geschichtete oder ungeschichtete lockere Sedimentgesteine abgelagert werden. Manchmal werden sie später der Diagenese unterworfen, das heißt von Lockergesteinen in Festgesteine umgewandelt. Ihre weitere Veränderung hängt von ihrer Lage ab: Bleiben sie an der Erdoberfläche, unterliegen sie der Verwitterung und eventuell dem Weitertransport. Gelangen sie durch Subduktion oder infolge von Überlagerung durch weitere Gesteinsschichten wieder in die Tiefe unterhalb die Erdkruste, dann werden sie dort unter Hitze und Druck wieder eingeschmolzen.
- Dabei wird ihre Struktur und ihr Mineralbestand verändert: Es sind Umwandlungsgesteine (metamorphe Gesteine) entstanden. Magmatische Gesteine können auch (ohne Umweg über Sedimentgesteinsbildung) direkt wieder in die Tiefe gelangen und dort zu metamorphen Gesteinen werden (Granit zu Gneis). Genauso wie Sedimentgesteine können auch metamorphe Gesteine an der Oberfläche verwittern oder in der Tiefe wieder eingeschmolzen werden.
- Der beschriebene Kreislauf hat prinzipiell kein Ende, weil die endogenen und exogenen Faktoren ständig wirken. Gesteine können aber trotzdem sehr lange Phasen der Ruhe haben. Die ältesten Gesteine der Erde sind fast 4 Mrd. Jahre alte Gneise aus dem Kanadischen Schild.

Abb. 1: Kreislauf der Gesteine

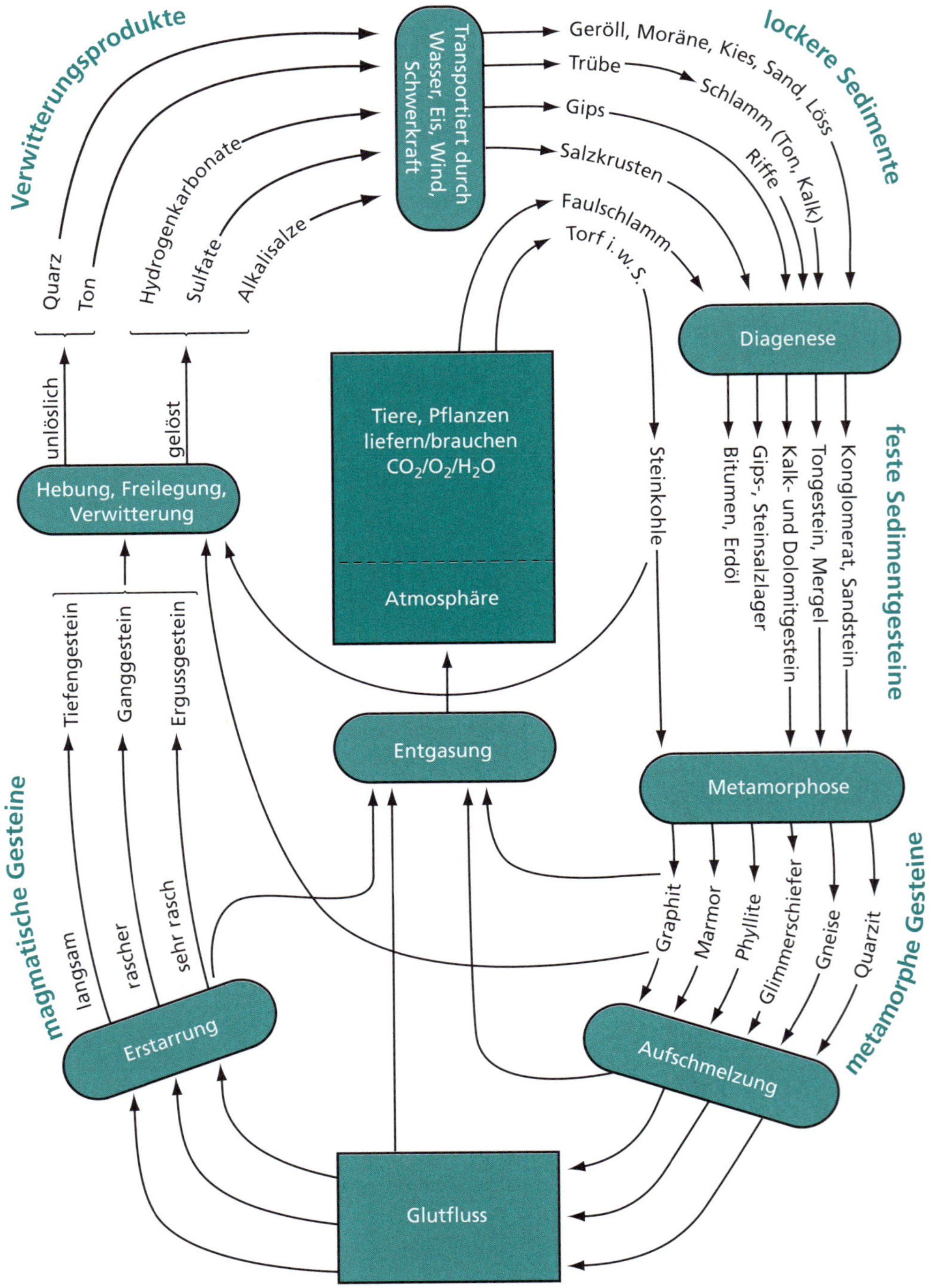

Lagerstättenbildung

Erzgenese aus Magma

- Im Magma können bei Abkühlung Minerale mit sehr hohem Schmelzpunkt frühzeitig ausgeschieden werden.
- Wenn Sie nach unten sinken, können sie dort konzentriert werden (z. B. Chromit).

Bildung aus mineralreichen heißen Lösungen

- Wenn in einer Schmelze Komponenten sind, die sich nicht mischen können, werden sie getrennt abgelagert (z. B. Kupfer oder Nickel).
- In Restschmelzen reichern sich oft bestimmte Metalle an (Phosphat- und Aluminiumreiche Lagerstätten).
- Aus heißen, mineralgesättigten Lösungen können sich Minerale absetzen.
- Anreicherung in den Störungszonen benachbarter Nebengesteine (Kupfer)
- Ausscheidung von untermeerischen „Schwarzen Rauchern" (Eisen- und Buntmetalle)

Bildung in Sedimentgesteinen

- Von der Meeresbrandung können Erzkügelchen aus dem Gesteinsverbund gelöst und dann in tieferem Wasser abgelagert werden (Lothringische Minnette).
- Stein- oder Kalisalze durch Verdunstung von Meerwasser;
- Durch mechanische Verwitterung werden Gesteine zerteilt, die schweren Minerale (Gold, Zinn) können dann in so genannten Seifen abgelagert werden.
- Nach der chemischen Verwitterung können sich schwer lösliche Minerale in der Oxidationsschicht des Bodens ablagern, z. B. Bauxit, Laterit.

Kohle

- Wenn viele Pflanzenreste, etwa aus tropischen Wäldern, unter Abtragungsschutt geraten, setzt bei Sauerstoffabschluss unter hohem Druck und hoher Temperatur der Inkohlungsprozess ein.
- Aus Torf entwickelt sich dann Braunkohle → Steinkohle → Anthrazit

Erdöl und Erdgas

- Zersetzung von Faulschlamm unter Sauerstoffabschluss → Bildung von Kohlenwasserstoffen;
- Wanderung in benachbarte poröse Speichergesteine (Sandstein oder Korallenkalk);
- Darüber muss sattelförmig dichtes Gestein liegen, damit Entweichen verhindert wird.

Metamorphe Bildungen

- Durch Kontaktmetamorphose zwischen Magma und dem Nachbargestein kommt es zu einem Stoffaustausch → neue Mineralbildung.

1.2 Exogene Prozesse

Physikalische Verwitterung

An Klüften oder Kristallgrenzen haben Gesteine besondere Schwachstellen, an denen die physikalische Verwitterung ansetzt. Das Gestein wird in seiner Zusammensetzung nicht verändert, sondern nur mechanisch zerkleinert.

- **Frostverwitterung:** Wasser dringt in Fugen und Gesteinsrisse ein und entfaltet beim Gefrieren auf Grund der Ausdehnung seine Sprengkraft. Verbreitet im Hochgebirge, im polaren und besonders im subpolaren Bereich, also überall, wo die Temperatur häufig um den Gefrierpunkt schwankt.
- **Salzsprengung:** Wenn Salzlösungen auskristallisieren, haben sie eine ähnliche Wirkung wie gefrierendes Wasser. Häufig Calciumcarbonat, Gips, selten Steinsalz. Auch auskristallisierende Mineralien haben diese Wirkung. Größte Verbreitung in ariden (trockenen) und semiariden (halbtrockenen) Gebieten.
- **Temperaturverwitterung:** Durch extreme Temperaturänderungen zwischen Tag und Nacht treten im Gestein Spannungen auf, die zu Brüchen führen können. Besonders wirksam im Hochgebirge und in Steinwüsten.
- **Windverwitterung:** Vom Wind mitgeführte Sandkörner können in der Wüste bei langzeitiger Einwirkung eine ähnliche Wirkung entwickeln wie ein Sandstrahlgebläse.
- Pflanzenwurzeln können in Gesteinsfugen eindringen und sie sprengen (biologisch-physikalische Verwitterung).

Chemische Verwitterung

Sie zersetzt bestimmte Bestandteile des Gesteins und ist besonders wirksam bei hohen Temperaturen, wenn genügend Wasser vorhanden ist, also in den Tropen, Randtropen und Mittelbreiten. Auch Sauerstoff, Kohlendioxid, Stickstoff und Säuren können chemische Prozesse beschleunigen. Sie wirken im Gegensatz zur physikalischen Verwitterung bis in große Tiefen.
Die Minerale werden in lösliche Bestandteile, die meist weggeschwemmt werden, und in zurückbleibende feste Bestandteile zersetzt. Dazu gehören Ton, Lehm, Laterit, Bauxit.

- **Lösungsverwitterung:** Sie stellt eigentlich nichts anderes dar als den Übergang eines Minerals von der festen Form in eine wässerige Lösung. Salzgestein, Gips, Kalkgestein verwittern auf diese Weise. Sie sind leicht wasserlöslich. Die Wirkung ist am größten im feuchttropischen Raum, am geringsten in ariden Gebieten.
- **Kohlensäureverwitterung in Karbonatgesteinen:** Durch Abgase, tierische und pflanzliche Atmung kann Kohlensäure ins Niederschlags- und Sickerwasser gelangen. Dadurch wird Kalk- und Dolomitgestein besonders intensiv angegriffen. Lösungsverwitterung und Kohlensäureverwitterung erzeugen Karstformen.

- **Rauchgasverwitterung:** Wenn fossile Energieträger wie Öl und Kohle Schwefel enthalten und verbrennen, entsteht Schwefeldioxid (SO_2). In Verbindung mit Wasser bildet sich schwefelige Säure oder Schwefelsäure. Sie greift Kalkgestein besonders an, auch Bauwerke in den Städten.
- **Hydrolyse bei Silikatgesteinen:** Häufigste Art der chemischen Verwitterung. Die Silikate werden in ihre Kationen und Anionen aufgetrennt. Lösliche Bestandteile werden weggeführt, aus den übrigen können in Verbindung mit Aluminium Neubildungen entstehen: die Tonminerale.
  - In humid-gemäßigtem Klima bilden sich Dreischichttonminerale, die eine große Ionenaustauschkapazität haben und deswegen viele Nährstoffe speichern können.
  - Im feuchtheißen Klima entstehen meist Zweischichttonminerale, die wegen ihrer geringen Austauschkapazität nur wenige Nährstoffe festhalten können und daher weniger fruchtbare Böden bilden.

Abtragung und Transport durch Schwerkraft

- Nach der Verwitterung können Teile des Gesteins beweglich werden. Die Wirkung der Schwerkraft kann durch ein Medium (Wasser, Eis, Wind) beschleunigt werden, aber auch ohne Medium wirksam sein.
- Bei **Bergstürzen** lösen sich größere Mengen von Locker- und Felsgestein und stürzen den Hang hinab.
- **Bergrutsche** verlaufen langsamer. Bestimmte Gesteine im Untergrund dienen meist als Gleitbahn. Oben ist eine Abrissnische erkennbar. Treten besonders nach lange anhaltenden Regenfällen auf, weil Durchfeuchtung den Vorgang beschleunigt.
- **Muren** bestehen aus Gesteinsschutt, Boden und Blöcken und sind intensiv mit Wasser durchtränkt. Sie treten besonders im Hochgebirge bei Schneeschmelze und nach Starkregen auf. Ihre Bahn folgt oft Wildbächen oder Lawinengassen. Sie fließen sehr rasch und können große Zerstörungen an Gebäuden und Straßen anrichten.
- Das **Bodenfließen (Solifluktion)** betrifft nur die oberen Bodenpartien und geht sehr langsam vor sich. Sonderfall Solifluktion über Dauerfrostboden: Die oberflächlich aufgetaute Bodenschicht, die intensiv durchtränkt ist, kommt ins Fließen, auch bei sehr geringer Neigung.

Abtragung und Transport durch Wasser

- Wasser kann durch die Tiefenerosion und durch die Seitenerosion abtragend tätig sein. Es ist aber hauptsächlich Transportmittel von verwittertem Material.
- Durch das große Gefälle im Oberlauf ist seine Schleppkraft besonders ausgeprägt. Gleichzeitig findet eine starke Tiefenerosion statt. Die Täler sind deutlich eingeschnitten.

- Im Mittellauf lässt bei geringerem Gefälle die Transportkraft nach, großes Geröll bleibt im Flussbett liegen, die Tiefenerosion hat nur noch geringe Bedeutung.
- Im Unterlauf sind Gefälle, Fließgeschwindigkeit, Schleppkraft und Tiefenerosion gering. Die Seitenerosion nimmt deutlich zu. Der Fluss bildet Schlingen (Mäander) aus. Die einzelnen Schlingen können sich vergrößern und einen Schlingenhals durchbrechen, der dann zum Altwasserarm wird und später verlandet.
- Das durch fließendes Wasser transportierte Material wird als Geröll bezeichnet. Es wird durch den Transport zerkleinert und gerundet und gleichzeitig nach Korngrößen sortiert.
- Befindet sich in einem Streckenabschnitt widerstandsfähigeres Gestein, wird die Erosion behindert und es bildet sich ein Engtal, eine Schlucht. Bei besonderer Steilheit der Seitenwände spricht man von einer Klamm oder einem Canon. Eine Klamm kann auch bei besonders großem Gefälle entstehen.
- Die Abtragung durch fließendes Wasser ist meist linienförmig. Sie wird Erosion genannt. Wenn flächenhaft abgetragen wird, spricht man von Denudation.

Abtragung und Transport durch Wind

- **Voraussetzung:** Trockenheit und Fehlen einer schützenden Vegetationsdecke.
- Dies trifft häufig in ariden Räumen (Wüsten und Steppen) zu. Außerhalb dieses Klimabereiches sind Meeresstrände und Eisrandlagen (vegetationsfreie Moränen- und Schotterflächen) betroffen.
- Der Transport erfolgt in Abhängigkeit von der **Korngröße** und der Windgeschwindigkeit. Grobsand von 1 Millimeter Durchmesser wird bei Windstärke 6 bewegt, Feinsand von 0,1 Millimeter schon bei Windstärke 1.
- Die Abtragung durch den Wind ist flächenhaft. Sie wird Deflation genannt.
- **Beispiele:**
  - In der 30er Jahren kam es in den Great Plains der USA nach jahrelanger Dürre zu Auswehungen, die riesige Flächen für die Landwirtschaft dauerhaft unbrauchbar machten. 600 000 Farmer verloren ihre Existenz.
  - Staub aus der Sahara wird in kleinen Mengen immer wieder bis Mitteleuropa geweht.
  - Staub aus den innerasiatischen Steppengebieten und Wüsten gelangte und gelangt auch heute noch bis nach Nordchina (Lössbildung).

Abtragung und Transport durch Gletschereis

Die Abtragung erfolgt durch

- Herausbrechen von Fels- und Gesteinsbrocken aus dem Untergrund, über den der Gletscher fließt, und aus den seitlichen Talwänden,

- Schleifen, Schrammen und Kratzen am Untergrund. Dies erfolgt durch Gesteinsmaterial, das in die Unterseite des Gletschereises eingefroren ist und eine Hobelwirkung hat,
- Ausschürfen von Lockergestein, das schon vor der Vergletscherung vorhanden war.

Transport

- Der mitgeführte Gesteinsschutt, auch Geschiebe genannt besteht aus sehr unterschiedlichem Material: Felsbrocken aus dem Untergrund, altes Lockergestein aus der Zeit vor der Vereisung und Material, das von den seitlichen Felswänden auf den Gletscher gestürzt ist.
- Die Korngröße reicht vom feinen, zerriebenen Material bis zu großen Felsbrocken (Findlingen).
- Das transportierte Moränenmaterial ist eckig, außer dem alten Lockergestein, das vor der Überformung des Geländes durch den Gletscher schon da war und mitgenommen wurde.
- Das Moränenmaterial ist nicht nach Korngrößen sortiert.

2 Böden, ihre Bedeutung und Gefährdung

2.1 Was sind Böden?

- Es handelt sich um den obersten, belebten Bereich der Erdkruste, der auf dem unverwitterten Gestein aufliegt. Er kann wenige Zentimeter, aber auch viele Meter mächtig sein.
- In ihm überschneiden sich vier Naturbereiche:
  - Lithosphäre (Gesteine und Minerale)
  - Atmosphäre (Luft)
  - Hydrosphäre (Wasser)
  - Biosphäre (lebende und abgestorbene Tiere und Pflanzen).

Abb. 2: Stellung des Bodens innerhalb der Geosphäre

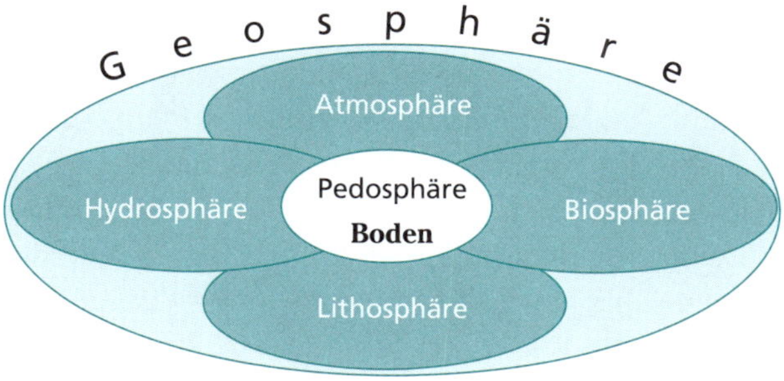

- Diese Bereiche beeinflussen sich ständig gegenseitig in komplexen physikalischen und chemischen Prozessen, sodass ein Umwandlungsprodukt mineralischer und organischer Substanzen entsteht.
- Der Boden kann höheren Pflanzen als Standort dienen.
- Er ist Lebensgrundlage für Pflanzen, Tiere und Menschen und ist in die ökologischen Kreisläufe mit eingebunden.
- Der Mensch verändert den Boden indem er ihn für seine Ernährung nutzt und als Standort für seine wirtschaftlichen Aktivitäten.

2.2 Funktion der Böden

- Sie bilden die Voraussetzung für die Existenz jeglicher Vegetation, für die Existenz aller Wälder, auch der Forste, und für das Wachstum aller Nutzpflanzen, die Menschen und Tieren zur Nahrung dienen. Auch nachwachsende Rohstoffe gehören dazu.
- Böden sind der Lebensraum sehr vieler Tiere unterschiedlichster Art.
- Die Böden filtern und speichern eindringendes Niederschlagswasser, sichern uns damit weitgehend sauberes Trinkwasser und reduzieren zusammen mit der Vegetation die Hochwassergefahr.
- Sie dienen als Senke für Schadstoffe, die durch die Luft transportiert werden.
- Der Wärmehaushalt wird durch sie reguliert.
- Rohstoffe lagern im Boden (Torf, Tone, Kaolinit = Porzellanerde, Lehm und andere Erden).
- Böden stellen ein kulturgeschichtliches Archiv dar (Bodenfunde früherer Kulturen, Rückschlüsse auf Nutzungsformen in historischer und prähistorischer Zeit). Pollenanalyse lässt auf früheres Klima und Vegetation schließen.
- Fazit: Der Wert des Bodens wird im Vergleich zu Wasser und Klima zu wenig beachtet; ohne ihn gäbe es kein höher entwickeltes Leben auf der Erde.

2.3 Entstehung

- Verwitterung des Ausgangsgesteins;
- langsam entwickelt sich ein belebter Boden, der sich später in Horizonte gliedert.
- Die Vegetation fasst Fuß.
- Schwer verwitterbare Minerale wie Quarz reichern sich an, andere zersetzen sich oder werden umgewandelt, so entstehen Tonminerale, Oxide und Hydroxide.
- Die organischen Substanzen von den abgestorbenen Pflanzen- und Tierresten werden teils mineralisiert, teils zu Huminstoffen umgewandelt. Diese bilden zusammen mit den neugebildeten Mineralen die wichtigen Ton-Humus-Komplexe.
- Die Bodenbildung dauert Hunderte, meist aber Tausende von Jahren; daher ist Bodenzerstörung in menschlichen Zeitdimensionen nicht rückgängig zu machen.

- Ausreichend Wasser und hohe Temperaturen begünstigen die Bodenbildung.
- Der Mensch wirkt meist negativ auf Bodenbildung und Bodenerhaltung ein.

2.4 Bodenarten

- Wenn man die mineralischen Bestandteile des Bodens nach ihren Korngrößen zur Klassifizierung heranzieht, ergeben sich verschiedene Bodenarten.
- Oft sind verschiedene Korngrößen miteinander vermischt. Die Einteilung erfolgt nach der am häufigsten vertretenen Korngröße.

Abb. 3: Einfluss der Korngrößen auf die Eigenschaften des Bodens

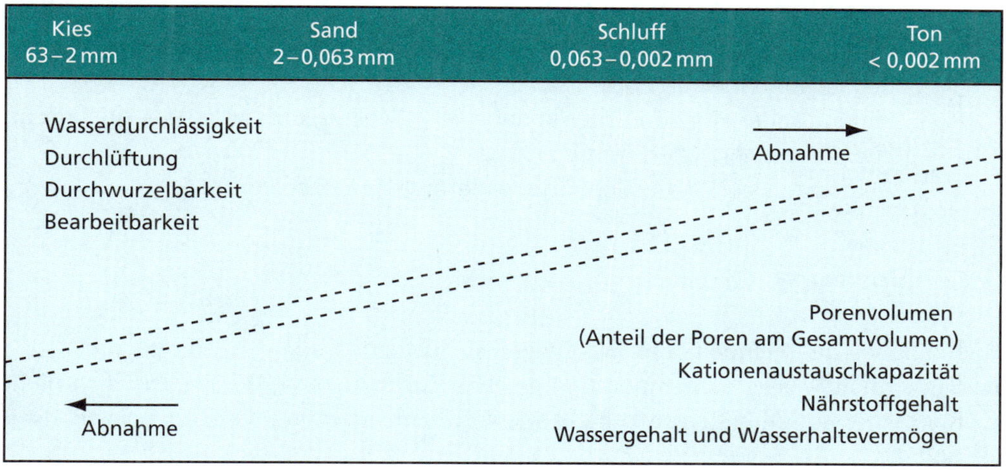

Die wichtigsten **Bodenarten und ihre Eigenschaften**:

- **Skelettböden** (Grobböden) aus Kies und Steinen; sehr trocken; nährstoffarm wegen fehlender Speicherkapazität und fehlendem Humus.
- **Sandböden:** locker und gut zu bearbeiten; leichte Durchwurzelbarkeit; Wasser dringt leicht ein, versickert aber auch rasch; geringer Nährstoffgehalt;
- **Lehmböden:** Gemisch aus Sand, Schluff und Ton; ausreichende Durchlüftung; Wasser kann leicht versickern und gespeichert werden; fruchtbar durch hohen Nährstoffgehalt; gelblich-braune Färbung durch oxidierte Eisenverbindungen.
- **Tonböden:** fest gefügt, schlecht durchlüftet; schwer durchwurzelbar; Wasser dringt nur schwer ein, bleibt aber im Boden haften; fruchtbar, weil Nährstoffe gut gespeichert werden können.

2.5 Bodentypen

- Im Lauf der Bodenbildung entwickeln sich verschiedene, oberflächenparallele Lagen = **Horizonte**.
- Ihre Ausprägung ist abhängig vom Ausgangsgestein, vom Klima (Temperatur und Niederschlagswasser), der Vegetation und den Bodenlebewesen.
- Neben der fortschreitenden Verwitterung kommt es zur Verlagerung verschiedener Substanzen nach unten, z. B. Ton, Kalk, Humus und Eisen.
- Die Dauer der Entwicklung prägt den Boden ebenso.
- **Die wichtigsten Horizonte sind:**
  - L Streuschicht aus Laub und Nadeln (nur manchmal vorhanden)
  - A Oberboden: mineralische und organische Substanz gemischt. Aus dieser Schicht können Ton- und Eisenverlagerung nach unten erfolgen. Ah: hier ist Humus angereichert. Ae: hier sind Eisenverbindungen ausgewaschen, der Boden ist ausgebleicht, podsoliert.
  - B Mineralischer Horizont: Hier können Ton, Eisen, Aluminium oder organische Substanz angereichert werden.
  - C Ausgangsgestein, kann schon Verwitterungsspuren zeigen.

2.6 Wert von Böden

Böden haben dann einen hohen Wert, wenn sie folgende Bedingungen erfüllen:

- Sie können Wasser aufnehmen und gewisse Zeit speichern. Wasser darf sich nicht über einer undurchlässigen Schicht stauen (Staunässe durch Ortstein beim Podsolboden).
- Sie dürfen das Eindringen von Wurzeln nicht zu stark behindern wie das Eisenkrusten oder durch schwere Maschinen verdichtete Böden tun (Durchwurzelbarkeit).
- Es muss genügend Porenraum für Luft (Sauerstoff) vorhanden sein, damit die Bodenlebewesen und die Pflanzenwurzeln atmen können. Stickstoff ist wichtig für die Ernährung, er kommt im Gestein nicht vor.
- Der pH-Wert soll bei 7 oder knapp darunter liegen; saure Böden sind ungünstig für das Pflanzenwachstum.
- Der Wärmehaushalt muss so sein, dass die zersetzenden Mikroorganismen gute Lebensmöglichkeiten haben.
- Böden brauchen genügend Nährstoffe. In ihnen sind die Nährelemente enthalten: Stickstoff (N), Phosphor (P), Schwefel (S), Calcium (Ca), Kalium (K), Magnesium (Mg), Natrium (Na), in sehr kleinen Mengen auch noch Spurenelemente. Genügend Nährelemente sind vorhanden, wenn ausreichend organische Abfälle zugeführt und zersetzt werden, in geringem Maße auch durch Zersetzung des Ausgangsgesteins im Boden. Gleichzeitig werden beim Pflanzenwachstum Nährelemente in die Biomasse eingebaut und bei der Ernte entfernt. Die Bilanz muss positiv sein.

Abb. 4: Bodentypen

Tundrengley/Tundra

Ah
Gr
C

feuchtkalt, sehr geringe chemische Verwitterung; wenig Pflanzenwuchs; geringe Humusdecke; in Gr-Schicht: durch Staunässe Reduktion von Eisenverbindungen, daher blaugraue Farbe (mittlere bis schlechte Qualität)

Podsol/Nadelwälder in der Taiga

Ah
Ae
Ortstein
B
C

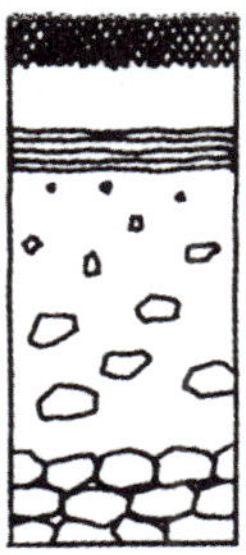

feuchtkühl, chemische Verwitterung gering, langsame Zersetzung, daher über der Humusschicht eine Rohhumusdecke; bei Verrottung entstehen Humussäuren: sie waschen Fe- und Al-Verbindungen aus der Ae-Schicht aus (bleicher, aschgrauer Horizont) und reichern sie im B-Horizont wieder an: rostbraune, harte Kruste = Ortstein (geringe Fruchtbarkeit, viel Staunässe durch Ortstein, sauer)

Parabraunerden/Laubwaldzone

Ah
Ae
B/C

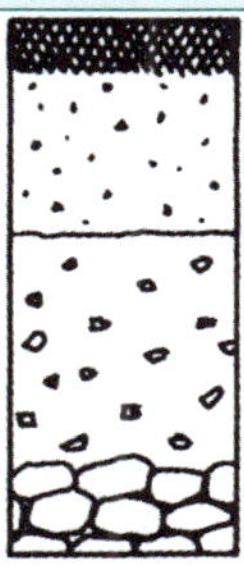

feuchtmild, ausreichende Humusbildung; Ae-Schicht ist arm an Tonmineralen; darunter sind Tonminerale angereichert; Bodenqualität mittel bis gut

Schwarzerde/Langgrassteppe

Ah
C

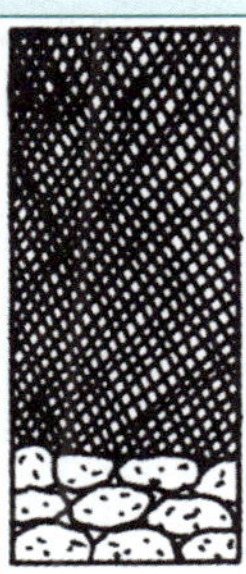

kontinentales Klima; Niederschläge gering, aber ausreichend für gutes Graswachstum im Frühjahr; günstige Bedingungen für Bodenlebewesen; Nährstoffe werden fast nicht ausgewaschen; Humus kaum abgebaut, daher sehr mächtig; Ausgangsmaterial ist oft Löß; beste Bodenqualität

Kastanienfarbene Böden/Kurzgrassteppe

Ah
C

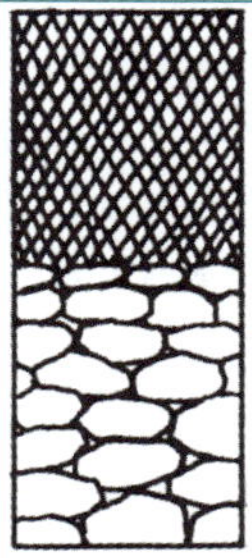

Klima etwas trockener als in der Langgrassteppe; wenig chemische Verwitterung; geringere Bodenmächtigkeit; weniger Humusgehalt; mittlere Qualität

Halbwüstenböden

Ah
B
C

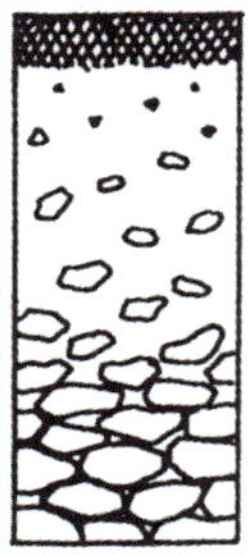

physikalische Verwitterung überwiegt deutlich; wegen Trockenheit geringes Pflanzenwachstum und daher auch wenig Humusbildung; nach dem Grad der Humusbildung unterscheidet man braune und weniger gute graue Halbwüstenböden

Rotbraune = fersiallitische Böden/Trockensavanne

Ah
B

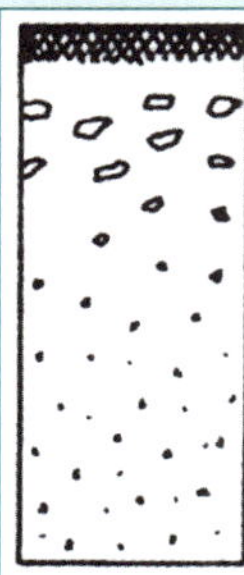

chemische und physikalische Verwitterung; tiefgründige Verwitterung; viele Tonminerale gebildet; im Oberboden sind Fe, Si und Al enthalten; Humusdecke gering; bei Dauernutzung ist Düngung notwendig.

Laterite, Latosole = ferralitische Böden/Feuchtsavanne und tropischer Regenwald

Ah
B

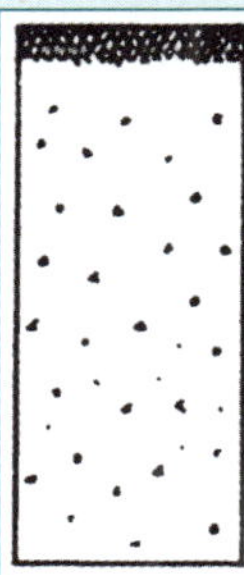

ganzjährig feuchtheiß, chemische Verwitterung dominiert, Verwitterung reicht in große Tiefen, oft bis 7 Meter; im Oberboden sind Al und Fe angereichert, daher Rotfärbung aber SiO_2 weggeschwemmt; nährstoffarme Böden wegen geringer Austauschkapazität

- Die Nährelemente müssen im Boden so festgehalten werden, dass sie nicht ausgewaschen werden, aber trotzdem von den Pflanzenwurzeln aufgenommen werden können. Das geschieht so:
  - Die Nährstoffe sind im Bodenwasser in Form von Ionen gelöst; z. B. als positiv geladene Kationen K^+, Ca^{++}, Mg^{++}, Na^+ oder als negativ geladene Anionen NO_3^-
  - Als Austauscher, die Ionen festhalten und bei Bedarf an die Pflanzenwurzeln abgeben, fungieren Bodenkolloide.
  - Kolloide aus Aluminium- und Eisenverbindungen sind positiv geladen, sie binden daher die Anionen, sie haben eine Anionenaustauschkapazität.
  - Viel wichtiger sind Kolloide, die negativ geladen sind und deswegen Kationen binden können; sie haben eine Kationenaustauschkapazität (KAK). Dazu gehören die organischen Huminstoffe und die anorganischen Drei-Schicht-Tonminerale. Böden, die eine hohe KAK haben sind also fruchtbar, das gilt für viele Böden der Mittleren Breiten. Dagegen sind die Böden der Tropen mit Zwei-Schicht-Tonmineralen sehr unfruchtbar, weil ihre Kationenaustauschkapazität extrem gering ist.

2.7 Gefährdung und Zerstörung von Böden (Degradation)

Weltweit haben auf 20 % der kultivierten Landfläche die Böden ihre ursprüngliche Produktivität verloren, in den Waldgebieten sogar 30 %.
Ein Viertel der Weltbevölkerung ist von den Folgen der Übernutzung betroffen. Geographische Schwerpunkte liegen in Asien, Afrika, Südamerika, aber auch Europa ist, bezogen auf die genutzte Fläche, ganz vorne dabei.

Art der Schäden

Verlagerung von Material

- Wassererosion ist die häufigste Schädigung. Sie führt zum teilweisen oder vollständigen Abtrag der Humusdecke oder zur Bildung von großen Gräben oder Rinnen in Feldflächen; Maschineneinsatz erschwert oder nicht mehr möglich. Sie tritt ein, wenn
  - Waldflächen gerodet werden oder sonst eine schützende Vegetationsdecke beseitigt wird; Grund: Gewinnung von Brennholz oder Ackerland;
  - eine Fläche überweidet wird, z. B. in semiariden Gebieten durch Aufstockung des Tierbestandes infolge des Bevölkerungsdrucks;
  - wenn Monokultur betrieben wird, die Ackerfläche lange schutzlos liegt und keine Zwischenfrucht angebaut wird. Maisanbau erhöht die Erosionsgefahr besonders.
- Winderosion: Abtrag der Humusdecke, Entstehung von Dünen; tritt besonders in trockenen und halbtrockenen Räumen auf; bekanntes Beispiel: In der Dust Bowl in den Great Plains in den 30er Jahren wurde durch Staubstürme eine Fläche von 1 Mio. ha Ackerland vernichtet. 600 000 Farmer verloren ihre Existenz.

Umwandlung durch physikalische Veränderung

- Bodenversiegelung und Überbauung: Besonders verbreitet im Bereich sich ausbreitender Siedlungen und großer Stadtagglomerationen; Verkehrswege; Industrieanlagen; → Wasser- und Luftaustausch unterbunden; → kein Bodenleben mehr; → Speicher- und Filterwirkung geht verloren;
- Verkrustung;
- Verdichtung durch schwere Landmaschinen → geringe Durchlüftung; → Staunässe oder oberflächlicher Abfluss

Umwandlung durch chemische Prozesse

- Nährstoffverarmung durch Monokultur ohne Fruchtwechsel;
- Versalzung: In ariden und semiariden Gebieten bei falscher Bewässerung verbreitet. Gelöste Bodensalze und zu reichliche Düngergaben steigen mit dem Bodenwasserstrom kapillar auf und reichern sich nach der Verdunstung des Wassers im Oberboden oder in der Oberfläche an. → Pflanzenwuchs ist nicht mehr möglich. Wenn aber die Salze durch reichlich Bewässerungswasser gelöst und durch Drainage abgeführt werden, lässt sich das Problem vermeiden. Meist aber herrscht Wassermangel.
- Versauerung: Durch den Eintrag von Stickstoff- und Schwefelverbindungen entweder auf dem Weg der Düngung oder durch den sauren Regen sinkt der pH-Wert des Bodens; unter einem Wert von 5 werden Aluminium-Ionen freigesetzt, die für die Pflanzen giftig sind.
- Kontamination durch Gifte: Eintrag durch Schwermetalle meist über die Luft oder durch Niederschläge; unsachgemäße Anwendung von Pestiziden; Relikte von Kriegen; Arzneimittelrückstände durch mangelnde Entsorgung oder aus der Tierbehandlung über Gülledüngung; radioaktive Belastung (Beispiel Tschernobyl); Düngung mit Klärschlamm;
- Wandel in der Bodenlebewelt: Durch Düngung und Pestizideinsatz kann die Vielfalt der Bodenorganismen reduziert werden, was alle Wechselbeziehungen im Boden beeinflusst.

Ursache der Schäden

Hinter allen Einzelursachen stehen ein hoher Druck durch eine wachsende Bevölkerung und ein wirtschaftliches Gewinnstreben ohne Rücksicht auf Nachhaltigkeit.

Überweidung

- Die Erosion liegt im Durchschnitt bei 30 – 40 t/ha/Jahr; die Bodenneubildung bei 1 t/ha/Jahr.
- Zu hoher Tierbestand vernichtet die geschlossene Grasdecke.

Entwaldung

- In den Tropen sind die Böden nach der Rodung der Wälder einer raschen Degradierung und Erosion ausgesetzt.

Landwirtschaftliche Nutzung

- Monokultur, Bodenverdichtung, Überdüngung, fehlender Fruchtwechsel schädigen die Böden.

3 Eingriffe in geoökologische Kreisläufe der Tropen

3.1 Abgrenzung und Differenzierung

Abgrenzung

- Die rein schematische Grenzziehung nach der Einstrahlung durch die Sonne begreift die Tropen als den Raum zwischen den Wendekreisen, in dem also die Sonne mindestens einmal, in der Regel zweimal im Jahr im Zenit steht. Diese Grenzziehung ist aber nicht genau in Deckung zu bringen mit der Einteilung der Klimate und der Geozonen = Landschaftszonen.
- In einem Geoökosystem wirken folgende Geofaktoren wechselseitig zusammen: Klima, Flora und Fauna, Wasser, Boden und Relief.
- Weil von allen Geofaktoren das Klima die übrigen Faktoren am stärksten beeinflusst, werden die Geozonen meist nach Klima und Vegetation eingeteilt.
- Die Klimaeinteilungen von Troll und Paffen oder die von Siegmund und Frankenberg werden häufig zu Grunde gelegt.
- Die Grenze der Tropen wird bei der Jahresisotherme von 18,3 °C festgelegt. Außerdem darf es in den Tieflagen keinen Frost geben.

Untergliederung

- Immerfeuchte Tropen: 9,5 bis 12 humide Monate; meist kurze Unterbrechung der Regenzeit; immergrüne Regenwälder oder halblaubwerfende Übergangswälder;
- Wechselfeuchte, genauer: sommerfeuchte Tropen; Untergliederung:
  - Feuchtsavannen: 7 bis 9,5 humide Monate; regengrüne Feuchtwälder und feuchte Grassavannen;
  - Trockensavannen: 4,5 bis 7 humide Monate; regengrüne Trockenwälder und Trockensavannen;
  - Dornsavannen: 2 bis 4,5 humide Monate;
  - Tropische Halbwüsten und Wüsten: weniger als 2 humide Monate.

3.2 Immerfeuchte Tropen

Klima

- Ganzjährig hohe Einstrahlung; mittlere Tagestemperatur das ganze Jahr über bei 25 bis 27° C; nur nachts sinken die Temperaturen um 6 bis 11° C ab = Tageszeitenklima; diese Schwankungen zwischen Tag und Nacht bleiben das ganze Jahr über etwa gleich.
- Die Tageslänge beträgt immer annähernd 12 Stunden.
- Jahresniederschläge 2000 bis 4000 mm, in Extremfällen auch höher;

Abb. 5: Vergleich eines sommergrünen Waldes und eines tropischen Regenwaldes

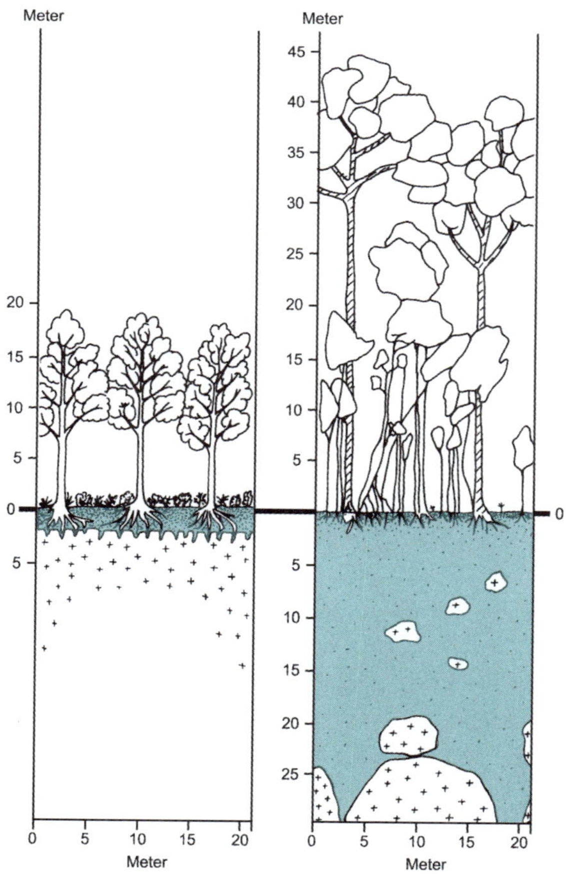

Charakteristisch für den Regenwald sind größere Wuchshöhe, dichterer Baumstand (größere Stammzahl und Basalfläche), mehrstöckiger Waldaufbau, wenig auffällige Krautschicht, lückige Streuschicht und häufig (insbesondere im Verhältnis zur Bestandshöhe) geringere Durchwurzelungstiefen in humusarmen, tiefgründigen Böden über mächtigen Gesteinszersatzzonen.

- Verteilung über das Jahr: relativ gleichmäßig, aber zwei Niederschlagsspitzen (doppelte Regenzeit) jeweils bald nach dem Zenitstand der Sonne; nur ausnahmsweise kurze Trockenzeit;
- Tagesgang der Niederschläge: heftige Gewitterregen am Nachmittag; es kann auch mehrere Tage nacheinander ohne Regen geben.
- Luftfeuchtigkeit hoch, schwül → Dauerleistungsfähigkeit des Menschen herabgesetzt; hohe Verdunstungsrate;

Bodenbildung

- Bei den hohen Temperaturen und der der reichlichen Feuchtigkeit gibt es fast ausschließlich chemische Verwitterung; sie läuft sehr schnell ab. → Das Ausgangsgestein wird tiefgründig zersetzt. Festes Gestein kann bis zu 50 Meter und mehr unter der Oberfläche liegen.
- Die Siliziumverbindungen werden aufgelöst, das Silizium durch Wasser in die Tiefe weggeführt. Es bleiben Eisen- und Aluminiumverbindungen zurück. Die dabei gebildeten siliziumarmen Zwei-Schicht-Tonminerale (Kaolinite) haben eine sehr geringe Kationenaustauschkapazität und sind deshalb unfruchtbar. Nach ihrer Zusammensetzung heißen sie ferallitische, auch ferralitische Böden (Internationale Bezeichnung: Ferralsols) oder kurz: Laterite. Rotfärbung durch Oxidation.
- Weil die Huminstoffe verwittert sind und die Drei-Schicht-Tonminerale als Nährstoffspeicher fehlen, können diese Böden auch durch Aschedüngung (nach Brandrodung) oder Kunstdünger nicht wirksam fruchtbarer gemacht werden.
- Es gibt in den Tropen aber auch junge, fruchtbare Böden, die auf Vulkanmaterial (Java, Ostafrika) oder auf Schwemmland im Unterlauf der Flüsse (Amazonas, Kongo, Süd- und Südostasien) entstanden sind, ebenso Gebirgsböden aus frisch verwittertem Gestein.

Vegetation

- Immergrüne tropische Regenwälder mit größter Biomasseproduktion aller Ökozonen;
- Artenreichtum und Stockwerkbau:
  - Kräuter und Sträucher am Boden soweit der Lichteinfall ausreicht;
  - höhere Sträucher und junge Bäume;
  - Bäume, die mit ihren Kronen ein geschlossenes Dach bilden; Artenreichtum;
  - einzelne darüber aufragende Urwaldriesen bis 60 m hoch;
- typische Erscheinungen: Lianen (Kletterpflanzen); Epiphyten (Aufsitzerpflanzen), die auf Ästen und Astgabeln wachsen, z. B. Orchideen, Farne; Brettwurzeln bei den großen Bäumen dienen der Standfestigkeit und der Oberflächenvergrößerung für die Atmung.

- Ganzjährig wegen hoher Temperatur und Feuchtigkeit Wachstum möglich; begrenzender Faktor ist das Licht. Blattaustrieb, Blühen, Fruchtbildung und Laubabwurf sind nicht an Jahreszeiten gebunden, aber bestimmten Perioden unterworfen; alle Erscheinungen gibt es bei benachbarten Bäumen auch der gleichen Art gleichzeitig;

Abb. 6: Verwitterung von den feuchten Tropen bis zu der polaren Zone

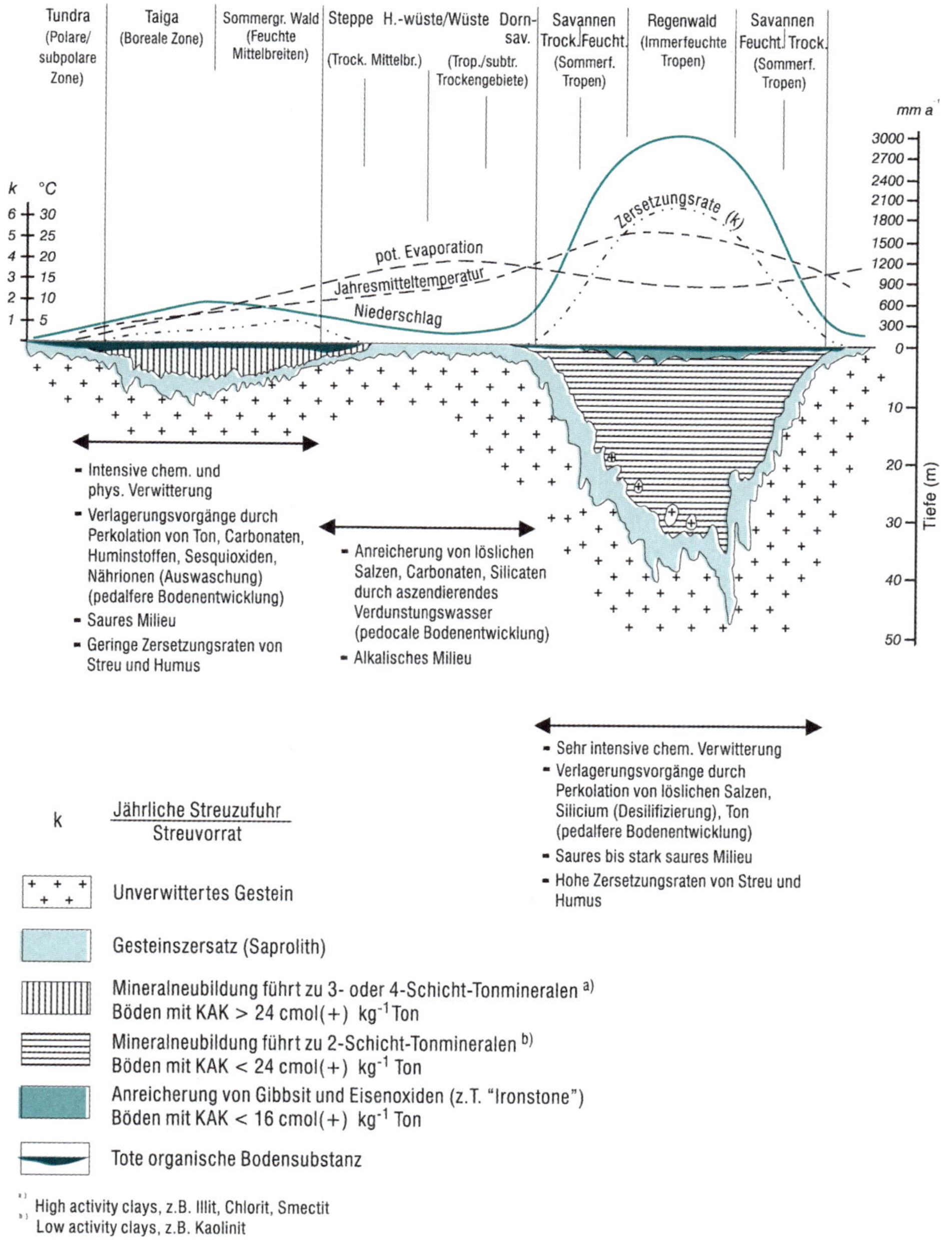

- Weitgehend geschlossener Nährstoffkreislauf: Herabfallende Blätter werden in dem feuchtwarmen Klima sehr rasch biologisch und chemisch zersetzt, totes Baumholz oft durch Termiten abgebaut.
- Weil das Wurzelwerk im Boden zwar flach, dafür aber umso dichter ausgeprägt ist und viele Pflanzenwurzeln mit Pilzen (besonders Mycorrhiza) in Symbiose leben und ein dichtes Geflecht bilden, gelingt es, die zersetzten Nährelemente sofort aufzufangen und den Pflanzen unmittelbar wieder zuzuführen. Die Verluste durch Ausschwemmung bleiben gering. Dadurch kann eine üppige Biomasseproduktion selbst auf sehr nährstoffarmen Böden erfolgen.
- Ergänzend werden einige Nährelemente aus der Atmosphäre in den Baumkronen gesammelt, durch Niederschläge ausgewaschen und zu den Wurzeln transportiert.

Landnutzung

- Die tropischen Regenwälder wurden ursprünglich nur an den Rändern oder inselhaft im Innern genutzt. → Holzgewinnung und Nutzung als Anbaufläche;

Brandrodungs-Wanderfeldbau

- Es wurde Brandrodungs-Wanderfeldbau (shifting cultivation) betrieben:
- Eine ausgewählte Fläche wird abgebrannt, halb verkohlte Baumstümpfe bleiben stehen; der Boden wird mit Hacke oder Grabstock bearbeitet;
- Man baut in Subsistenzwirtschaft für den Eigenbedarf Maniok (Cassava), Taro oder Yams an.
- Da der Boden rasch erschöpft ist und die Erträge nach wenigen Jahren nachlassen, wird eine weitere, neue Fläche gerodet; auf den nicht mehr genutzten Flächen bildet sich später wieder ein artenärmerer Sekundärwald.
- *Shifting cultivation* braucht sehr große Flächen (extensiv), kann nur wenige Menschen ernähren (6 Einwohner je km^2) und erhält den ursprünglichen Urwald kaum. Spätestens bei wachsender Bevölkerung treten massive Waldschädigungen auf, verliert diese Wirtschaftsform ihren ursprünglichen ökologischen Wert und wird von den staatlichen Behörden verboten.

Plantagenwirtschaft

- Stammt meist aus der Kolonialzeit; nach Enteignung oft in staatliches oder genossenschaftliches Eigentum überführt; heute oft von großen ausländischen Kapitalgesellschaften betrieben:
- Es sind landwirtschaftliche oder forstwirtschaftliche Großbetriebe, die für den Weltmarkt, teils auch für den Binnenmarkt produzieren; oft in Küstennähe gelegen; Nachteil: Weltmarktabhängigkeit;
- Hoher Kapitaleinsatz, Rationalisierung, Technisierung, Spezialisierung; Ziel: Gewinnmaximierung;
- Zahlreiche Arbeitskräfte: Manager, Facharbeiter, Hilfskräfte;

- Mehrjährige Pflanzen oder Dauerkulturen: Kautschuk, Zuckerrohr, Bananen, Kaffee, Tee, Sisal, Öl- und Kokospalmen oder tropische Hölzer; auch Soja als Futtermittel für Massentierhaltung in USA und Europa; Monokultur;
- Erscheinungsbild: große Feldflächen, gutes Wegenetz; Landarbeitersiedlungen;
- Die Produkte werden im eigenen Betrieb aufbereitet oder weiterverarbeitet.
- Erträge: Durch hohen Düngereinsatz können die kapitalkräftigen Betriebe die geringe Bodenfruchtbarkeit ausgleichen, was einheimischen Kleinbauern nicht möglich ist. Bei mehrjährigen Baum- und Strauchkulturen kann das Mykorrhiza-Mycel wieder nachwachsen, was die Nährstoffverluste mindert.
- Ökologische Bewertung: Wenn Regenwald gerodet wird: → Klimaschädlichkeit durch CO_2-Freisetzung; Bodendegradierung und Bodenerosion; Verlust von Biodiversität; da es sich um Großflächen in Monokultur handelt ist die Erosionsgefahr immer gegeben, auch unter Baumkulturen, weil der Boden nicht bedeckt ist. Durch Pestizideinsatz wird der Boden belastet, er stellt auch für die Arbeitskräfte eine Gefahr dar, weil Vorsichtsmaßnahmen oft nicht eingehalten werden. Übermäßig verseuchte Böden müssen aufgegeben werden, weil die Produkte nicht mehr abgesetzt werden können.
- Problematik: Flächen, auf denen Exportgüter, auch nachwachsende Rohstoffe, angebaut werden, fehlen für die Ernährung der heimischen Bevölkerung.

Pflanzung
- Ist eine ähnliche Betriebsform, aber auf kleineren Flächen.
- Es wird produziert, aber das Produkt wird nicht mehr aufbereitet.

Nassreisanbau
- In asiatischen Tropen brauchbare Erfolge;
- Vorteil: geringer Flächenbedarf.

Weideland für Rinder
- In Südamerika weit verbreitet; Nutzung durch Großgrundbesitzer;
- Regenwald wird gerodet; weil auf den kargen Böden keine üppigen Weiden entstehen, kann nur sehr extensiv gewirtschaftet werden: nur 1 Rind je Hektar; also überdimensionaler Flächenbedarf bei geringer Fleischproduktion;
- Für 9 Mio. Rinder wurden schon 90 000 km^2 Regenwald gerodet.

Trockenfeldbau
- Frühere Versuche haben zu Ertragsabfall nach wenigen Jahren geführt und boten keine Erfolge für Kleinbauern bei Subsistenzwirtschaft.
- Untersuchungen haben gezeigt, dass es Verbesserungsmaßnahmen gibt:
  - Mulchen (Abdecken) des Bodens mit organischem Material zur raschen Mineralzufuhr;
  - Kalken des Bodens hebt den pH-Wert und senkt die giftigen Al-Anteile.

- Grundproblem: Kleinen und mittleren Familienbetrieben fehlt oft das Kapital für Betriebsinvestitionen, der Zugang zum Know-how für verbesserte Anbaumethoden und vor allem das Geld für Kunstdünger, Pestizide und Saatgut. Somit bleibt ihnen im Gegensatz zu den Großbetrieben der wirtschaftliche Erfolg verwehrt.

Ökologisch angepasste Landwirtschaft
- Keine großflächige Rodung;
- Erhalt mehrerer Bäume des ursprünglichen Waldes zum Schutz vor Sonneneinstrahlung, hartem Schlagregen und für den Bestand des Mykorrhiza-Mycels;
- Anbau auf kleinen Parzellen in Mischkultur aus mehreren Anbauprodukten; ständiger Pflanzenwuchs muss erhalten bleiben; Boden darf nie ungeschützt sein; Stickstoff produzierende Leguminosen als Zwischenfrucht.
- Verwendung standortangepasster Nutzpflanzen;
- Schonende Bodenbearbeitung, möglichst ohne Pflug;
- Möglichst wenig Dünger und Pestizide;
- Mulchauflage eventuell aus Ernterückständen.

Holzwirtschaft
- Artenreichtum an Bäumen erschwert die Holzgewinnung, weil man die gewünschten Bäume aus der großen Menge anderer Bäume herausholen muss;
- Für die Holzgewinnung werden Großmaschinen eingesetzt.
- Dabei wird bis zu 70 % der anderen Vegetation geschädigt (beim Fällen, Rücken und Abtransport auf Straßen, die erst angelegt werden mussten).
- Alternative: Holz aus kontrolliertem Plantagenanbau als das kleinere Übel;

Bergbau
- Beispiel Carajás, Brasilien
- Rodung von Regenwald und Zerstörung riesiger Bodenflächen

Stromgewinnung
- Anlage von Stauseen → Regenwaldverluste
- Beispiel Represa Balbina, Brasilien

3.3 Wechselfeuchte/sommerfeuchte Tropen allgemein

- Einstrahlung ganzjährig hoch; Tageslänge 11 bis 13 Stunden;
- Durchschnittstemperaturen immer über 18 °C;
- Während der Trockenzeit im Winter ist es kühler als im Sommer.
- Die Niederschläge sind auf eine Regenzeit konzentriert; sie bestimmen den Rhythmus der Landnutzung, nicht der Temperaturgang;

- Jahreszeiten sind nicht nach der Temperatur, sondern nach dem Niederschlag bestimmt; Vegetationszeit im Sommer; im Winter verdorrt das Gras, die Bäume werfen das Laub ab.
- Zu den höheren Breiten hin nehmen die Menge der Niederschläge und die Zahl der humiden Monate ab. Der Temperaturunterschied zwischen dem wärmsten und kühlsten Monat nimmt zu.
- Die Böden sind sehr differenziert und ändern sich in Richtung höhere Breiten:
  - Chemische Verwitterung nimmt ab;
  - Restmineralgehalt steigt;
  - Versalzungsgefahr steigt: im Regenwald nicht vorhanden, in Dornsavanne groß;
  - Kationenaustauschkapazität nimmt zu;
- Natürliches Feuer durch Blitzschlag, aber auch vom Menschen gelegtes Feuer hat in den Savannen immer schon eine Rolle gespielt; Tendenz zunehmend → Zurückdrängung von Bäumen.

3.4 Feuchtsavannen

Klima

- 7 bis 9,5 humide Monate,
- Niederschläge 1000 bis 1500 mm,
- Monatsmittel der Temperatur 22 bis 25 °C.

Vegetation

- Übergang vom immergrünen zum zeitweilig Laub abwerfenden Feucht- und Monsunwald;
- Flächen mit hohem Gras, durchsetzt von Baumgruppen; Laubwurf in der Trockenzeit; Gras verdorrt.

Bodenbildung

- Noch ähnlich wie im tropischen Regenwald

Landnutzung

- Anbaumöglichkeit Mais, Hirse, Cassava, Reis;
- Traditionelle Anbauformen sind der Wanderfeldbau und die Wald-Feld-Wechselwirtschaft mit Brachen; beide Formen haben großen Flächenbedarf, sind aber ökologisch nachhaltiger;

- Durch den Bevölkerungsdruck werden sie zurückgedrängt; der Bedarf an Nahrungsmitteln ist gestiegen. Abhilfe soll der Dauerfeldbau bringen; er leidet in der Feuchtsavanne bald unter Nährstoffknappheit. In der Trockensavanne ist er aber erfolgreich.

Gefährdung und Schäden

- Eingriffe durch den Menschen: Brennholzgewinnung, Weidewirtschaft, Feldbau → Sträucher und Bäume zurückgedrängt zu Gunsten von Grasland;
- Die Brennholzgewinnung führt, auch in der Trockensavanne, zu Schäden in der Vegetation und zur Erosion;
- Gleiche Folgen hat die Überweidung; gilt auch für die Trockensavanne.

Ecofarming (standortgerechte Nutzung) als Ausweg

- Da der Anbau nach Vorbild der Industriestaaten riskant ist und viel Kapital erfordert, wurde für die Wechselfeuchten Tropen dieses System entwickelt, das heimische, erfolgreiche Formen verbessert, kombiniert und für Kleinbauern praktikabel macht.
- **Ziele:** wenig Fremdmitteleinsatz, hohe Produktivität und Schonung der Ökosysteme;
- **Beispiele für angewandte Methoden:**
  - Büsche und Bäume als hangparallele Streifen in die Agrarlandschaft integrieren; → Erosionsvermeidung, Windschutz, Schutz vor Austrocknung;
  - Mischfruchtanbau → keine einseitige Bodenbeanspruchung, bessere Raumausnutzung, weniger Schädlingsbefall, Gründüngerpflanzen verbessern den Boden, Schutz vor Austrocknung;
  - Aufbringen von Mulch und Kompost → Humusanreicherung, kein unnötiger Verlust von Biomasse, Schutz vor Austrocknung;
  - Integration von Stallviehhaltung → Düngemittelgewinnung, Milchproduktion;
- Problem: Ecofarming setzt sich nicht leicht durch; einheimische Agrarpolitiker wollen lieber Produktion für den Weltmarkt nach europäischen oder amerikanischen Vorbildern.

3.5 Trockensavannen

Klima

- 4,5 bis 7 humide Monate;
- Niederschläge 500 bis 1000 mm im Sommer

Vegetation

- Trockenwälder, nicht mehr geschlossen;
- Flächen mit niedrigem Gras; dazwischen einzelne Bäume oder Baumgruppen; nur an Flussläufen entlang immergrüne Galeriewälder;
- Bäume haben schirmförmige Krone → Schattenwirkung für Wurzelbereich; hohe Beständigkeit gegen Feuer; Blattabwurf in trockenen Winter; tiefreichende Wurzeln wegen Wasserbedarf;
- Wasserspeichernde Pflanzen überwiegen.

Bodenbildung

- Rotbraune und rote Böden, z. T. lateritisch;
- Chemische Verwitterung ist wirksam, aber nur in der Regenzeit; daher geringe Auswaschung → der Oberboden enthält Eisen, Silizium, Aluminium; Humusgehalt ist gering; Nährelemente können sich zum Teil regenerieren; → fruchtbarer als in der Feuchtsavanne;

Landnutzung

- Bei ständiger Nutzung muss gedüngt werden.
- Dauerfeldbau möglich; Anbauprodukte: Mais, Sorghum, Hirse, Sesam, Baumwolle, Erdnüsse, Reis; Sträucher: Kaffee, Tee;
- Dauerfeldbau führt zu Mineraldüngung, Spezialisierung, Bewässerungswirtschaft (wegen der Trockenzeit); Individualeigentum wird festgelegt.
- Gefahr der Krustenbildung bei falscher Anbaumethode;
- Viehhaltung nimmt große Flächen ein.

Gefährdung und Schäden

- Ähnlich wie Feuchtsavanne;
- Beseitigung der Pflanzendecke führt zu Ausbreitung der Wüste (Desertifikation), besonders in der Dornsavanne → Hungerkatastrophen in der Sahelzone im ausgehenden 20. Jahrhundert;
- bei falscher Bewässerung: Bodenversalzung.

4 Eingriffe in geoökologische Kreisläufe der kalten Zonen

4.1 Abgrenzung und Differenzierung

- Die polare und subpolare Zone liegen um die beiden Polkappen.
- Die Antarktis wird im Wesentlichen durch Festland gebildet, auf dem die 2000 bis 3000 Meter mächtige Eismasse aufliegt (Maximum 4645 m). Nur im Bereich einiger Schelfeisflächen (Ross-Schelfeis, Ronne-Schelfeis) liegen mächtige Eisflächen auf dem Wasser. Eisfreie Gebiete, etwa am Rand des Transantarktischen Gebirges oder auf der Antarktischen Halbinsel sind eher die Ausnahme. Nur Grahamland und wenige Inseln gehören zur subpolaren Zone.
- Die Arktis ist in wesentlichen Teilen durch Wasser geprägt. Das Nordpolarmeer trägt eine ganzjährige, 2 bis 3 Meter mächtige Packeisschicht aus gefrorenem Meerwasser mit aufliegender dünner Schneeschicht. Durch die Klimaerwärmung nimmt die Dicke des Packeises ab ebenso wie die Flächenausdehnung, die im Sommer wesentlich geringer ist als im Winter. Bei weiterer Erwärmung wird die NW-Passage an der Nordseite Kanadas entlang für die kommerzielle Schifffahrt frei, was einen finanziellen Vorteil, aber gravierende ökologische Nachteile bringt. Gleiches gilt für die NO-Passage an der Nordgrenze Eurasiens entlang.
- In der Arktis sind nur das Innere Grönlands und weit im Norden gelegene Inseln ständig vom Eis bedeckt. Die Nordränder Kanadas und Russlands bis zur 10° Juli-Isotherme (siehe Atlas) gehören ebenfalls zur Arktis. Weiter nach Süden reicht die subpolare Zone nach der Klimaeinteilung von Siegmund/Frankenberg. Sie ist wieder unterteilbar in die Frostschuttzone und in die südlich angrenzende Tundrenzone. Praktiker befürworten als Grenze der Polargebiete die Baumgrenze, da sie ohne lange Messungen im Gelände festzustellen ist.

4.2 Einstrahlung und Klima

- Durch den niedrigen Sonnenstand ist die Einstrahlung extrem gering. Die ungleichmäßige jahreszeitliche Verteilung (Polartag, Polarnacht) bewirkt aber infolge der langen Strahlungszeit im Sommer doch eine gewisse Erwärmung.
- Die Winter sind kalt und ziehen sich etwa 9 Monate hin, in denen Schnee liegt. Die Vegetationszeit im Sommerhalbjahr dauert 1 bis 3 Monate.
- Wintertemperatur im ozeanfernen, kontinentalen Bereich in Polnähe teilweise bei −50 °C;
- Die Niederschläge liegen unter 250 mm/Jahr und fallen hauptsächlich als Schnee. Wegen geringer Verdunstung ist das Klima immer humid.

- Fast überall im subpolaren Bereich ist der feste Boden im Untergrund ständig gefroren (Dauerfrost, Permafrost).

Abb. 7: **Lufttemperatur und Dauerfrostboden im Jahresverlauf**

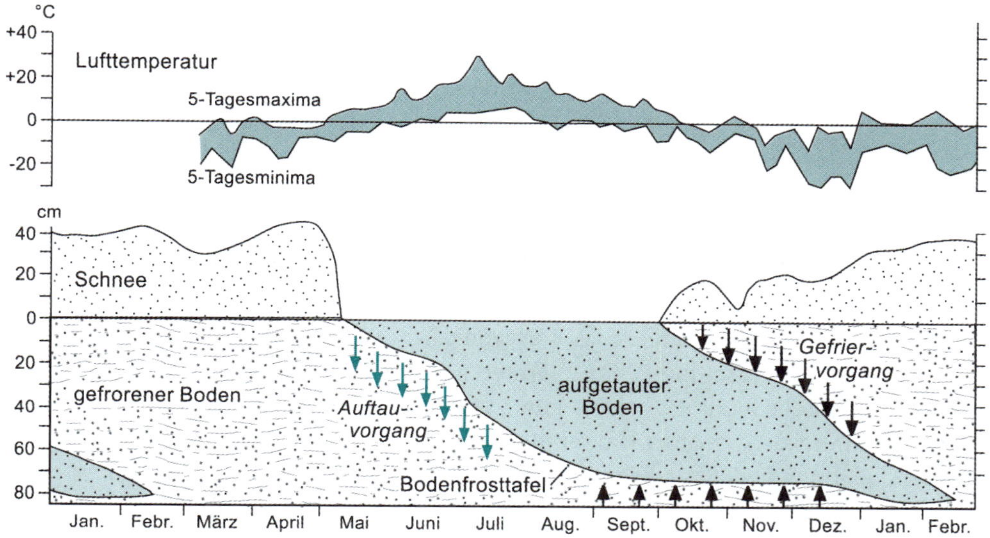

Der Jahresgang der Lufttemperaturen (200 cm über Grund), Schneebedeckung und Bodengefrornis bei Stordalen (Abisko), Nordskandinavien (Skartveit et al. 1975). Bemerkenswert ist, dass ab Oktober Wasser und Luft zwischen der Permafrosttafel und der von der Oberfläche her erneut einsetzenden Bodengefrornis eingeschlossen werden. Der frostfreie Bereich verschmälert sich in den folgenden Monaten, kann aber (unter den gegebenen maritimen Klimabedingungen in Resten bis ins nächste Jahr bestehen bleiben.

Bitte beachten, dass die hohe Schneedecke und die lange Sommerdauer bei diesem Beispiel aus Nordnorwegen nicht typisch für die subpolare Zone sind: Die Schneedecke beträgt meist weniger als 20 cm, außer bei lokalen Verwehungen. Im Herbst beginnt das Gefrieren von der Oberfläche her.

4.3 Vegetation und Tierwelt

- Die Vegetationsperiode ist sehr kurz, daher die Biomassebildung sehr gering.
- Im Winter bietet die Schneedecke einen gewissen Kälteschutz.
- In der Wachstumszeit während der Auftauperiode sind die Böden stark vernässt.
- Die subpolaren Zonen liegen außerhalb der Baumgrenze (gebunden an die 10° Juli-Isotherme auf der Nordhalbkugel).
- Es gibt daher nur Zwergsträucher, Gräser, Moose und Flechten. Artenarmut;
- Zur Tierwelt gehören Rentiere, Moschusochsen, Lemminge, Polarhasen, Schneehühner, Wattvögel, Gänse; an den Meeresküsten Eisbären, Robben, Walrosse und viele

andere. Manche Vögel und einige Säugetiere suchen im Winter südlichere Regionen auf.

- Das Meereis ist Lebensraum für Milliarden von Einzellern → führen zur Verfärbung des Eises. Mehrzeller leben von den Einzellern. An der Unterseite des Eises grasen wenige cm große Krebse die Algen ab und dienen ihrerseits Fischen und Robben zur Nahrung.

4.4 Bodenbildung

- Weil die Temperatur häufig um den Gefrierpunkt schwankt, herrscht Frostsprengung (physikalische Verwitterung) vor → Materialsortierung → Polygonböden, Steinstreifen.
- Infolge der geringen Auftautiefe gibt es wenig Wurzelraum für die Pflanzen.
- Wegen der kurzen sommerlichen Wärmeperiode entsteht wenig Biomasse.
- Weil das Wasser nicht versickern kann, gibt es viel Staunässe und in der Zeit der Schneeschmelze auch Hochwasser in den Flüssen. Bodenfließen (Solifluktion) kann auch bei gering geneigten Flächen die oberste Bodenschicht abtragen.
- Es dominieren Tundrengleye. Sie sind nährstoffarm, der aufliegende Rohhumus kann nicht leicht zersetzt werden (Zersetzungsdauer 100 bis 1000 Jahre; im tropischen Regenwald 1 Jahr).

4.5 Landnutzung

- Wegen der niedrigsten Siedlungsdichte in den Tundren bleibt auch die Nutzung gering.
- Ackerbau in der Tundrenzone ist ausgeschlossen. Es gibt Weidemöglichkeit für die halbnomadische Rentierhaltung, besonders im eurasischen Bereich.
- An den Küsten dominieren Robbenfang und Fischfang besonders durch die Inuit Kanadas.
- Abbau von Bodenschätzen

4.6 Gefährdung und Schäden

- Nordkanada und Alaska sind reich mit Bodenschätzen ausgestattet. Noch mehr trifft das für das nordsibirische Russland zu.
- USA: Erdöl; Russland: Erdöl, Erdgas, Kohle, Apatit, Nickel, Buntmetalle, Gold, Diamanten; Dänemark: Zinn; Norwegen: Eisen und Kohle; Kanada: Silber und Gold, Blei und Zink.
- Die Erschließung, der Abbau und Abtransport sind mit erheblichen Eingriffen in ein sehr sensibles Ökosystem verbunden; Bau von Straßen, Wohn- und Versorgungs-

einrichtungen; Abfallbeseitigung oft ungelöst; stellenweise extreme Ölverseuchung durch marode Fördereinrichtungen und Leitungen.

- In der Arktis sind in den Fettgeweben von Tieren Schwermetalle (Cadmium und Quecksilber) und PCB gefunden worden, die sich dort über die Nahrungskette angereichert haben. Als Verbreitungsweg wird die Atmosphäre angenommen. Inuit, die vom Fleisch von Walen und Ringelrobben leben, sind nachweislich betroffen.
- Nowaja Semlja war seit 1957 Testgebiet für unter- und oberirdische sowjetische Kernwaffenversuche; daneben war es Endlager für schlecht gesicherte Nuklearabfälle, z.B. sechs U-Bootreaktoren mit Nukleartreibstoff; wegen der radioaktiven Verseuchung auch des angrenzenden Meeresgebiets heute noch weitgehend Sperrgebiet.
- Wenn die Erwärmung der Erde weiterhin zunimmt, werden NW- und NO-Passage der Schifffahrt dienen. Die Strecke Rotterdam – Tokio würde sich um 7500 km verkürzen. Der Zugang zu Öl- und Gasreserven in Nordkanada wäre frei. Dem Nordpolarmeer und seinen Randmeeren droht damit eine erhebliche Belastung.
- Die Antarktis birgt 115 Mrd. m^3 Erdgas, 45 Mrd. Barrel Erdöl, dazu noch Eisen, Titan, Chrom, Kupfer, Kohle, Uran, Platin und Gold.
- Der Tourismus boomt. Jährlich kommen zigtausende Touristen auf „Expeditionsreisen" in die Antarktis, unternehmen Landgänge und Fotosafaris, angeblich ohne nennenswerte Umweltschädigung.
- Schädigung und Zerstörung von Boden und Vegetation sind nicht vergleichbar mit anderen Geozonen. Wegen der extrem langen Zeit für Vegetationswachstum und Bodenbildung dauert es Jahrhunderte, bis eine Regeneration erfolgt.
- Tiere werden in ihrer Brut- und Aufzuchtperiode gestört. Annäherung von Menschen bedeutet nachweislich Stress für sie.
- Tier- und Pflanzenkrankheiten können eingeschleppt werden.
- Risiko von Ölunfällen → unabsehbare Schäden für Tier- und Pflanzenwelt.
- Naturschützer fordern Konzentration des Tourismus auf einen kleinen Bereich und Sperrung aller anderen Küsten der Antarktis, um dieses einzigartige Ökosystem zu erhalten.

4.7 Antarktisvertrag

- 1961 in Kraft getreten, bis 2041 verlängert; 1991 durch Umweltprotokoll ergänzt;
- Die Unterzeichnerstaaten verbieten in der Antarktis bis zum 60. Breitengrad Bergbau, Industrie, Militärstützpunkte, Waffentests.
- Sie unternehmen gemeinsame Anstrengungen zum Umweltschutz und zur Erhaltung der Flora und Fauna.
- Die wissenschaftliche Forschung ist für alle Beteiligten frei.
- Streitfälle entscheidet der Internationale Gerichtshof.

C Ressourcen – Nutzung, Gefährdung und Schutz

1 Wasser als Lebensgrundlage weltweit

- Ohne Wasser kein Leben. Alle Stoffwechselvorgänge sind an das Vorhandensein von Wasser gebunden.
- Wasser ist ein Hauptklimaelement.
- Wegen seiner Bedeutung bei Verwitterung und Abtragung formt es maßgeblich die Erdoberfläche mit.

1.1 Chemische und physikalische Eigenschaften von Wasser

Lösungsmittel
Wasser ist das beste natürliche Lösungsmittel. Viele Elemente sind in Wasser löslich, z. B. Natrium, Kalium, Kalzium, Eisen, Chlor, Magnesium, Schwefel, Phosphor. Das gilt auch für Mineralien, Salze und Gase.
Das ist besonders wichtig für die Bildung von manchen Lagerstätten, weil nach dem Transport von mineralischen Lösungen die Mineralien an bevorzugten Stellen ausfallen können.

Hohe Schmelz- und Verdunstungswärme
- Eine Änderung des Aggregatszustandes ist verbunden mit Energieaufnahme oder Energieabgabe.
- Wasser hat eine hohe Schmelzwärme von 340 J/g.
  - Große Eismassen an Polkappen oder in Gletschern bleiben lange stabil und damit klimawirksam.
- Die sehr hohe Verdunstungswärme von 2450 J/g hat eine große Bedeutung im Wettergeschehen: Es ist sehr viel Energie nötig, um Wasser zu verdunsten und es wird ebenso viel Energie bei der Kondensation wieder freigesetzt.
  - Tropische Stürme (Hurrikane, Taifune) können sehr große Energiemengen freisetzen.

- Wasser kann aber auch schon unter dem Siedepunkt verdunsten.
  - Die Meere, Seen und Flüsse, aber auch die feste Landoberfläche geben viel Wasserdampf in die Atmosphäre ab.

Wärmekapazität

Das ist die Fähigkeit, innerhalb des gleichen Aggregatszustandes Energie in Form von thermischer Wärme zu speichern. Sie ist bei Wasser extrem hoch, daher ist Wasser ein ideales Kühlmittel.

- Winde bringen große Energiemengen ins Innere der Kontinente, die dadurch eine etwas verringerte Temperaturbewegung haben.
- Warme Meeresströme können dadurch über sehr lange Strecken große Wärmemengen transportieren, ohne dass das Wasser zu rasch verdunstet.

Albedowert

Schnee hat einen großen Albedowert (Rückstrahlungsvermögen). Das ist bedeutsam für das Klima.

Abb. 1: Energieumsätze bei der Änderung der Aggregatszustände

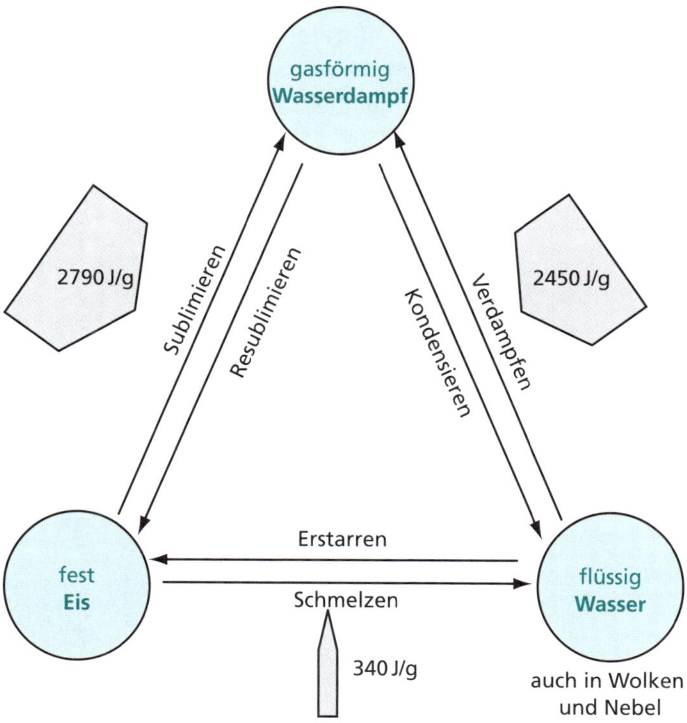

Beim Schmelzen, Verdampfen und Sublimieren muss die entsprechende Energie von außen zugeführt werden (Pfeile von außen), beim Erstarren, Kondensieren und Resublimieren wird jeweils die gleich große Energiemenge freigesetzt. Auch zum Erwärmen von Wasser von 0° auf 100° ist Energie notwendig.

Anomalie des Wassers

Das Dichtemaximum liegt bei 4 °C.

- Dadurch wird bei der winterlichen Abkühlung eines Sees verhindert, dass der See von der tiefsten Stelle aus zufriert. Das gesamte Seewasser wird erst auf vier Grad heruntergekühlt, bis an der Oberfläche die Eisbildung einsetzt. Das ermöglicht das Überleben der Fauna und Flora in oberflächlich zugefrorenen Gewässern.

Wassermolekül als Dipol ausgeprägt

Obwohl das Molekül natürlich elektrisch neutral ist, sind die Schwerpunkte der negativen und positiven Ladungen getrennt und wirken somit wie ein starker elektrischer Dipol.

- Dadurch ziehen sich ein negativ geladenes Sauerstoffende und eine positiv geladene Wasserstoffseite eines Nachbarmoleküls gegenseitig an.
- Es bilden sich Wasserstoffbrücken, die erst bei höheren Temperaturen instabil werden.

Diese Wasserstoffbindung ist ziemlich stark und hat zur Folge, dass der Schmelzpunkt (0 °C) und der Siedepunkt (100 °C) des Wassers außergewöhnlich hoch liegen.

Das bewirkt eine Sondersituation des Planeten Erde im Sonnensystem: Wegen der Druck- und Temperaturverhältnisse gibt es auf den Planeten Jupiter, Uranus, Pluto und Mars Wasser nur in Form von Eis, auf der Venus und der sonnenzugewandten Seite des Merkurs nur in Form von Wasserdampf. Auf der Erde dagegen existiert Wasser in allen drei Aggregatszuständen, am meisten aber gibt es flüssiges Wasser.

Abb. 2: Wasser als Dipol

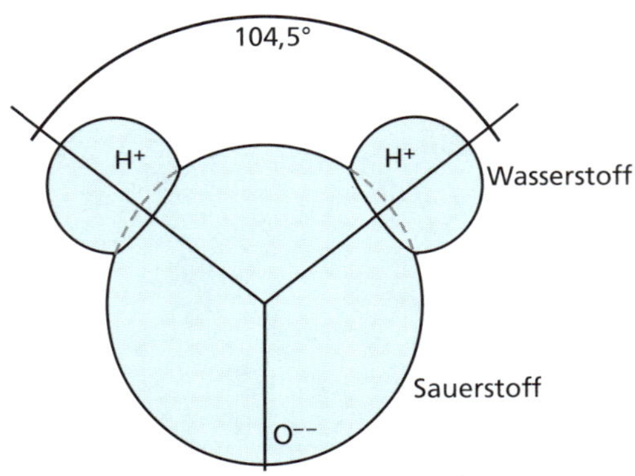

1.2 Wie viele Wasservorräte besitzt die Erde?

Gesamtmenge

Die Erde ist ein „Wasserplanet“. Von 510 Mio. km² Erdoberfläche sind 361 Mio. km² (70,8 %) mit Wasser bedeckt und nur 149 Mio. km² Festland.

Abb. 3: Land-Meer-Verteilung

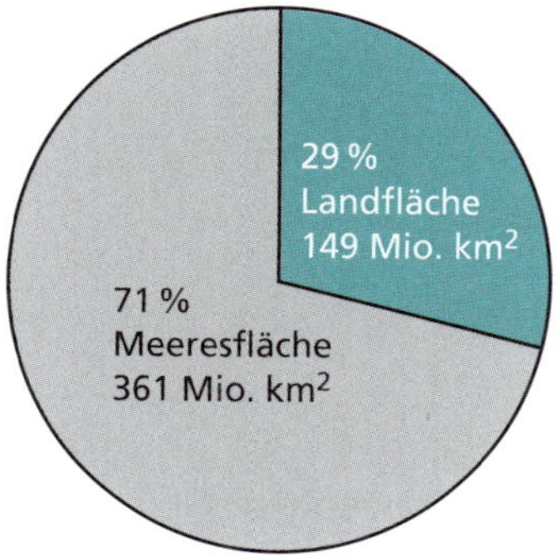

Abb. 4: Wasservolumen

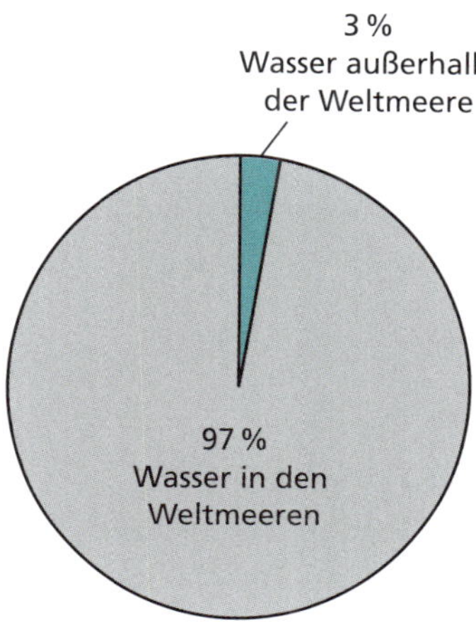

Noch eindrucksvoller ist die Gegenüberstellung, wenn man das Wasservolumen vergleicht: Von den 1386 Mio. km³ Gesamtwasservorräten sind 1338 Mio. km³, das sind ca. 97 %, in den Weltmeeren.

Nutzung des Meerwassers durch den Menschen

Das Meerwasser ist Salzwasser und damit im Normalfall für den Menschen nicht nutzbar. Die Aufbereitung von Meerwasser ist nur in wenigen Ausnahmefällen bei den sehr hohen Energiekosten wirtschaftlich sinnvoll.

Süßwasser

Nur das Süßwasser (3 % der Gesamtwasservorräte) ist nutzbar.
Aber auch diese Wasservorräte stehen nur teilweise zur Verfügung.
75 % davon sind in Form von Eisschilden und Gletschern in fester Form gebunden, davon der Großteil in der Antarktis, ein kleinerer Teil in Grönland. Große Mengen Süßwasser sind als tiefes Grundwasser in geologischen Schichten verschlossen. Es handelt sich dabei um fossiles Grundwasser, das sich früher gebildet hat und sich heute nicht mehr erneuert, also nicht am Kreislauf teilnimmt.
Solche Wasservorräte kann man nicht nachhaltig nutzen, sondern nur abbauen wie fossile Rohstoffe z. B. Kohle oder Erdöl. Ihre Nutzung stellt einen Raubbau dar.
Der Mensch kann bei nachhaltiger Nutzung auf nur 4 % des Süßwassers zugreifen.

Der jährliche Gesamtniederschlag auf der Erde macht nur 3,2 Promille der vorhandenen Süßwassermenge aus, ein Austausch erfolgt also langsam.

Abb. 5: Das Süßwasser der Erde

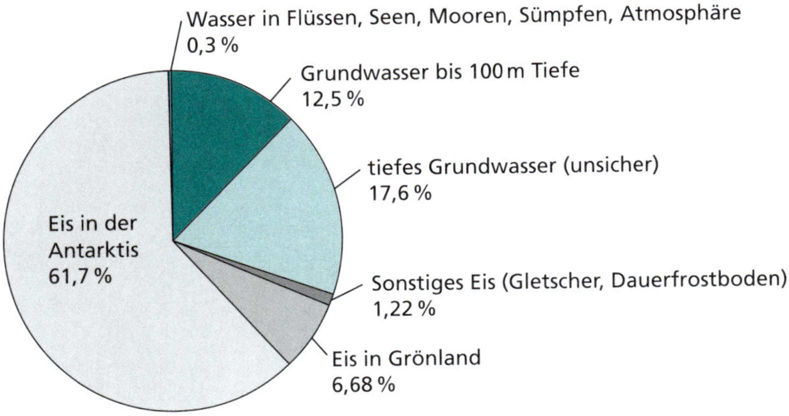

Regionale Verteilung auf der Erde

Niederschlagsmaxima liegen in Äquatornähe und – deutlich reduziert – in den mittleren Breiten. Weitere Differenzierung ergibt sich aus der Entfernung zum Meer, der Höhenlage und der Lage in der Luv- oder Leeseite der Gebirge.

Da die Verdunstung in den Savannen und Wüstenzonen der niedrigen Breiten sehr hoch ist, ergeben sich Zonen mit oberflächlichem Abfluss und Trockenzonen ohne dauerhaften Abfluss.

Abb 6: Niederschlag, Verdunstung und Abfluss nach geographischer Breite

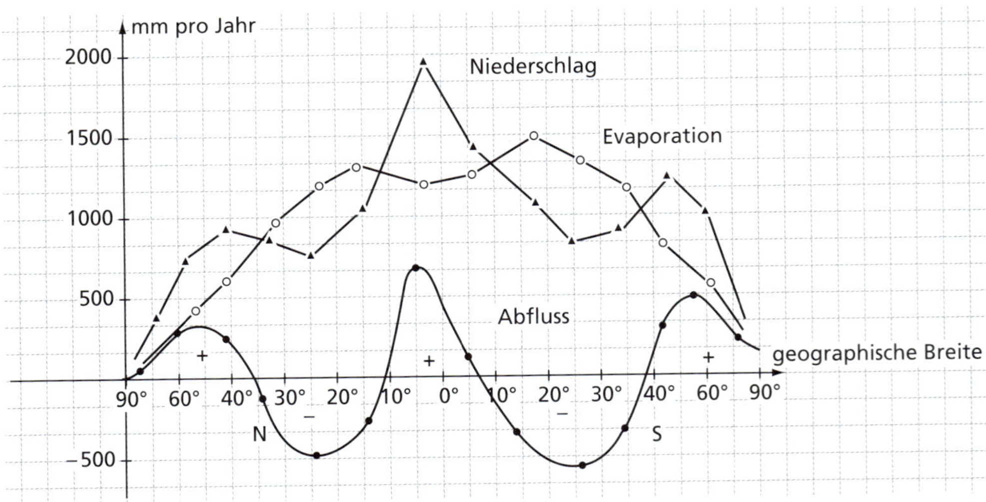

Ungleichmäßige zeitliche Verteilung
Die Niederschläge können jahreszeitlich schwanken (Regenzeiten, Trockenzeiten), oder auch eine starke Variabilität im Laufe der Jahre aufweisen. Das beeinflusst die Zugriffsmöglichkeit auf Wasser beträchtlich.

1.3 Der natürliche Kreislauf des Wassers

Sonne als Motor
- Bei allen oben genannten Einschränkungen im Angebot von Süßwasser gibt es einen sehr erfreulichen Aspekt: Die Sonne sorgt durch die Verdunstung und indirekt durch die Winde, dass immer wieder neue Mengen an Süßwasser zugeführt werden. Es gibt also einen natürlichen Kreislauf.
- Mehr noch: Die Sonne ist unsere große Reinigungs- und Entsalzungsmaschine für das Frischwasser.

Bedeutung für das Lebenserhaltungssystem Erde
- Der Wasserkreislauf ist eng verknüpft mit den Kreisläufen von Stickstoff, Kohlenstoff, Schwefel und Phosphor, die ebenfalls zum Lebenserhaltungssystem gehören.
- Durch die Verdunstung und die anschließende Kondensation wird über die Niederschläge auf dem Festland wieder eine Versorgung mit sauberem Wasser gewährleistet.
- Pflanzen und Tiere werden mit allem Lebensnotwendigen versorgt. Dadurch sind auch den Menschen Nahrungsmittel zugänglich.
- Die Temperaturextreme werden reduziert.
- Wasser ist an der Verwitterung und Gesteinsaufbereitung beteiligt, dabei werden lebenswichtige Nährstoffe freigesetzt und stehen den Pflanzen zur Verfügung.
- Wasser bietet Bakterien die Möglichkeit, Stoffwechselabfälle abzubauen und die Gewässer wieder zu reinigen (Destruenten).

Bilanz des Wasserkreislaufs
Die in der Graphik angegebenen Werte entsprechen der Höhe einer Wassersäule in Zentimetern.
Für die Betrachtung sind die Werte unwichtig, die die Verdunstung über dem Meer und den Niederschlag über dem Meer anzeigen. Wichtig dagegen: Wassertransporte vom Meer zum Land. Denn sie allein sorgen für Zufuhr von frischem Wasser für das Festland.
Bitte beachten: Natürlich fallen Niederschläge auch in ariden Gebieten, genauso wie es auch in humiden Gebieten Verdunstung gibt.

Abb. 7: Systematische Darstellung des Wasserkreislaufs

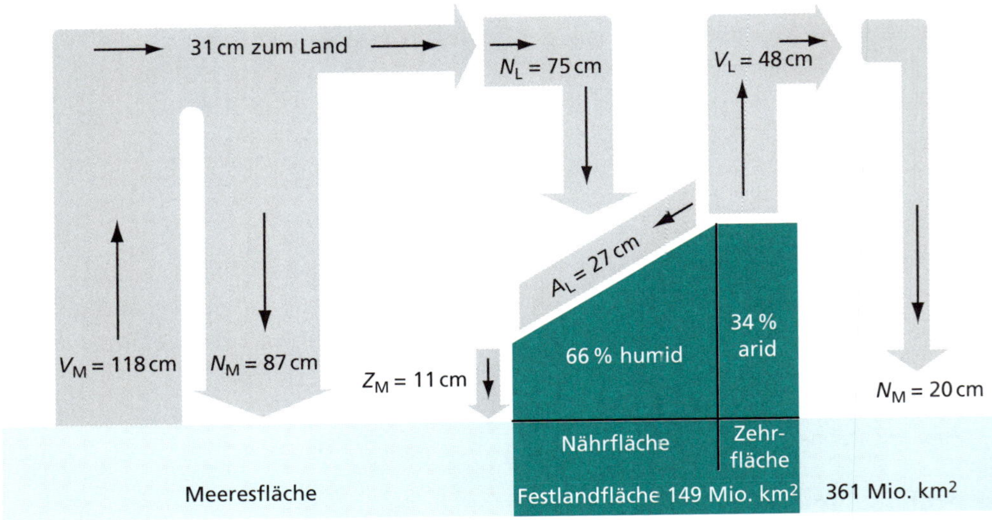

Schematische Darstellung des Wasserkreislaufs. V_M = Verdunstung über dem Meer, N_M = Niederschlag über dem Meer, Z_M = Zufluss zum Meer, A_L= Abfluss von den Landflächen, N_L = Niederschlag auf das Land, N_M = Niederschlag auf das Meer, V_L: = Verdunstung vom Land. Entsprechend der globalen Land-Meer-Flächenanteile wird beim Übergang vom Meer zum Land mit einem Faktor von 2,42 gerechnet (entsprechend umgekehrt, verändert nach Wilhelm 1997).

Blaues und grünes Wasser

Die Begriffsunterscheidung ist für die Nutzung des Wassers von Bedeutung.

Abb. 8: Die Aufteilung des Niederschlags in blaue und grüne Wasserflüsse

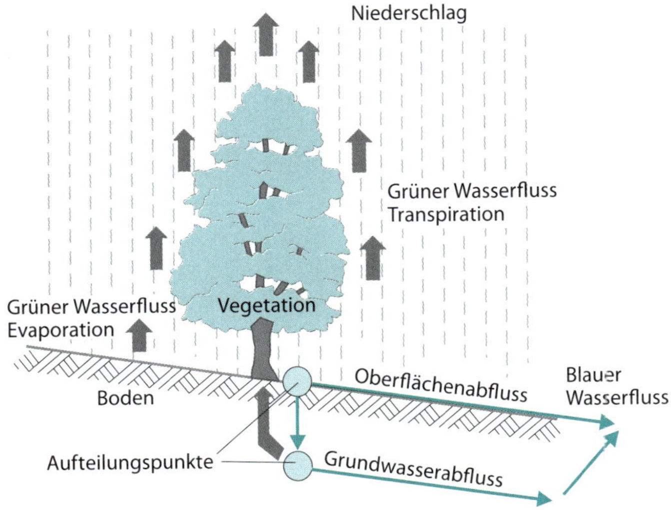

Das **Niederschlagswasser** wird nach dem Auftreffen auf der Erdoberfläche aufgeteilt. Es fließt entweder

a) oberflächlich ab oder
b) versickert und wird zu Grundwasser. Das Grundwasser wird dann erneut aufgeteilt: Es kann
c) als direkter Grundwasserabfluss in einer Quelle zu Tage treten und in einen Bach oder Fluss gelangen oder auch in Küstennähe direkt unterirdisch ins Meer fließen oder
d) von Pflanzenwurzeln aufgenommen und über die Blätter an die Atmosphäre abgegeben werden (Transpiration).
e) Wasser kann auch von Oberflächen aus (Erdboden, Wasseroberfläche, Blattoberfläche nach Niederschlag) direkt verdunsten (Evaporation).

Der Oberflächenabfluss (a) und der Grundwasserabfluss (c) bilden zusammen den blauen, sichtbaren, flüssigen Wasserstrom.
Transpiration (d) und Evaporation (e) bilden zusammen den grünen Wasserfluss. Er ist als Wasserdampf unsichtbar. Weil er zur Produktion von Biomasse beiträgt, nennt man ihn auch produktiven grünen Wasserfluss.

Praktische Bedeutung der theoretischen Überlegung:

- Oberflächlich abfließendes Wasser steht für die Vegetation kaum zur Verfügung, es sei denn es wird in Bewässerungskanäle geleitet.
- Blaues Wasser steht in Form von Bächen, Flüssen, Seen, Grundwasser dem Menschen direkt zur Verfügung.
- Blaues Wasser hat immer ein klar umgrenztes Einzugsgebiet und es fließt an jedem Punkt dem Gefälle folgend in eine Richtung.
- Dadurch hat Jeder Ort an einem blauen Wasserfluss einen Oberlieger und einen Unterlieger, was zu Konflikten um das Wasser führen kann, wenn es um die Nutzung oder um Verschmutzung geht. Der Unterlieger kann auch ein Ökosystem sein, welches das Wasser wieder reinigt oder die Biodiversität erhält.
- Blaues Wasser kann in einem Einzugsgebiet mehrfach nacheinander genutzt werden, z. B. für Fischzucht, zur Stromgewinnung, als Kühlwasser.
- Grünes Wasser geht nach der einmaligen Nutzung durch die Pflanzen (Wälder, Wiesen, Nutzpflanzen) direkt in die Atmosphäre.
- Der Wasserumsatz des grünen Wasserstroms ist je Flächeneinheit wesentlich höher als bei einer vegetationslosen Bodenfläche, weil Pflanzen durch ihr Wurzelsystem auch tiefere Grundwasserbereiche erschließen können.
- Fast bei jeder Landnutzungsänderung kann es zu einer Umlenkung von Wasserströmen kommen: Urwaldrodung: → mehr blaues Wasser; künstliche Bewässerung → mehr grünes Wasser. Im letzten Fall wird also blaues Wasser in grünes Wasser umgewandelt.

Blaues und grünes Wasser zusammen sind wichtig für die Nahrungsmittelproduktion, aber auch für den Abtransport und für den Abbau der Abfallprodukte.

1.4 Eingriffe des Menschen in den Wasserhaushalt im Überblick

Wasserentnahme

- Trink- und Hygienewasser
- Kühlung und Reinigung in der Industrie
- Bewässerung im Pflanzenanbau
- Absenkung des Grundwasserspiegels durch Tagebaubetriebe

Übermäßige Wasserentnahme führt oft zu Grundwasserabsenkung und in Megastädten z. B. Mexiko zu beträchtlichen Bodenabsenkungen

Veränderung des Wasserablaufs

- Flussregulierungen → höhere Fließgeschwindigkeit → stärkere Tiefenerosion (Beispiel Rhein)
- Bau von Kanälen → in Trockengebieten Wasserverluste durch Versickerung und Verdunstung
- Trockenlegung von Feuchträumen durch Dränage; kann positive und negative Wirkungen haben
- Bewässerung von Trockengebieten
- Bau von Stauanlagen zur Stromgewinnung oder Schiffbarmachung von Flüssen
- Versiegelung des Bodens durch Siedlungen, Industriebauten und Verkehrsanlagen → rascher oberflächlicher Abfluss → Hochwassergefahr, klimatische Auswirkung

Wasserveränderungen

- Erwärmung durch Verwendung als Kühlwasser → ökologische Wirkung auf Flora und Fauna

Wasserverschmutzung

- Einleitung von Abwasser aus Haushalten und der Wirtschaft
- Auswaschung von Feststoffen
- Einsickern von Mineraldünger mit dem Niederschlagswasser, besonders Nitrate und Phosphate
- Biozide aus der Landwirtschaft, die zur Schädlingsbekämpfung eingesetzt werden → über Nahrungskette in tierischen und menschlichen Organismen angereichert
- Verschmutzung durch Öl, Chemikalien und Waschmittelrückstände (ein Liter Öl kann 1000 m^3 Wasser verunreinigen.)
- Neuerdings auch Medikamentenrückstände durch falsche Entsorgung → Wirkung auf die Fauna in Fließgewässern

2 Wie der Mensch das Wasser nutzt – Wasser als Produktionsfaktor

2.1 Wassernutzung in verschiedenen Wirtschaftsstufen

Nomaden

In Trockengebieten unter 500 mm Niederschlag kann sich der Mensch, auf sich allein gestellt, nicht ernähren.
Er hat gelernt, sich der Tiere zu bedienen. Sie bieten drei Vorteile:

- Die dortigen Nutztiere können die in Trockengebieten in den Pflanzen reichlich enthaltenen Zellulosebestandteile für ihre Ernährung nutzen.
- Sie können bei der Nahrungssuche große Flächen durchstreifen (Radius 10 bis 20 km/Tag und damit weit mehr Nahrungsmittel „ernten“ als der Mensch.
- Wenn die Tiere abends in umzäunten Bereichen geschützt sind, können sie gemolken oder bei Bedarf auch geschlachtet werden.

Nach dem Abweiden einer Fläche ziehen die Herden zusammen mit den Tierhaltern weiter, um neue Flächen zu nutzen.

Bewertung dieser Lebensform:

- Sie beruht auf der Ausnutzung des in den Trockengebieten sehr geringen grünen Wasserstroms. Wenn keine Übernutzung eintritt, ist sie nachhaltig.
- Weil nur ein geringer Teil der erzeugten pflanzlichen Energie in tierische Produkte umgewandelt wird (siehe 3.4) und überdies die Tiere durch das Umherwandern einen großen Teil davon selbst verbrauchen, ist diese Nutzung sehr wenig effektiv.
- Der Flächenverbrauch ist extrem hoch und er sichert nur sehr wenigen Menschen die Existenz.
- Durch steigende Bevölkerungszahl und vergrößerten Tierbestand (Sozialprestige) droht eine Überweidung → Rückgang des Vegetationsbestandes → geringere Verdunstung → noch geringere Niederschläge → Ausweitung der Wüste (Desertifikation)

Landwirtschaft

Entwicklung der Nutzung

- Bei ausreichenden Niederschlägen und genügend fruchtbaren Böden konnten im Regenfeldbau pflanzliche Nahrungsmittel erzeugt werden. Dies gilt für Europa, Ostafrika, Indien, Ostchina, später für Teile Kanadas und der USA.

- Später wurden die landwirtschaftlichen Nutzflächen ausgeweitet durch Rodung von Wäldern, durch Trockenlegung von Mooren und Sümpfen und Nutzung der feuchten Grasländer (Steppen und Prärien) für den Getreideanbau.
- Wald wurde auch in Weideflächen umgewandelt.
- Die nächste Stufe war die Bewässerung, erst wurden Bewässerungsgräben angelegt, später Brunnen, dann Hebewerke und Pumpen eingesetzt.
- Die ursprünglichen Bewässerungsräume waren hauptsächlich Ägypten, Mesopotamien und China.

Veränderung der Wasserströme

- Die Änderung der Landnutzung wirkt sich auf die Wasserströme aus: Der grüne Wasserstrom wird auf Kosten des blauen Wasserstroms erhöht.
- Die Hochwassergefahr steigt, weil das Wasser von landwirtschaftlich genutzten Flächen rascher abfließt als aus Wäldern oder Sümpfen.
- Dürrerisiko steigt, wenn Wasser rasch abfließt und nicht mehr gespeichert wird.
- Die Intensivierung der Bewässerung konnte dazu führen, dass manche Flüsse kaum noch das Meer erreichten, z. B. der Colorado und der Huang He.

Industrie und Städter

Entwicklung

Das Bevölkerungswachstum hat dazu geführt, dass die Urbanisierung immer mehr zugenommen hat.
Mittlerweile lebt mehr als die Hälfte der Menschen weltweit in Städten.
Für die 70 Mio. Menschen, um die die Menschheit jährlich wächst, sind 3 Mio. ha Landfläche notwendig.
Diese Flächen gehen meistens von der Agrarfläche weg. In 20 Jahren entspricht das der gesamten Agrarfläche Europas.
Dazu kommen die für den Straßenbau zusätzlich benötigten Flächen.
Für die Gewinnung der industriellen Rohstoffe sowie für die Produktion wird zusätzlich Wasser benötigt.

Folgen

- Agrarflächenverlust, Versiegelung von Böden
- Der Oberflächenabfluss nimmt zu.
- Folgen ähnlich wie bei der Landwirtschaft.

Flüsse als Lebensadern und Entwicklungsachsen

- Flüsse haben schon früh als Verkehrswege gedient.
- Heute beschränkt sich diese Funktion eher auf große Flüsse und Kanäle, weil die Transportschiffe immer größer werden.

- Standortwirksam sind sie aber meist nur im Zusammenhang mit anderen Standortfaktoren.
- Sie waren und sind auch heute noch in unwegsamen Räumen, etwa den Regenwäldern, für die Erschließung und den Verkehr wichtig.
- In semiariden und ariden Räumen bieten Flüsse das nötige Wasser für die natürliche Vegetation und die Landwirtschaft, hier entwickeln sich auch bevorzugt Siedlungen. Beispiele: Euphrat und Tigris, Nil

Hydroenergie als Standortfaktor

- In vorindustrieller Zeit war die Wasserkraft bedeutsam als Antriebskraft für Mühlen aber auch für Eisenhämmer.
- Mit der beginnenden Industrialisierung hat sich zunächst diese Bedeutung verstärkt: Laufkraftwerke wurden gebaut und in der Nähe haben sich industrielle Abnehmer der elektrischen Energie niedergelassen.
- Heute ist elektrische Energie in Industrieländern überall verfügbar und spielt als Standortfaktor keine so große Rolle mehr.
- Aber Großabnehmer elektrischer Energie z. B. Aluminiumerzeuger suchen immer noch die räumliche Nähe zu Hydroenergieerzeugern.

2.2 Regionales Beispiel: Nilwasser

Naturgegebenheiten

Einzugsgebiet

Mit 3,2 Mio. km^2 ist das Einzugsgebiet des Nil etwa zehnmal so groß wie Deutschland 42 % sind Grasländer der Savannen, 30 % Wüsten, 15 % landwirtschaftlich genutzte Flächen, davon ein Drittel bewässert.

Klima

- Quellgebiet des Weißen Nil und seiner Zuflüsse im Bereich der humiden Tropen;
- Quellgebiet des Blauen Nil im Bereich der wechselfeuchten Tropen;
- Im weiteren Verlauf nach Norden werden die Temperaturen höher und die Niederschläge nehmen ab bis im Sudan und Ägypten Wüstengebiete erreicht werden.
- Der Süden bis kurz vor Khartum, wo Weißer und Blauer Nil zusammenfließen, ist ein Wasserüberschussgebiet, nördlich davon gibt es nur Zuflüsse, die höchstens noch periodisch etwas Wasser führen. Der Nil ist also hier ein Fremdlingsfluss.

Abflussregime

- Weißer und Blauer Nil unterscheiden sich wesentlich.
- Der Weiße Nil entspringt im Viktoriasee, im Ostafrikanischen Hochland, man muss daher die Zuflüsse zu diesem See zum Einzugsgebiet dazurechnen.

Abb. 9: Das Einzugsgebiet des Nil

- Die Wasser durchqueren den Viktoriasee, den Kyogasee und den Albertsee. Sie wirken wie ein Puffer auf den Wasserabfluss. Die Schwankungsbreite des Abflusses zwischen der Regenzeit und der Trockenzeit ist nicht mehr sehr stark. Der Fluss führt hier nur noch so viel Wasser wie die Donau bei Passau.
- Nach dem Verlassen des Hochlands kommt er in das weite Sumpfgebiet des Obernil-Suddbeckens. Dies wirkt erneut ausgleichend auf die Wasserführung. Außerdem verliert der Nil durch starke Verdunstung die Hälfte seines Wassers.

- Der Blaue Nil, der im Hochland von Äthiopien im Tanasee entspringt, fließt ohne Wasserpuffer durch Seen oder Sümpfe in raschem Lauf und daher ohne große Wasserverluste hinab ins Tiefland.
- Regen- und Trockenzeit sind also in seinem Abfluss sehr deutlich wiederzuerkennen: Trockenzeit 100 m^3/sec, Regenzeit 8000 m^3/sec.
- Er bringt infolge seines Gefälles und der starken Erosion im Hochland viele Sedimente während der Regenzeit im Sommer mit.
- Nach dem Zusammenfluss mit dem Weißen Nil beträgt sein Wasseranteil am Gesamtfluss in der Regenzeit 70 bis 90 %, in der Trockenzeit dagegen nur etwa 20 %.

Nutzung vor dem Bau des Staudamms

Hochwasser

- Im Sommer brachte die Hochwasserwelle regelmäßig jedes Jahr eine gewaltige Überschwemmungswelle.
- Sie spülte auch Schmutz und Abfälle mit fort.
- Das Nildelta im Mittelmeer wurde weiter vergrößert.

Schlamm

- Der Schlamm lagerte sich auf die Felder und stellte einen wertvollen Dünger dar.
- Nach der Überschwemmung konnten die Felder bestellt werden. In der Trockenzeit war aber kaum Anbau möglich. Das Land konnte Nahrungsmittelüberschüsse erzielen.
- Das schwebstoffreiche Wasser ermöglichte Fischfang im Delta.
- Mit den Oberliegern am Fluss gab es keine Konflikte um das Wasser, da diese das Wasser nicht zur Bewässerung verwendeten, obwohl sie immer wieder mal unter Dürrejahren und Missernten litten.

Bevölkerung

- Durch das Bevölkerungswachstum schon in der Mitte des 20. Jahrhunderts reichte aber die Nahrungsmittelproduktion nicht mehr aus.
- In diesem Raum leben heute über 250 Mio. Menschen.
- Sehr hohe Zuwachsrate von 2 – 3 %.
- Im Jahr 2025 wird die 400 Mio.-Grenze erreicht.
- 2060 könnte die Bevölkerung auf 1 Milliarde anwachsen.

Bau des Staudamms und seine Folgen

- Unter britischer Herrschaft wurde 1902 bereits ein kleiner Damm bei Assuan gebaut zur Sicherung der Wasserversorgung, den man später noch zweimal erhöhte. Wegen der geringen Kapazität ließ man aber die Hochwasserwelle durchlaufen und staute Wasser erst zum Ende der Welle auf.

- Die landwirtschaftliche Nutzung wurde damit nicht wesentlich geändert.
- Bau des Assuan Hochdamms (As-Sadd al-Ali) 1960 bis 1971
- Nil auf eine Länge von 480 km aufgestaut

Positive Folgen
- Hochwasserwellen werden im Staubereich aufgefangen
- Ganzjährig Bewässerungswasser zur Verfügung, ermöglicht zwei bis drei Ernten; damit Ernährungsbasis erweitert;
- Im Nassersee Fischfang möglich → Eiweißversorgung für die Bevölkerung;
- Wesentliche Verbesserung für die Schifffahrt im Güter- und Personentransport
- Stromgewinnung für die Haushalte, für die Industrie u. a. für Düngerproduktion
- Lebensstandard ist im Vergleich zu den Oberliegern deutlich angestiegen.

Negative Folgen
- Große Umsiedlungsaktion (90 000 Menschen)
- Verlust alter Kulturgüter in den Fluten des Nasser-Sees; Tempel von Abu Simbel umgesetzt;
- Schlamm als Dünger für die Felder der Felachen (Kleinbauern) fehlt, damit sind die Böden nicht mehr so fruchtbar;
- Zum Ausgleich müssen die Kleinbauern jetzt Kunstdünger kaufen, der Düngereinsatz je ha Ackerland ist in Ägypten jetzt höher als in Deutschland.
- Auf Feldern macht sich Bodenversalzung bemerkbar.
- Am Nordrand des Nildeltas dringt schon bis zu 50 km weit Salzwasser vom Mittelmeer vor und macht die Böden unbrauchbar.
- Durch Meeresströmungen im Mittelmeer wird vom Deltarand Erdreich weggespült, das Delta schrumpft.
- Ohne die Nährstoffe des Nil geht der Sardinen- und Krabbenbestand an der ägyptischen Küste zurück → Verluste für die Fischerei.
- Wegen der fehlenden Durchspülung breitet sich in vielen Kanälen die Wasserhyazinthe aus.

Heutige Problematik: Nutzungskonflikt mit Oberliegern

Die Rolle Ägyptens
- Ägypten nutzt das heute zur Verfügung stehende Wasser zu 98 %.
- Es kann die Anbauflächen nicht mehr weiter ausdehnen.
- Trotz intensivem Anbau, kann das Land seine Bevölkerung nicht ganz selbst ernähren, sondern muss 40 % seines Getreidebedarfs importieren. Dies wird in Ägypten als Problem angesehen.
- Andererseits wächst die Bevölkerung weiter um 1,9 % jährlich.
- Der Wunsch nach mehr Wasser wächst also.
- Es ist bis heute nicht gelungen, das Wasser effizienter zu nutzen.

Die Situation der Oberlieger

- Das Einzugsgebiet des Nil umfasst 10 Staaten. Für Ägypten und den Sudan ist die Wasserzufuhr aus dem Süden lebensnotwendig.
- Das Wasserabkommen zwischen Ägypten und dem Sudan (1959) war die Voraussetzung für den Bau des Assuan-Hochdamms. Lange galt dieses Abkommen als mustergültig, es ist aber heute nicht mehr unumstritten. Die Oberliegerstaaten sind bis heute nicht einbezogen.
- In einigen Oberliegerstaaten wächst die Bevölkerung noch stärker als in Ägypten. Und es gibt in Trockenjahren große Nahrungsmittelknappheit.
- Die Bestrebungen in einigen Oberliegerstaaten, besonders in Äthiopien, dem Sudan aber auch Uganda, die Bewässerungsflächen auszuweiten und ein neues Nilwasserabkommen auszuhandeln, lösen in Ägypten begründete Besorgnis aus. Äthiopien plant großflächige Bewässerungsprojekte.
- Wegen seiner Armut ist Äthiopien zur Zeit nicht in der Lage, seine Wünsche umzusetzen und es finden sich keine internationale Investoren, die Geld für größere Staudammprojekte in diesem Konfliktraum anlegen möchten.
- Die Oberlieger sind geographisch in der besseren Position.

2.3 Regionales Beispiel Naher Osten

Unterschiedliche Ausgangssituationen

- Wasserüberschussgebiete und Wüstenräume liegen in unmittelbarer Nähe, weil die Gebirgssäume im Norden und teilweise auch im Westen Niederschläge empfangen und Fremdlingsflüsse speisen, die dann durch die Trockengebiete fließen.
- Die Flüsse unterscheiden sich aber erheblich in ihrer Wasserführung.
- Gemeinsam ist allen Staaten, dass dem begrenzten Wasserangebot eine steigende Nachfrage gegenübersteht, zum Teil wegen des Bevölkerungswachstums, teilweise wegen wirtschaftlicher Expansion. → Die Wasserverfügbarkeit pro Kopf der Bevölkerung sinkt überall.
- Die Abhängigkeit der Länder von der Bewässerung in der Landwirtschaft ist sehr unterschiedlich:
  - Ägypten ist völlig abhängig
  - In den niederschlagsreicheren Gebirgssäumen kann man teilweise auch Regenfeldbau betreiben.
  - Die reichen Ölstaaten können auch „virtuelles" Wasser (siehe 3.5) importieren indem sie Lebensmittel im Ausland kaufen.
  - Saudi-Arabien kann die Probleme durch Meerwasserentsalzung entschärfen.

Völkerrechtliche Unklarheit

- Prinzip der absoluten Souveränität über das Wasser, das auf dem eigenen Territorium vorhanden ist; wird oft von den Oberliegern vertreten, z. B. Türkei und Israel
- Prinzip der absoluten Integrität: Anspruch auf unbeeinträchtigten Wasserzufluss; wird meist von Unterliegern vertreten, z. B. Syrien, Irak, Jordanien, Ägypten
- Wenn es zu keiner Kompromissbereitschaft und zu Verhandlungen kommt, zählt in der Praxis das Recht des Stärkeren.
- Prinzip der beschränkten Souveränität: gegenseitige Rücksichtnahme

Grenzüberschreitende Grundwasserspeicher

- Das sind meist fossile, also sich nicht erneuernde, tief liegende Grundwasserspeicher wie sie unter großen Teilen der Arabischen Halbinsel liegen. Sie erstrecken sich bis nach Syrien und Jordanien hinein.

Abb. 10: Wasserverfügbarkeit pro Kopf der Bevölkerung in den Ländern des Nahen Ostens

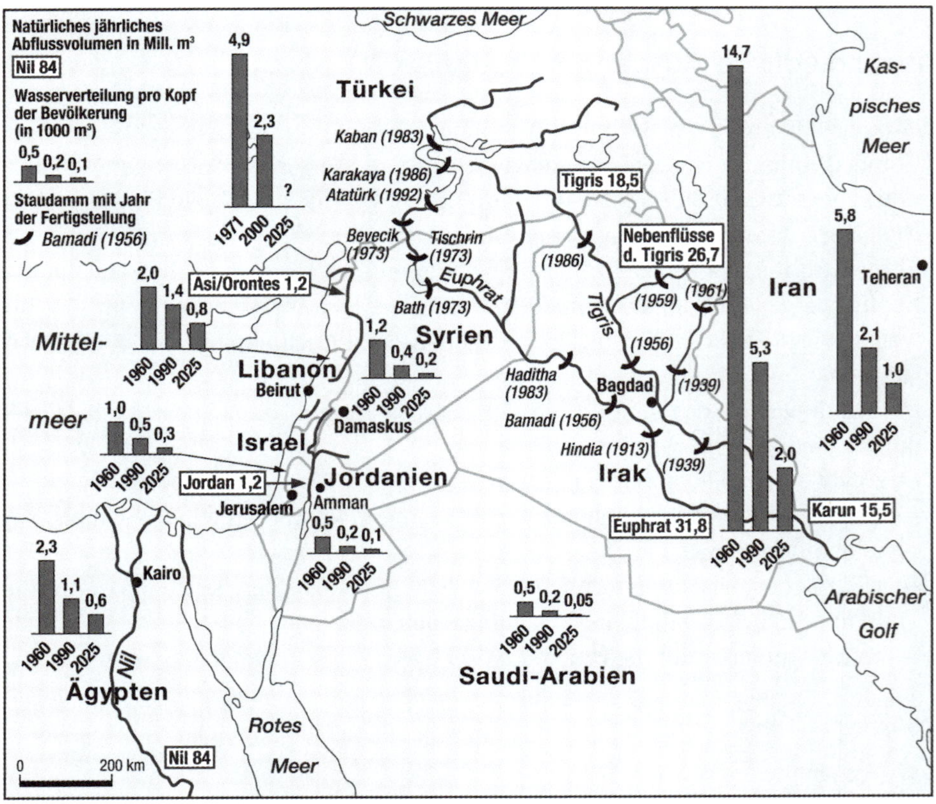

- Jordanien hat seinen Anteil bis in die 80er Jahre hinein geschont um eine Sicherheitsreserve für das Trinkwasser zu haben.
- Saudi-Arabien hat seinen Anteil voll erschlossen, hat mitten in der Wüste Karussellbewässerungsanlagen errichtet und so viel Getreide angebaut, dass es sogar noch exportieren konnte. Bei den hohen Verdunstungsraten in der Wüste eine riesige Wasserverschwendung.
- Jordanien konnte seine Interessen gegenüber dem reichen Nachbarn nicht durchsetzen, weil es politisch und wirtschaftlich von ihm abhängig war.

Das Südostanatolienprojekt der Türkei (GAP)

- In dem seit 1983 laufenden Projekt sollen 22 Staudämme an Euphrat und Tigris gebaut werden. Der größte ist bereits fertig (Atatürk-Staudamm; Stauseefläche wie Bodensee)
- Das Projekt soll den unterentwickelten Südosten der Türkei entwickeln durch Stromgewinnung (18 Wasserkraftwerke), gewaltige Ausweitung der landwirtschaftlichen Bewässerungsflächen (1,8 Mio. ha) für eine exportorientierte Agrarproduktion), Ansiedlung von Industrie.
- Damit möchte man die Landflucht und die Binnenmigration aus dem Osten des Landes in den Westen stoppen, und vor allem die ungelöste Kurdenfrage entschärfen (hier lebt eine große kurdische Bevölkerungsgruppe).
- Nach Beendigung des Projekts werden dem Euphrat 11 Mrd. m^3 Wasser entzogen und dem Tigris 6 Mrd. m^3.
- Dem Irak werden dann zwei Drittel der heutigen Euphratwassermenge fehlen.
- Die schon früher in Syrien und dem Irak gebauten Staudämme werden nicht mehr wie bisher gefüllt werden können.
- Die Türkei als Oberlieger kann das Wasser abdrehen, was bereits mehrfach, teilweise ohne Vorwarnung erfolgt ist, damit sich die Nachbarländer, die auch kurdische Minderheiten haben, in der Kurdenfrage nicht gegen den türkischen Standpunkt stellen.

3 Reicht die Ressource Wasser in der Zukunft?

3.1 Verwendung als Trinkwasser

- Jeder Mensch braucht täglich 3 bis 5 Liter Trinkwasser.
- Die gesamte Menschheit benötigt etwa 10 km^3, das entspricht vier Tausendstel des blauen Wasserstroms. Es gibt also quantitativ kein Problem weltweit.

- Aber die Qualität des Wassers ist in vielen Regionen nicht gesichert wegen der Verschmutzung des Wassers durch Industrie und Landwirtschaft oder wegen der fehlenden oder nicht ausreichenden Abwasserklärung.
- Die hohen Aufbereitungskosten sind in vielen armen Ländern oft nicht zu erbringen.

3.2 Verwendung als Sanitärwasser

- Dazu gehört die persönliche Reinigung, das Waschen von Lebensmitteln, Kleidung, der Abtransport und Abbau von Fäkalien und Abfällen.
- Benötigt werden zu diesen Zwecken: Wasserversorgung, Kanalisationsnetze und Kläranlagen.
- Die dafür benötigte Wassermenge liegt bei mindestens 20 bis 40 Liter je Person und Tag.
- Global gesehen reicht das Angebot der Natur an blauem Wasser für diesen Zweck problemlos aus. Selbst eine Menschheit von 12 Mrd. würde weniger als 1 Prozent des Angebots an blauem Wasser nutzen. Es fehlt nicht an der Wassermenge.
- Trotzdem gibt es Regionen, in denen auch das Minimum an Sanitärwasser fehlt. Betroffen sind 2,6 Mrd. Menschen, besonders in Asien und Afrika. Sie haben keinen

Abb. 11: **Sektorales Wachstum der weltweiten Wasserentnahme und des Wasserverbrauchs im 20. Jahrhundert**

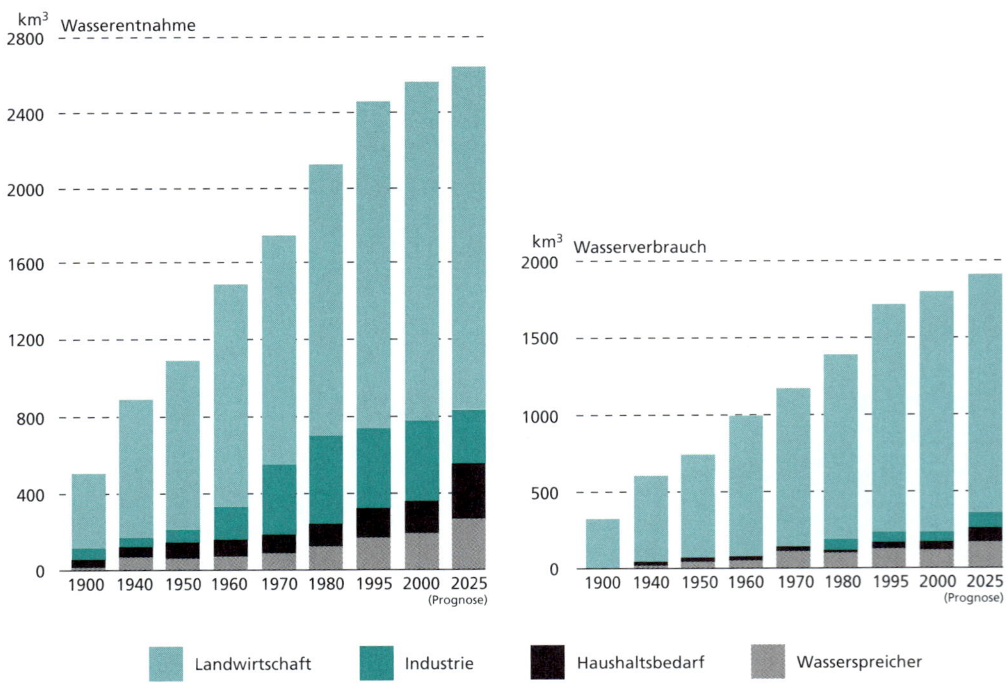

Zugang zu keimfreiem Trinkwasser, keine Spültoilette oder Sickergrube, keinen Anschluss an ein Abwassersystem.

Folgen

- Folgen der fehlenden hygienischen Standards sind Durchfallerkrankungen (Cholera, Typhus, Ruhr) und Viruserkrankungen (Kinderlähmung, Hepatitis A und Parasitenkrankheiten wie Bilharziose)
- Am meisten sind Kinder betroffen.

Ergebnis

- Es fehlt meist nicht an der Wassermenge, sondern an der Wasserqualität.
- Der Zugang zu einwandfreiem Trink- und Sanitärwasser und die richtige Abwasserbeseitigung bestimmen wesentlich die Gesundheit der Menschen.
- Das Angebot der Natur an einwandfreiem Wasser ist auch in Gebieten mit geringen Niederschlägen ausreichend. Es fehlt aber an den Verteilungssystemen und am richtigen Wassermanagement. Dies ist eine Frage des Geldes und der politischen Verantwortung.

3.3 Verwendung in der Industrie

Verwendungszweck

- Energiegewinnung
- Kühlung etwa in Wärmekraftwerken und in der Stahlindustrie
- Reinigung
- Veredelung landwirtschaftlicher Produkte
- Abtransport von Abfällen

Bewertung

- Wasser wird bei industrieller Nutzung weniger verbraucht, aber verändert: Es kann eine Temperaturerhöhung eintreten, es kann aber der Abfallbeseitigung dienen und anschließend mit Giften und Säuren belastet sein – auch wenn das in den meisten Staaten verboten ist.
- Wasser kann mehrfach verwendet werden.
- Die Wiederverwendung ist bei Kühlwasser relativ häufig, immer öfter wird auch die zugeführte Energie wieder zurückgewonnen.
- Oberlieger können die Wiederverwendung für Unterlieger beeinträchtigen oder unmöglich machen.

Umfang des Verbrauchs

- Im Weltdurchschnitt verbraucht die Industrie 130 Liter je Person.
- In Industrieländern ist der Wert höher, aber er sinkt (Einsparung und Produktionsverlagerung).
- In Entwicklungsländern ist er niedriger, aber er steigt.
- Beispielwerte: USA 126, Europa 140, Afrika 7

3.4 Verwendung des Wassers in der Landwirtschaft

Grundinformationen

- Der grüne Wasserstrom der Pflanzentranspiration sichert die Produktion von Getreide, Gemüse und indirekt über die Tierfutterproduktion auch die Erzeugung von Fleisch.
- Für ein gesundes Leben benötigt der Mensch 3000 kcal/Tag, davon 2400 kcal aus pflanzlichen Nahrungsmitteln und 600 kcal aus tierischen Nahrungsmitteln.
- Nach Berechnungen der FAO benötigt der Mensch täglich 1200 Liter Verdunstungswasser für die Erzeugung seiner pflanzlichen Nahrungsmittel! (also für 2400 kcal)
- Für die Erzeugung von 600 kcal Fleisch benötigt man 2400 Liter Verdunstungswasser. Dies gilt bei Stallhaltung. Der Wert liegt sehr viel höher bei frei laufenden Tieren.
- Die Erzeugung von 1000 kcal aus tierischen Produkten benötigt achtmal soviel Verdunstungswasser wie die Erzeugung der gleichen Kalorienzahl aus pflanzlichen Produkten.
- **Zusammenfassung:** Jeder Mensch verbraucht bei ausgewogener und gesunder Ernährung insgesamt 3600 Liter grünes Verdunstungswasser pro Tag. Das entspricht etwa 1300 m³ Wasser pro Jahr.
- Regionale Unterschiede: Verbrauch in Nordamerika: 1800 m³, in Europa: 1600 m³, in Teilen Asiens und Afrikas: 600 bis 900 m³. Der letzte Wert hat mit der Tatsache zu tun, dass dort etwa 800 Mio. Menschen unterernährt sind.

Abb. 12: Verbrauch an grünem Wasser bei der Erzeugung von Nahrungsmitteln nach Angaben der FAO der Vereinten Nationen

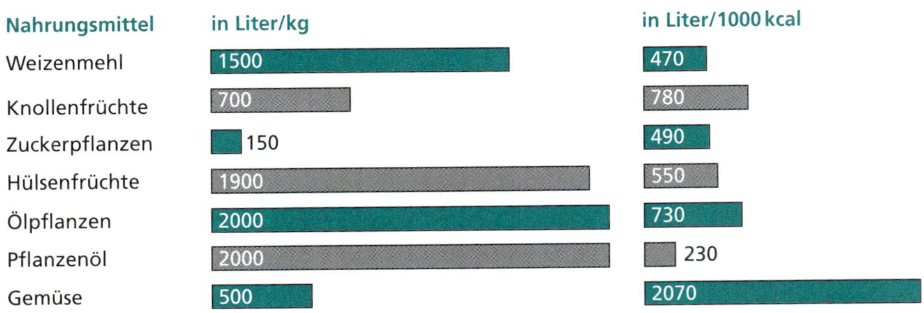

Bewertung

- In Ländern mit hohem Lebensstandard ist der Fleischanteil an der täglichen Nahrung höher als in der von der FAO zu Grunde gelegten Berechnung.
- Man beachte dabei: Beim grünen Wasserstrom ist keine Mehrfachnutzung möglich, da das verdunstende Wasser direkt in die Atmosphäre geht.
- Vergleicht man nun abschließend den Wasserverbrauch für die verschiedenen Zwecke, dann ergibt sich ein überraschendes Ergebnis: Der Mensch braucht als Trink- und Hygienewasser 20 bis 40 Liter/Tag. Für die von ihm verbrauchten Industriegüter 130 Liter/Tag und für seine Versorgung mit Nahrungsmitteln 3600 Liter je Tag.
- Die Erde verfügt auch für die Nahrungsmittelproduktion über eine ausreichende Menge an grünem Wasser, aber die regionalen Unterschiede sind sehr groß. In Trockenräumen lässt sich eine wachsende Bevölkerung unter Umständen nur durch Nahrungsmittelimporte ernähren.

3.5 Was ist virtuelles Wasser?

Zur Begriffserklärung

- Keine Pflanzenproduktion ist möglich, ohne dass Wasser verbraucht wird.
- Das „blaue" Wasser aus Niederschlägen (beim Regenfeldbau) oder aus künstlicher Bewässerung wird von den Pflanzen aufgenommen und dient dann als „grünes" Wasser dazu, Biomasse aufzubauen, um dann zu verdunsten.
- Wie groß der Verbrauch von Wasser zur Pflanzenproduktion ist, wurde schon in Abbildung 11 deutlich. Dieses Wasser steckt indirekt in jeder Pflanze und damit in jedem pflanzlichen und infolge der Nahrungskette in jedem tierischen Nahrungsmittel.
- Das Wasser ist nicht mehr sichtbar, sondern nur noch errechenbar. Es wird als virtuelles Wasser bezeichnet.
- Das virtuelle Wasser kann das tatsächliche Gewicht des Nahrungsmittels um das 1000-fache bis 50000-fache übersteigen. Zur Verdeutlichung: In 1 kg Kartoffeln steckt einerseits eine gewisse Menge physischen Wassers. Das nicht sichtbare und nicht messbare Wasser ist dagegen eingesetzt worden, um 1 kg Kartoffeln zu erzeugen.

Geographische Anwendung

- Wenn jedes Produkt, besonders jedes Agrarprodukt virtuelles Wasser enthält, bedeutet dies, dass mit jedem Export oder Import auch virtuelles Wasser exportiert oder importiert wird.
- Beispiel 1: Werden Zitrusfrüchte aus den Mittelmeerländern bei uns importiert, dann nehmen wir Wasser aus den Produktionsländern in Anspruch, das dort zur Herstel-

lung der Zitrusfrüchte verdunstet wurde. Folgerung: Wasserarmen Ländern, die Lebensmittel exportieren, fehlt das dazu benötigte Wasser für andere Zwecke.

- Beispiel 2: Die Produktion von 1 kg Mais in Frankreich erfordert im Bewässerungsfeldbau 350 Liter Wasser, in Ägypten sind dafür wegen der wesentlich höheren Verdunstungsraten 1100 Liter Wasser nötig. Folgerung: Unter dem Aspekt des Wasserverbrauchs gibt es für die Produktion von Agrar- und Industriegütern günstigere und weniger günstige Standorte.
- Wasserverbrauch ist also neben den herkömmlichen Faktoren wie Kapital, Arbeit, Boden ein durchaus bedeutender Standortfaktor, wenn auch nicht der einzige.
- Man kann in einer Zeit des globalen Warenaustauschs durchaus analysieren, wo sich Waren mit sehr geringem Verbrauch von virtuellem Wasser am sinnvollsten produzieren lassen. Das sorgt für sparsamen und nachhaltigen Umgang mit der begrenzten Ressource Wasser. Es kann also helfen, in wasserarmen Ländern den Konflikt um Wasser zu entschärfen und vielleicht sogar Kriege um Wasser zu vermeiden.
- Richtiger Handel mit virtuellem Wasser spart Wasser.
- Das hätte zur Folge, dass wasserintensive Produktionen in Länder mit Wasserüberfluss wandern, denn dort
  - ist Wasser billig,
  - kann aus laufenden Niederschlägen entnommen werden,
  - man muss nicht fossile Grundwasserkörper ausbeuten, wie es in vielen reichen Ölstaaten des Nahen Ostens geschieht.
- Gegenwärtig wird viel virtuelles Wasser in Form von Getreide und Fleisch exportiert. Hauptexporteure sind Nord- und Südamerika sowie Australien, also hauptsächlich Industrieländer.

Entwicklungsländer und virtueller Wasserexport

- In Entwicklungsländern beginnt eine Tendenz, Pflanzen zur Produktion von Biotreibstoffen für den Export zu erzeugen. Damit entsteht eine Konkurrenzsituation zur Produktion von heimischen Nahrungsmitteln.
- Entwicklungsländer mit Wasserarmut, die den Eigenbedarf an Lebensmitteln nicht sinnvoll decken können, müssen die Nahrungsmittelimporte anderweitig durch Exporte ausgleichen können. Dies könnten eventuell einfache Fertigwaren sein, infolge ihrer niedrigen Arbeitslöhne.
- Gegenwärtig sind Nahrungsmittelimporte für Entwicklungsländer zu teuer.
- Der landwirtschaftliche Sektor, in dem gegenwärtig ein großer Teil der Bevölkerung beschäftigt ist, würde zurückgehen, Arbeitsplätze würden verloren gehen und ländliche Räume veröden.

4 Ernährungspotenzial für die Weltbevölkerung

4.1 Ausgangssituation

- Die Graphik zeigt den künftig deutlich erhöhten Bedarf an grünem Wasser.
- Der Raubbau an fossilem Grundwasser kann keine Lösung sein, da diese Ressource begrenzt und ihr Abbau nicht nachhaltig ist.
- Wir sind also auf die laufenden Niederschläge angewiesen.
- Es ist zu bedenken, dass der Klimawandel Auswirkungen auf die Niederschlagsmengen haben wird, differenziert nach Regionen.
- Entscheidend für den künftigen Bedarf wird nicht das Trink- und Sanitärwasser und nicht der Wasserbedarf der Industrie sein, sondern der Wasserbedarf für die Erzeugung der Nahrungsmittel.

Abb. 13: Bedarf an grünem Wasser für Ernährung in km^3/Jahr in der Zukunft

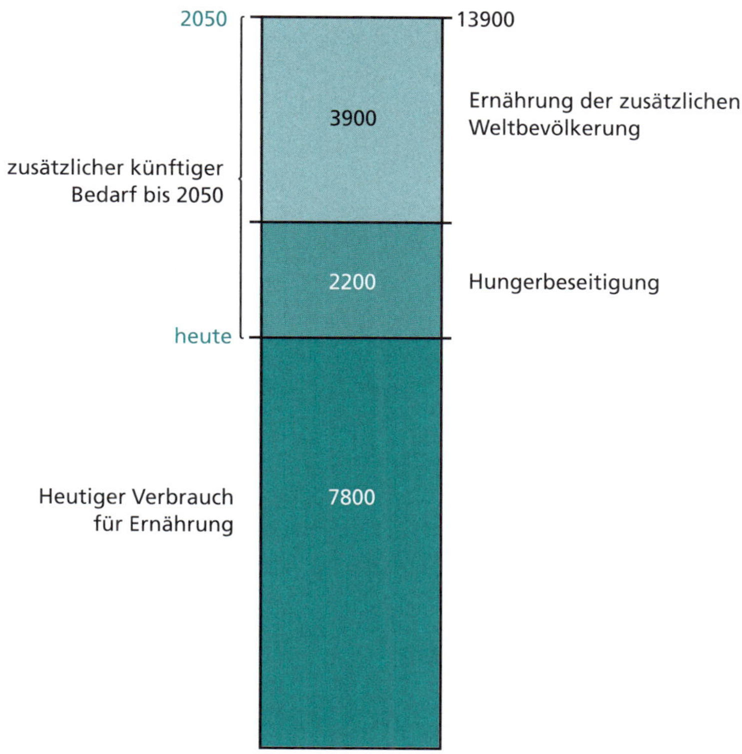

4.2 Wo nehmen wir das zusätzlich nötige Wasser her?

Bewässerung?

- Prinzipiell teilweise möglich, aber heute sind schon negative Folgen sichtbar:
  - Austrocknung des Aralsees;
  - vielfach schon sinkende Grundwasserspiegel zu beobachten; man muss tiefere Brunnen anlegen, was zu höheren Kosten führt;
  - in ariden und semiariden Gebieten: Versalzung
- regionale Besonderheiten:
  - in Indien und China Potenzial schon heute weitgehend genutzt und bald erschöpft
  - in anderen Entwicklungsländern noch mehr Möglichkeiten
  - 2030 wird die Grenze erreicht sein in Westindien, Südasien, im Nahen Osten, im nördlichen Afrika
  - in Saudi-Arabien und Libyen heute schon Bewässerung nur noch mit fossilem Tiefenwasser möglich
- Aussichten weltweit nach FAO:
  - Zuwachs der Bewässerungsflächen nur 0,6 % jährlich bis 2030
  - Entspricht einem Zehntel des tatsächlichen Bedarfs

Ausweitung des Regenfeldbaus?

- Damit ist in Gebieten mit ausreichendem Niederschlag die Ausweitung von Ackerflächen gemeint; das Niederschlagswasser allein muss für das Pflanzenwachstum ausreichen.
- In Europa wurden vernässte Flächen bereits in den letzten 200 Jahren trockengelegt, Ähnliches gilt für viele andere Räume auch, z. B. Russland, Nordamerika.
- Wenn sich das Klima erwärmt, werden sich die nördlichen Verbreitungsgrenzen einiger Nutzpflanzen weiter nach Norden verschieben, aber wegen der dortigen kurzen Vegetationsdauer und der geringen Sonneneinstrahlung darf man keine großen Produktionsgewinne erwarten.
- Länder mit zusätzlich nutzbaren Flächen gibt es vereinzelt noch z. B. Angola oder Brasilien. Aber hier gibt es zum Teil ökologische Bedenken (Regenwaldrodung) oder die Gefahr, dass Energierohstoffe zur Äthanolgewinnung angebaut werden und die Flächen dann für die Nahrungsproduktion fehlen.

Sinnvollere Nutzung des Wassers?

- Weniger Wasser verbrauchen und mehr Nahrungsmittel erzeugen als Maxime
- Untersuchungen in den Savannenregionen Afrikas haben ergeben, dass Musterbetriebe und Versuchsgüter teilweise die fünffachen Erträge im Vergleich zu den Klein-

farmern erzielen konnten. Ihr Erfolgsrezept: Die Eigenheiten des Landes berücksichtigen bei der Auswahl der Anbausorten, bei den Anbaupraktiken, bei dem Einsatz von Düngemitteln und Pestiziden. Dabei wurde nicht mehr Wasser eingesetzt als von den Kleinbauern.

- Obwohl die kommerziellen Farmen, die nach europäischen Mustern und mit viel technischen Hilfsmitteln arbeiteten, die besten Böden zur Verfügung hatten, waren ihre Erträge nur unwesentlich höher als die der einheimischen Musterbetriebe.
- Fazit: Durch bessere Ausbildung der Landwirte sind bei gleichem Wassereinsatz wesentliche Ertragssteigerungen möglich.
- Durch Züchtung und gentechnische Methoden sind die Pflanzenerträge bei gleichem Wasserangebot zu steigern.
- Durch Schattenbäume und Mulchauflagen reduziert sich die direkte Sonneneinstrahlung auf den bebauten Boden und damit die nicht gewollte Verdunstung (Evaporation).
- Effektivere Bewässerungsmethoden sparen erhebliche Wassermengen: In der Reihenfolge des Wasserverbrauchs: Flächenbewässerung (bei Nassreis), Furchenbewässerung, Berieselung, Beregnung, Unterflurbewässerung, Tröpfchenbewässerung.

Zusammenfassung

- Die Versorgung mit Trink- und Sanitärwasser lässt sich weltweit regeln.
- Der Verbrauch von Wasser zur Nahrungsmittelproduktion droht in einigen Trockenräumen zum Problem zu werden.
- Prinzipiell soll Wasser dort genutzt werden, wo man es braucht.
- Es gibt aber auch die Möglichkeit, virtuelles Wasser zu exportieren oder zu importieren. Wasserüberschussgebiete sollen verstärkt zur Nahrungsmittelproduktion verwendet werden. Vom Import virtuellen Wassers aus Entwicklungsländern soll aber nur Gebrauch gemacht werden, wenn dadurch nicht soziale und wirtschaftliche Grundstrukturen zerstört werden.
- Wenn die Nahrungs- und Energiemärkte weltweit frei gehandhabt werden, gibt es die Möglichkeit, dass Länder in den Trockenräumen Solarenergie produzieren und exportieren und im Gegenzug unter Schonung der bei ihnen knappen Ressource Wasser Lebensmittel importieren.
- Das weltweite Management von Wasser kann allen beteiligten Menschen Nutzen bringen und einen wesentlichen Beitrag dazu leisten, dass das Lebenserhaltungssystem der Erde nicht über Gebühr strapaziert wird.
- Autarkiebestrebungen sind unwirtschaftlich und gehen weltweit zu Lasten der Natur.
- Es gibt regional unterschiedliche Möglichkeiten, die Ressource Wasser zur Nahrungsmittelerzeugung wesentlich optimaler zu nutzen, als das heute der Fall ist.
- Die faire Nutzung des Flusswassers durch Ober- und Unterlieger ist durch Verträge möglich.

5 Rohstofflagerstätten und ihre weltweite Bedeutung

5.1 Wichtige Begriffe

Die anschließend erklärten Begriffe aus der Rohstoffwirtschaft gelten auch für die fossilen Energierohstoffe.

Reserven

- Rohstoffvorräte, die durch die Geologen nachgewiesen sind,
- die technisch gewinnbar und
- unter derzeitigen Verhältnissen wirtschaftlich abbaubar sind.

Ressourcen

- Rohstoffvorräte, die zum Teil durch die Geologen bereits nachgewiesen, zum Teil aber in geologisch noch nicht exakt erforschten Lagern nur vermutet werden,
- die nach derzeitigem technischen Stand nicht gewinnbar und/oder
- unter derzeitigen Marktpreisen nicht rentabel abgebaut werden können.

Gesamtressourcen

- manchmal verwendete Bezeichnung, die Reserven und Ressourcen zusammenfasst

Reichweite

- Berechnung, wie lange ein bestimmter Rohstoff weltweit oder auf ein Land oder eine Lagerstätte bezogen reicht bis er erschöpft ist;
- Angabe in Jahren;
- Bitte beachten: Wenn der Weltmarktpreis eines Rohstoffs steigt, können Lagerstätten, die bisher nicht mehr oder noch nicht rentabel abzubauen waren, für den Abbau interessant werden. Damit werden aus Ressourcen Reserven. Gleichzeitig verlängert sich die Reichweite. Ähnlich kann ein neues technisches Abbauverfahren wirken. Die Grenze zwischen Reserven und Ressourcen ist also nie fest, sondern ändert sich durch technische Gegebenheiten oder den Preis des Rohstoffs.

- Die folgenden Angaben über die Reichweite in Jahren können nur eine Augenblickssituation widerspiegeln, die sich sehr rasch ändern kann. Quecksilber 35, Zink 45, Uran 80, Blei 90, Kupfer 90, Zinn 120, Nickel 160, Eisen 300

5.2 Entwicklung der Rohstoffsituation

- 1972 hat der Aufsehen erregende Bericht des Club of Rome (Dennis Meadows: Die Grenzen des Wachstums) erstmals auf die Begrenztheit von Ressourcen hingewiesen und der Öffentlichkeit bewusst gemacht.
- Die pessimistischen Prognosen haben sich zwar in den 80er und 90er Jahren als nicht richtig herausgestellt, im Gegenteil: in den 90er Jahren gab es in den meisten Jahren sogar ein Überangebot an Rohstoffen, was die Preise auf historische Tiefstände sinken ließ.
- Seit 2004 hat sich die Versorgungslage durch eine große Nachfragesteigerung im süd- und ostasiatischen Bereich (Indien, China und weitere Schwellenländer) deutlich verändert.
- Das Angebot konnte nicht entsprechend rasch erweitert werden. → Verknappung → Preisanstieg
- Abkühlung der Weltkonjunktur, Einsparungs- und Substitutionseffekte (Kunststoffe statt Metalle, verstärktes Recycling) können die Marktsituation wieder beruhigen. Besonders die so genannten „alten Metalle" Kupfer, Blei, Zinn und Zink werden zunehmend durch andere Stoffe ersetzt.
- Unabhängig von wechselnden Markt- und Preissituationen gibt es in der nächsten Zeit keine physische Knappheit bei den Rohstoffen. Panik ist also nicht angebracht. Aber die Reserven und auch die Ressourcen sind eindeutig begrenzt. Deswegen muss ein verantwortungsbewusster Umgang mit den Rohstoffen eine nachhaltige Wirtschaftsweise zur Folge haben: Sparsamkeit, Verbesserung der Effizienz, verstärkter Einsatz regenerativer Energiequellen, damit nicht die nachfolgenden Generationen die Zeche für die bisherige Verschwendung bezahlen müssen.

5.3 Vorkommen

- Die Vorkommen bei einigen Rohstoffen konzentrieren sich oft auf wenige Länder und sind in der Hand weniger Unternehmen. Diese decken das gesamte Spektrum des Bergbaus ab.
- Viele dieser Rohstoffe sind nicht oder nur sehr schwer durch andere zu ersetzen.
- Die folgende Tabelle zeigt die besonders kritische Versorgungslage einiger Rohstoffe (Ursprungsdaten: Bundesamt für Geowissenschaften und Rohstoffe)

Rohstoff	Die drei wichtigsten Produzenten liefern x% der Weltproduktion	Anwendungsbereiche
Chrom	74%; Südafrika, Indien, Kasachstan	Edelstahl, Chemie, Farben
Platin, Palladium, Rhodium	92%; Südafrika, Russland, Kanada	Autoindustrie, Chemie, Schmuck, Medizintechnik
Niob	99% Brasilien, Kanada, Australien	Edelstahl, Flugzeugturbinen
Molybdän	79%; USA, Chile, China	Edelstahl, Farben, Schmierstoffe, Flugzeugbau, Katalysatoren
Zirkon	84%; Australien, Südafrika, USA	Keramikglasuren, Gießereien, Chemie, Bildröhren
Tantal	84%; Australien, Mosambik, Brasilien	Kondensatoren, Medizintechnik, chemische Apparate

- Ähnlich kritisch ist die Versorgungslage auch bei Lithium, Fluorit, Baryt, etwas besser bei Titan, Wolfram, Blei, Zinn

5.4 Die Rolle des Bergbaus in der Weltwirtschaft

- Die industrialisierten Länder verbrauchen mehr Rohstoffe als ihnen lokal zur Verfügung stehen.
- Bezogen auf die Reserven, auf die Vielfalt der bei ihnen gewonnenen Rohstoffe und gemessen an ihrem Anteil an der gegenwärtigen Weltproduktion nehmen folgende 6 Länder bzw. Ländergruppen eine Spitzenstellung ein: GUS-Staaten, Australien, Kanada, VR China und die Republik Südafrika. Sie verfügen über eine Zweidrittelmehrheit bei den Bergbaukapazitäten (ohne Erdöl).
- Dadurch ergibt sich eine Abhängigkeit zwischen Rohstoff exportierenden Ländern und Rohstoff verbrauchenden Ländern.
- Bei einzelnen mineralischen Rohstoffen dominieren Entwicklungsländer mit ihren Weltvorräten: bei Bauxit, Chrom, Kobalt und Mangan.
- Wegen der ungleichmäßigen Verteilung der Rohstoffe über die Erde und der gestiegenen Nachfrage durch Industrie- und Schwellenländer hat der Welthandel mit Rohstoffen einen raschen Aufschwung erlebt.
- Die weltumspannenden Transportkapazitäten wurden erweitert durch große Schiffe für den Massentransport und bei Erdöl und Erdgas durch den Bau von Pipelines.
- Auch konnten Länder abseits der Welthandelsströme ihre Kapazitäten erschließen und in den Weltmarkt einführen: Australien (Eisenerz), Südafrika (Steinkohle).
- Produzenten gleicher Rohstoffe haben sich zu Kartellen zusammengeschlossen, um höhere Preise auf den Märkten zu erzielen, etwa für Kupfer, Bauxit, Zinn, Erdöl (OPEC), aber auch für agrarische Rohstoffe wie Kaffee und Kakao.
- Entwicklungsländer haben im Rahmen der Vereinten Nationen (UNCTAD) einen gemeinsamen Rohstoff-Fonds erreicht, durch den mit Hilfe von Ausgleichslagern eine Preisstabilisierung und durch weitere Gelder eine Strukturverbesserung erreicht werden soll.

5.5 Entwicklung durch Rohstoffexporte?

- Nach der politischen Unabhängigkeit haben viele ehemalige Kolonialstaaten den Wunsch gehabt, auch die wirtschaftliche Unabhängigkeit zu erreichen.
- Dieser wurde aber oft nicht realisiert.
- Hindernisse für den Rohstoffexport können sein:
  - Geographische Lage des Landes abseits der großen Welthandelsströme;
  - Lage der Bodenschätze weit abseits der Küsten bei fehlender Verkehrsinfrastruktur;
  - technische Rückständigkeit;
  - politische Instabilität
  - gesellschaftspolitische Strukturen, die ausländische Investitionen erschweren oder verhindern.
- Viele blieben auf den Export von wenigen Rohstoffen (auch agrarischen) angewiesen und haben durch die Schwankungen der Rohstoffpreise beträchtliche wirtschaftliche Turbulenzen erlebt.
- Zudem konnten meist nur unverarbeitete oder gering aufbereitete Rohstoffe exportiert werden, was die Exporterlöse niedrig hielt, während veredelte und damit teuere Produkte importiert werden mussten.
- Trotzdem gilt der Export von Bodenschätzen als eine brauchbare Ausgangsbasis für eine positive Entwicklung.
- Das Beispiel der Erdöl exportierenden Golfstaaten Bahrain, Kuwait, Saudi Arabien, Vereinigte Arabische Republiken, Oman und Katar zeigt, wie allgemein bekannt, dass durch Devisen aus dem Export eine moderne Infrastruktur geschaffen werden konnte (Straßen, Flughäfen, Seehäfen, Elektrizitätswerke, Wasserentsalzungsanlagen, Tourismuseinrichtungen mit modernen Hotels), dass aber auch Bildungseinrichtungen und Gesundheitswesen ausgebaut wurden.
- Rohstoffe garantieren aber keinen Aufstieg: Obwohl die Republik Kongo über bedeutende Vorkommen von Kupfer, Bauxit, Gold, Silber und Diamanten verfügt, war dies nicht entwicklungsfördernd.
- Gründe dafür, dass Rohstoffexporte manchmal nur geringe Rückwirkung auf die Entwicklung eines Landes haben:
  - Der Rohstoffabbau ist sehr kapitalintensiv, weil er mit teueren Großgeräten erfolgt; über dieses Kapital verfügen oft nur die internationalen Bergbaukonzerne, die Abbaulizenzen erwerben und einen Großteil der Gewinne behalten.
  - Wegen der Mechanisierung ist der Abbau arbeitsextensiv; die wenigen Facharbeiter sind meist Angestellte der Konzerne.
  - Begleitende Maßnahmen wie Rekultivierung, bei der heimische Arbeitskräfte eingesetzt werden könnten, unterbleiben oft.
  - In der Weiterverarbeitung von Rohstoffen im Exportland läge ein großes Beschäftigungspotenzial, sie kann aber oft nicht erreicht werden.

6 Weltenergieverbrauch

6.1 Begriffe

Primärenergie

- Die Energie, die in den natürlichen Energieträgern gespeichert ist und noch keine Umwandlung erfahren hat, im Gegensatz zu Sekundärenergie;
- Beispiele: Energie in Holz, Kohle, Erdöl, Gas, Uran, Wasser, Wind
- Gegensatz: Sekundärenergie, etwa Strom, Benzin

Erneuerbare Energien

- Auch regenerative Energien genannt;
- Energien, die sich ständig erneuern, bzw. nachwachsen.
- Dazu gehören Energien aus Sonne, Wind, Wasserkraft, Biomasse, Erdwärme, Gezeitenenergie.
- Umweltschäden treten nicht auf oder bleiben gering.

Wirkungsgrad

- In der Energiewirtschaft bei der Energieumwandlung das Verhältnis von abgegebener Energie zur aufgenommenen Energie gemessen in Prozent;
- Beispiele: Dampfturbinen 25–40 %, Wasserturbinen 90–95 %, monokristalline Silizium-Solarzelle 14–17 %

6.2 Zahlen, Maßeinheiten

Energieinhalte

Benzin	43 MJ/kg
Diesel	39,6–43,2 MJ/kg
Methan	50 MJ/kg
Ethanol	27 MJ/kg
Steinkohle	30 MJ/kg
Nutzholz	13–20 MJ/kg
Wasserstoff	120 MJ/kg
Lithium-Ionenbatterie	0,6 MJ/kg
Uran 235 bei Kernspaltung	648 000 MJ/kg

Energieeinheiten

- Arbeit, Energie, Wärmemenge: Joule; 1 J = Nm = 1 Ws;
  1 Kilowattstunde: 1 kwh = 3,6 MJ = 860 kcal
- Leistung (Energie pro Zeit): Watt; 1 W = 1 J/s = 1 Nm/s = 0,024 kWh/Tag
- Steinkohleeinheit (SKE): Einheit zur Umrechnung des Energiegehalts von verschiedenen Energieträgern: Öl, Gas, Kohle; 1 kg Steinkohle hat einen Heizwert von 29,3 Megajoule (MJ); 1 t SKE entspricht 0,7 t Erdöl oder 923 Nm^3 Erdgas

Vorsilbe	**Symbol**	**Zehnerpotenz**	**Bezeichnung**	**Im Englischen**
Kilo	k	10^3	Tausend	
Mega	M	10^6	Millionen	
Giga	G	10^9	Milliarden	billion
Tera	T	10^{12}	Billionen	trillion
Peta	P	10^{15}	Billiarden	quadrillion
Exa	E	10^{18}	Trillionen	quintillion

6.3 Entwicklung der Energienutzung durch den Menschen

- Ursprünglich nutzte der Mensch nur die Energie des eigenen Körpers, die durch Nahrungsaufnahme Jeweils wieder ergänzt wurde.
- Bald kam die Nutzung des Feuers (Brennholz) hinzu, mit dem Heizwärme und Wärme zum Kochen erzeugt wurde.
- Das Wasser wurde genutzt, um Mühlen und Hammerwerke anzutreiben.
- Die Windenergie diente der Fortbewegung von Segelschiffen und zum Betreiben von Windmühlen und Wasserpumpen.
- Erst seit der Industrialisierung wurden die „neuen" Energiequellen in großem Maße genutzt: Kohle, Öl und Gas und zuletzt Nuklearbrennstoffe und Solarenergie. Die Industrialisierung hat zu einem bis dahin unvorstellbaren Verbrauch an Energie geführt.
- Der Wechsel von einer Energieart zu einer anderen, vom Holz zur Kohle und von der Kohle zum Erdöl und zum Erdgas war in der Vergangenheit nicht durch die Erschöpfung des älteren Energieträgers bedingt, sondern weil die neuere Technologie preiswerter und einfacher zu handhaben war.
- Völlig neu in der heutigen Energiediskussion ist die Erkenntnis über die Endlichkeit von fossilen Energierohstoffen. Viele Experten schätzen, dass der „Peak Oil", der Zeitpunkt der maximalen Ölfördermenge, etwa im Jahr 2020 liegen könnte und auch durch größte Anstrengungen nicht mehr überschritten werden kann. Wenn sich der

Verbrauch nicht ändert, dann liegt die Reichweite von Erdöl etwa beim Jahr 2050 und die von Erdgas etwa im Jahr 2070.

- Neu ist auch für die breite Öffentlichkeit die Erkenntnis, dass der CO_2-Ausstoß den Treibhauseffekt verstärkt und damit zur weltweiten Klimaänderung wesentlich beiträgt.
- Daraus ergibt sich die Folgerung, dass künftig global
  - neue Energiequellen erschlossen und weiterentwickelt werden müssen,
  - die Energieeffizienz gesteigert werden muss und
  - die CO_2-Emissionen reduziert werden müssen.

6.4 Die Energiequellen der Erde

Energieformen unabhängig von der Sonne

- Kernenergie (Spaltung oder Fusion von Atomen)
- Gezeitenenergie
- Geothermie

Energieformen, die auf die Sonne zurückgehen

- Windkraft, sie beruht auf Temperaturunterschieden, die von der Sonneneinstrahlung erzeugt wurden;
- Wasserkraft: Die Sonne hält durch Verdunstung von Wasser den Wasserkreislauf aufrecht;
- Solarthermie und Fotovoltaik
- Alle fossilen Energiequellen (Kohle, Erdöl, Gas) sind über Jahrmillionen aus Biomasse entstanden, die wiederum mit Hilfe der Photosynthese (Kohlendioxid, Wasser, Lichtenergie).

6.5 Gegenwärtiger Energieverbrauch nach Kontinenten

Abb. 14: Reserven und Ressourcen bei nicht-erneuerbaren Energierohstoffen

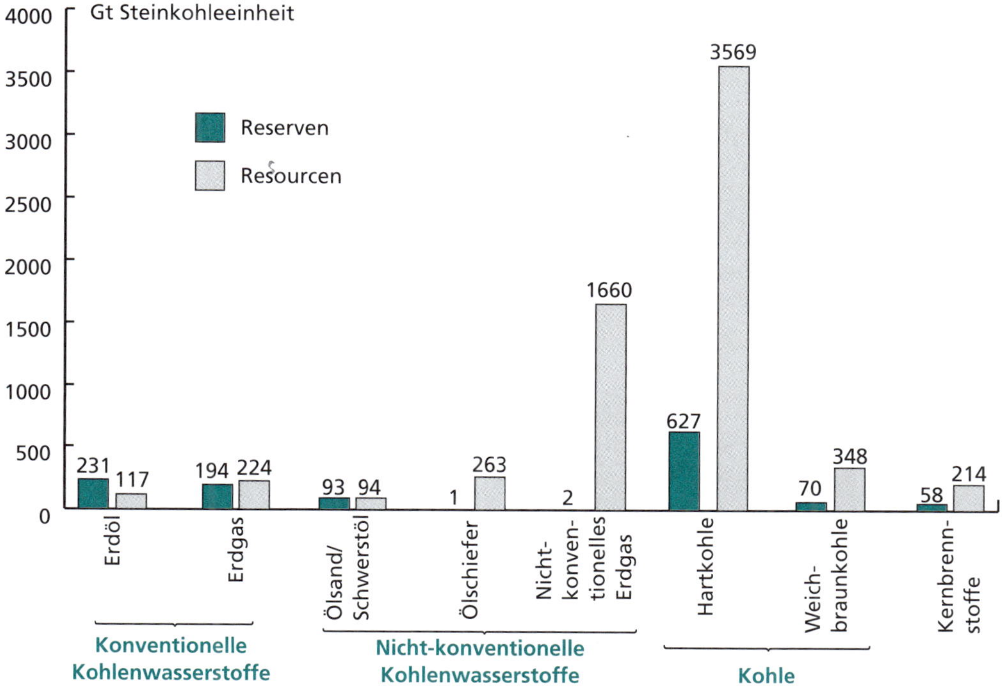

7 Rohstofflieferanten in der Weltwirtschaft

7.1 Erdöl

- Erdöl ist zur Zeit global der wichtigste Energieträger (ca. 36 % der Primärenergie).
- Mehr als zwei Drittel der konventionellen Erdölreserven liegen auf relativ engem Raum, in der so genannten Strategischen Ellipse. Sie reicht vom Nahen und Mittleren Osten über den Kaspischen Raum nach Nordwest-Sibirien. Ein besonderes Gewicht haben die Staaten am Persischen Golf.
- Während der Gebirgsbildung im Tertiär bildeten sich hier viele Antiklinalen (Aufwölbungen), die von einer undurchlässigen Schicht überdeckt sind und somit für das aufsteigende Gas und Öl zu Sammelbecken (Fallen) werden. In den Fallen selbst ist das Gestein porös und kann somit als Speicher dienen.

- Der Abbau erfolgt derzeit noch hauptsächlich auf dem Festland, wandert aber langsam in den Offshore-Bereich.
- Der Nahe Osten war schon im 19. Jahrhundert im Interessenfeld großer Mächte: Briten, Franzosen und Osmanisches Reich. Zu Beginn des 20. Jahrhunderts wurden die Ölvorräte entdeckt und erste Ölfelder erschlossen.
- Nach dem Zusammenbruch des Osmanischen Reiches sicherten sich Frankreich und Großbritannien Mandatsgebiete im Auftrag des Völkerbundes. Durch Konzessionsvergabe bekamen europäische und besonders amerikanische Konzerne Förderrechte und konnten weitgehend zollfrei exportieren. Nach dem Zweiten Weltkrieg konnten die Konzerne im Rahmen des Ost-Westkonflikts ihre Position zum Teil noch festigen. Später konnten die Nationalstaaten gegenüber den Konzessionären erfolgreicher Einfluss nehmen.
- Der Kampf um die Verfügung über das Öl setzte sich in den Golfkriegen fort und wird wohl auch in der Zukunft bedeutsam bleiben.

Abb. 15: Reserven konventionelles Erdöl 2007 (nach Großräumen)

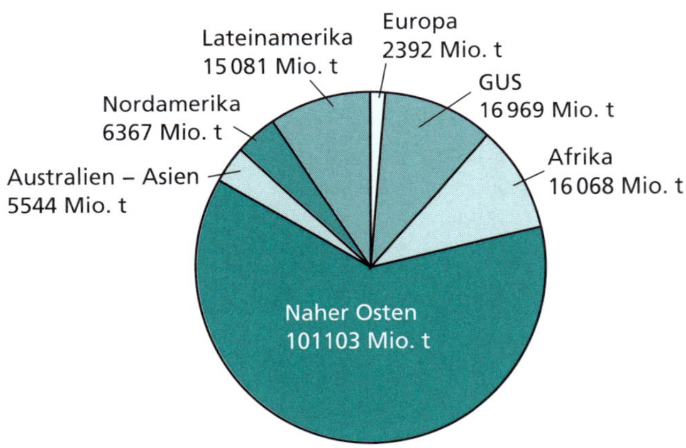

7.2 Ölsande und Ölschiefer

Ölsande

- Das Öl in den Ölsanden ist eigentlich Bitumen; es besteht aus langen Kohlenwasserstoffketten; bei normalen Temperaturen ist es zähflüssig oder asphaltartig und schwerer als Wasser.
- In der Lagerstätte ist jedes einzelne Sandkorn zunächst von einem dünnen Wasserfilm umgeben und darüber liegt der feine Film aus Bitumen. Der Bitumenanteil in der Lagerstätte liegt bei maximal 18 %, meist 10 bis 15 % der Gesamtmasse.
- Um das Bitumen zu gewinnen, muss es zunächst von Sand, Ton, Wasser und anderen Bestandteilen getrennt werden.

Abb. 16: Verfahren zur Ausbeutung von Ölsanden

- Die Ölsande haben oft eine Mächtigkeit von 40 bis 60 Meter und lagern in geringer Tiefe von meist weniger als 75 Meter. Ein kleiner Teil der Vorkommen kann deswegen im Tagebau gefördert und anschließend in oberirdischen Anlagen der Trennung zugeführt werden.
- Meistens ist es technisch zu aufwändig und zu teuer, so viele Erdmassen zu bewegen, deswegen wird das Bitumen vor Ort (in situ) gewonnen, indem man durch eine Leitung heißen Dampf in die Tiefe presst, der das Bitumen flüssig werden lässt. Dann kann es durch ein zweites Rohrsystem nach oben gepumpt werden. Dieses Verfahren wird umso häufiger angewandt, Je tiefer die Lagerstätte liegt.
- Das Verfahren muss noch weiter optimiert werden, weil gegenwärtig nicht alles Bitumen aus der Lagerstätte herauszuholen ist und weil man zur Dampfbereitung sehr viel Erdgas und auch Wasser benötigt. Das Wasser lässt sich anschließend nicht ohne Aufbereitung wieder in den Kreislauf einfügen.
- Der nächste technische Schritt in so genannten Upgradern ist die Abscheidung von Begleitstoffen wie Stickstoff und Schwefel und dann das Auftrennen der langen Kohlenstoffketten. Auch dafür benötigt man viel Erdgas und Wasser. Das Ergebnis ist synthetisches Rohöl (Leichtöl), das in speziell angepassten Raffinerien weiter verarbeitet wird.
- Ölsande sind weltweit verbreitet, die größten Vorkommen liegen am Orinoco in Venezuela (enthalten Schwer- und Schwerstöle), in der Provinz Alberta in Kanada (enthalten Bitumen); weitere Vorkommen finden sich in Russland und im Nahen Osten.
- **Weltressourcen:** Konventionelle Erdölressourcen werden durch die Nicht-konventionellen Ressourcen in Ölsanden, Schwerstöl und Ölschiefer etwa um das Dreifache übertroffen.

Ölschiefer

- Die Bezeichnung täuscht, denn es handelt sich nicht um ein Umwandlungsgestein, sondern um ein bräunlich-schwarzes Sedimentgestein aus Tonen und Kalken.

- Darin ist auch kein Öl enthalten, sondern eine organische Substanz, die aus Faulschlämmen hervorgegangen ist und als Kerogen bezeichnet wird. Sie stellt eine Vorstufe in der Entwicklung zum Öl dar.
- Der Anteil des organischen Kerogens im Gestein schwankt sehr und kann bis 60 % reichen.
- Man muss das Gestein abbauen und auf über 300 °C erhitzen, damit ein gasförmiges Gemisch austritt, aus dem dann das „Schieferöl“ oder „Kerogenöl“ destilliert wird.
- Wegen des hohen Energieaufwands und wegen des beträchtlichen Schwefelanteils wird Ölschiefer heute noch kaum genutzt, allenfalls als „Steinöl“ für kosmetische Zwecke.
- Die USA besitzen mit Abstand die größten Ressourcen, gefolgt von Brasilien, Jordanien, Marokko. In Estland wird Ölschiefer seit Jahrzehnten industriell genutzt.
- Estland verheizt Ölschiefer direkt in Großkraftwerken (Heizwert ähnlich wie Braunkohle), deckt damit 90 % seines Strombedarfs und kann sogar noch Strom in Nachbarländer exportieren.

Bewertung: Ölsande und Ölschiefer

- Bei steigenden Ölpreisen wird die Nutzung von Ölsanden immer rentabler, für Ölschiefer trifft das mit Verzögerung auch zu.
- In beiden Fällen ist der CO_2-Ausstoß sehr beträchtlich.
- Bei der Ölsandnutzung wird sehr viel Wasser und Energie verbraucht, beim Abbau von Ölschiefer muss sehr viel Wasser abgepumpt werden.
- Die Landschaftszerstörung durch den Abbau und durch riesige Abraumhalden ist beträchtlich.
- Die Technik bei Abbau und Gewinnung muss noch verbessert werden.
- Beide Energieträger werden in Zukunft größere Bedeutung bekommen, werden aber die schwindenden Reserven des konventionellen Öls nicht voll ersetzen können.

7.3 Erdgas

- Der Erdgasverbrauch nimmt weltweit zu.
- Sein Anteil am Weltprimärenergieverbrauch liegt bei 24 %.
- Kohle- und Ölheizungen werden zunehmend durch bequemere und umweltfreundliche Gasheizungen ersetzt. Auch die Industrie setzt zunehmend auf Erdgas, auch zur Stromerzeugung.
- Erdgas hat bei der Verbrennung geringere Emissionen als Kohle und Erdöl.
- Da Erdgas schwer zu transportieren ist, ist der Handel auf relativ begrenzte Routen beschränkt.
- Der Transport erfolgt zu 80 % mittels teurer Pipelines, zu 20 % in Flüssiggastankern.

Abb. 17: Handelsströme Erdgas

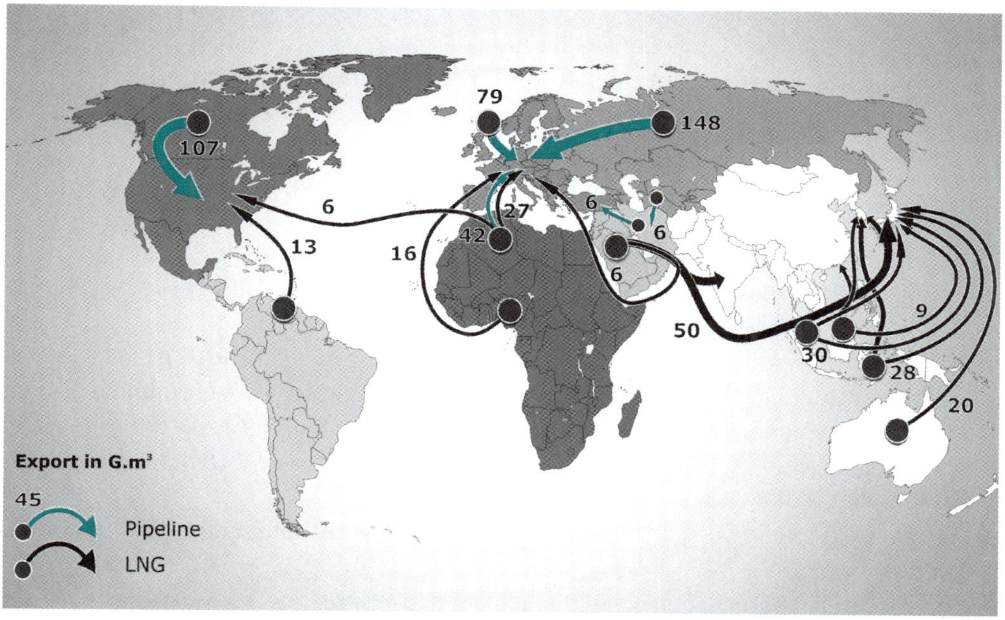

Förderung 2007 (Daten aus der Energiestudie 2007, BGR) in Gm³

Land	Förderung	Reserven	Rang
Russland	650	47 693	1
USA	546	5978	6
Kanada	183	1648	
Iran	106	27 803	2
Norwegen	89	2313	
Algerien	84	4515	
GB	83		
Saudi-Arabien	74	7188	4
Katar		25 600	3

7.4 Kohle

- In der Statistik taucht oft der Begriff Hartkohle auf. Das ist eine Sammelbezeichnung für Anthrazit, Steinkohle und Hartbraunkohle mit besonders hohem Heizwert.
- Steinkohle war der klassische Energieträger der Industrialisierung. Während ihre Bedeutung in Europa in den letzten Jahrzehnten zurückging, wächst sie weltweit noch deutlich. Der Anteil an der Primärenergieversorgung bleibt annähernd bei 25 %.

- Der Verbrauch steigt in den OECD-Ländern (westliche Industrieländer) bis 2030 nur noch leicht an, in der übrigen Welt werden aber große Steigerungsraten erwartet, die besonders auf den Energiebedarf in China und Indien zurückgeführt werden.
- **Gründe für den Rückgang der Kohleförderung in Europa sind:**
  - Verdrängung von Kohle durch Erdöl und Erdgas schon seit den 60er Jahren wegen der leichteren Handhabung.
  - Abbau wird wegen der ungünstigen geologischen Lagerverhältnisse technisch immer aufwändiger.
  - Arbeitslöhne im Abbau sind gestiegen und haben die Kohle verteuert.
  - Billige Importkohle aus USA, Südafrika und Australien hat europäische Kohle immer mehr verdrängt, Subventionen werden reduziert.
- Weltweit werden 73 % der Kohle verstromt, Tendenz steigend. Der Anteil, der zur Wärmeerzeugung dient oder zur Stahlerzeugung (Kokskohle), schrumpft. Die Verstromung ist ökologisch problematisch, weil heutige Kohlekraftwerke nur einen Wirkungsgrad von ca. 45 % haben und viel CO_2 entsteht, dessen Abtrennung sehr teuer ist und den Wirkungsgrad noch mal senkt.
- Wegen des hohen Gewichts wurde früher die Kohle fast ausschließlich im Förderland verbraucht.
- Ein Sechstel der Förderung gelangt heute auf den Weltmarkt. Davon werden 90 % per Schiff transportiert.
- Die wichtigsten Exportländer sind: Australien, Indonesien, Russland, Südafrika, Kolumbien und USA.
- Die wichtigsten Importländer sind: Japan, Südkorea, Taiwan, Indien, China.
- Als künftige Nutzung kommt Verflüssigung von Kohle in Frage, um daraus Kraftstoffe, Kunststoffe und Lösungsmittel zu erzeugen.

Förderung 2007 (Daten aus Energiestudie 2007, BGR)

Land	Förderung in Mio. t	Reserven
China	2479	167000
USA	967	231900
Indien	451	73090
Australien	323	39600
Südafrika	243	28560
Russland	241	69946
Indonesien	231	2890

Die größten Ressourcen besitzen USA, China und Russland.

Abb. 18: Produktion und Handel Hartkohle

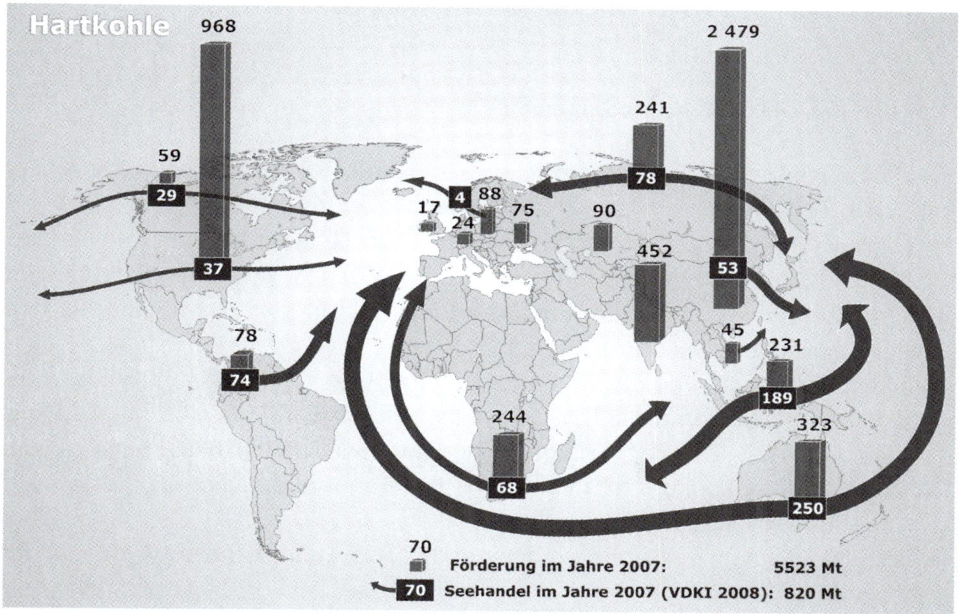

8 Auswege aus der Rohstoffknappheit?

8.1 Einsparungen

Mineralische Rohstoffe

- Recycling; die Wiederverwendung von Rohstoffen ist meist billiger als der Kauf „neuer“ Rohstoffe; in Deutschland liegt die Recyclingrate bei Blei, Silber, Zinn, Glas und Papier bereits über 50 % und bei Eisen, Kupfer, Aluminium, Zink und Platin immerhin auch schon zwischen 35 und 50 %. Die Rohstoffländer büßen allerdings Teile ihrer Einnahmen ein.
- Ausweichen auf Ersatzstoffe (Substitution)

Fossile Energieträger

- Dämmmaßnahmen bei Gebäuden um Energieverluste zu vermeiden; die erhöhte Anfangsinvestition stellt eine gewisse psychologische Barriere dar, aber durch die Einsparung von Energiekosten amortisiert sie sich in absehbarer Zeit von selbst;
- Fahrzeuge mit geringerem Spritverbrauch;

- Energiesparlampen und LEDs statt herkömmlicher Glühlampen
- Mehr öffentlicher Nahverkehr statt Individualverkehr.

8.2 Kraftstoffe aus Biomasse

- Produktion von Biodiesel aus pflanzlichen Fetten und Ölen (Palm-, Soja-, Raps- oder Sonnenblumenöl)
- Dem Vorteil der CO_2-neutralen Produktion stehen Nachteile gegenüber: Düngemittel- und Pestizideinsatz auf den Feldern, relativ hoher Ausstoß von Stickoxiden bei der Verbrennung und vor allem die Konkurrenz zur Nahrungsmittelproduktion in den Entwicklungsländern
- Produktion von Bioalkoholen (Bioethanol) auf der Basis von Zucker und Stärke. Ausgangsstoffe sind: Zuckerrohr in Brasilien, Rübenzucker in Europa, Mais in USA, Reis in Asien, Getreide in Europa. Verfahren ist technisch ausgereift aber energieaufwändig; Bioethanol ist konkurrenzfähig mit fossilen Treibstoffen, verdrängt aber auch Nahrungsmittelproduktion.
- Die bisher genannten Treibstoffe werden nur aus Teilen der Pflanzen gewonnen, der Rest ist Abfall.
- Jetzt werden Biokraftstoffe der „zweiten Generation" erforscht. Ziel dabei ist es, die ganze Pflanze zu verwerten. Als Ausgangstoffe sind möglich: Gräser, Stroh, nicht genutztes Restholz, gezielt angebaute Energiepflanzen, Meeresalgen. Die dabei gewonnene Lignozellulose wird entweder durch Vergasung oder durch Aufschließung der chemischen Verbindungen und Neuzusammensetzung zu Treibstoffen umgewandelt. Beim Anbau von Energiepflanzen sollen Anbauflächen genutzt werden, die nicht in Konkurrenz zur Nahrungsmittelproduktion stehen.

8.3 Solarenergie

- In Äquatornähe beträgt die Sonneneinstrahlung etwa 2200 kWh/m^2 Jahr
- In Mitteleuropa sind es immer noch 1000 kWh/m^2 Jahr
- Die Sonne liefert 8000 Mal so viel Energie auf die Erde, wie die Weltbevölkerung verbraucht. Natürlich trifft ein großer Teil davon auf die Weltmeere oder unzugängliche Regionen, wo eine Nutzung nicht möglich ist, es bleibt aber ein großes nutzbares Potenzial.
- Bevorzugte Räume sind die niederen Breiten, besonders die Passatwüsten und die wechselfeuchten Tropen, wo geringe Bewölkung vorhanden ist.

Solarthermie

- Kann auch in unserem Klimabereich wirtschaftlich sein zur Warmwasserbereitung, reicht aber im Winter nicht aus.

- In der Übergangszeit zur Heizungsunterstützung möglich.
- Muss vor Ort verbraucht werden und lässt sich nicht über längere Strecken transportieren.
- In sonnenreichen Gegenden kann die Wärmestrahlung mit Hilfe von Brennspiegeln oder Linsen zur Erzeugung von Wasserdampf verwendet werden → Turbinenantrieb → Stromerzeugung

Fotovoltaik

- Vorteilhafte Technik: Es entstehen weder Lärm noch Abfallprodukte und es müssen keine mechanischen Teile bewegt werden (Wartungsfreiheit).
- Silizium-Solarzellen haben einen geringen Wirkungsgrad (monokristallin 14–17 %, polykristallin 13–15 %, amorph 5–7 %)
- Durch die beträchtlichen Anschaffungskosten, weil man Silizium von hohem Reinheitsgrad verwenden muss, sind Anlagen in unserem Klimabereich nur durch Subventionen für den Endverbraucher rentabel (Das Energieeinspeisungsgesetz garantiert jedem Erzeuger einen hohen Preis für Jede ins Netz eingespeiste kWh, der ein Mehrfaches des konventionellen Strompreises ausmacht).
- Alternativen zu Silizium könnten Solarzellen werden, die mit Flüssigkeiten arbeiten oder aus dünnen Schichten von organischen Halbleitern (Polymerelektronik) bestehen; ihr Wirkungsgrad ist aber noch viel zu gering.
- Da Sonnenlicht nicht kontinuierlich zur Verfügung steht, müssen die Stromerzeuger die volle Kapazität durch anderweitige Energieträger sicherstellen. Fotovoltaik spart also keine Kraftwerke.
- Eine Verbesserung wäre es, wenn das Speicherproblem gelöst wäre – Strom muss im Augenblick der Erzeugung verbraucht werden. Heutige Batterien sind zu teuer und zu schwer. Man arbeitet an dezentralen Speichern etwa in Elektroautos. Lithium-Akkumulatoren könnten Verbesserung bringen.

8.4 Windkraft

- Der Einsatz von Windenergie zur Stromerzeugung ist geographisch sehr stark vom Relief und von klimatischen Verhältnissen abhängig. In Deutschland treten ausreichende Windgeschwindigkeiten im Küstenbereich, in der Nordsee und in den Höhenlagen der Mittelgebirge auf.
- Das Einspeisungsgesetz zwingt die Stromkonzerne zur Abnahme des erzeugten Stroms zu festen Preisen.
- Wie bei der Fotovoltaik gibt es starke Schwankungen in der Stromerzeugung.
- Deutschland und die USA sind führend bei der Windenergie.
- Es werden keine Schadstoffe erzeugt.
- Offshore-Windparks in der Deutschen Bucht:

- Positive Aspekte: CO_2 freie Energieerzeugung, Bevölkerung nicht durch Begleiterscheinungen betroffen; in der ersten Ausbauphase sind ca. 4500 Windräder mit über 18000 MW Leistung geplant, das ist fast so viel wie alle deutschen Atomkraftwerke zusammen; 26000 Arbeitsplätze könnten vorübergehend entstehen.
- problematisch: durch die Deutsche Bucht laufen viele Seeschifffahrtswege; die Investitionskosten sind doppelt so hoch wie an Land (Stabile Verankerung der Windräder in 20 bis 40 m Tiefe; Andockmöglichkeit für Schiffe und Hubschrauber wegen Wartung, teure Leitungen für den Stromtransport zum Festland); schutzwürdige Seevögel, Fische, Krustentiere und Pflanzen werden bedroht, besonders während der Bau- und Rückbauphase; Gefahr für Laichgebiete; Lärmentwicklung für Meeressäuger gefährlich, daher meiden Seehunde und Schweinswale die Windparks.

8.5 Brennstoffzellentechnologie

- Brennstoffzellen stellen selbst keine Energie her, sondern brauchen als Brennstoff den Wasserstoff.
- Ihr Vorteil liegt darin, dass sie sehr effizient arbeitet, die CO_2-Emissionen durch Einsparung fossiler Energie reduzieren könnte und sowohl in Automobilen wie auch stationär eingesetzt werden könnte.
- Allerdings muss der Wasserstoff erst unter Einsatz anderer Energie in großen Mengen umweltfreundlich erzeugt und überall verteilt werden.
- Er könnte eine Pufferwirkung haben, wenn Solarenergie und Windenergie zu seiner Produktion eingesetzt würden.
- Die direkte Stromerzeugung aus Wasserstoff mit Hilfe von Brennstoffzellen könnte gut zur Notstromversorgung eingesetzt werden, aber auch zur Stromversorgung tragbarer elektrischer Kleingeräte (Mikrobrennstoffzellen).

8.6 Weiterer Ausbau von Kernkraftwerken?

- Gegenwärtig liefern Kernkraftwerke 17 % der Weltstromproduktion.
- Einen hohen Anteil an der Stromerzeugung findet man in Litauen, Frankreich, Belgien, Bulgarien, Schweden, Schweiz und Ungarn.
- In Indien, China, Russland, Japan und in der Republik Korea sind neue Kernkraftwerke im Bau und weitere Anlagen geplant. Ein Argument für den Bau ist, dass Kernkraftwerke kein CO_2 produzieren und insofern zum Klimaschutz beitragen könnten.
- Die Uranreserven konzentrieren sich auf eine relativ geringe Anzahl von Staaten. Die ersten fünf Staaten besitzen zusammen 83 % der Weltreserven: Australien, Kanada, Kasachstan, Brasilien, Südafrika, Namibia, Russland, Mongolei. Die meisten dieser Staaten haben auch noch große Ressourcen.

- Die Reichweite von Uran weltweit beträgt etwa 80 Jahre, bei Wiederaufbereitung mehrere hundert Jahre.
- Die Vorräte sind also begrenzt, reichen aber noch eine beträchtliche Zeit.
- Atomstrom wird mittelfristig noch eine wichtige Rolle bei der Stromerzeugung spielen.
- Ungelöst ist das Problem der Endlagerung von radioaktiven Abfallprodukten.
- Das Sicherheitsproblem stellt sich besonders bei alten Anlagen; Gefahr durch terroristischen Zugriff ist nicht auszuschließen.
- In Deutschland geringe politische und gesellschaftliche Akzeptanz.

8.7 Erforschung der Kernfusion

- Wenn die technische Umsetzung der Kernfusion in einem Kraftwerk gelänge, wäre das Problem einer nachhaltigen Energieversorgung der Menschheit gelöst.
- Die Kernfusion ist der physikalische Prozess, der in der Sonne und anderen Sternen abläuft. Wasserstoffkerne verschmelzen in mehreren Schritten unter Energiefreisetzung zu Heliumkernen.
- Unter irdischen Bedingungen werden in einem einzigen Schritt die beiden Wasserstoffisotope Deuterium und Tritium (schwerer und überschwerer Wasserstoff) zu Helium verschmolzen. Die gewonnene Energie ist beträchtlich: In einem Gramm Fusionsbrennstoff steckt soviel Energie wie in 11 Tonnen Kohle.
- Der Fusionsprozess läuft in einem extrem heißen Gasgemisch (Plasma) von 100 bis 200 Millionen Grad ab, das durch magnetische Felder eingeschlossen bleibt. Der experimentelle Beweis für die Machbarkeit der Kernfusion ist 1997 in den Anlage JET in Großbritannien erbracht worden.
- Der Forschung muss es noch gelingen, das Produkt aus Plasmatemperatur, Plasmadichte und Energieeinschlusszeit zu erhöhen, damit das Plasma „zündet“, d. h. mehr Energie freisetzt als durch die externe Heizung zunächst zugeführt werden muss.
- Der im südfranzösischen Cadarache demnächst gebaute Reaktor ITER soll beweisen, dass die Kernfusion als Energiequelle prinzipiell geeignet ist, danach ist der Bau eines Demonstrations-Fusionskraftwerks geplant. Es bleiben noch beträchtliche physikalische und technische Probleme zu lösen.
- **Die Kernfusion könnte eine nachhaltige Energieerzeugung bringen:**
  - Der Brennstoff Tritium wird in Kraftwerken aus Lithium gewonnen. Lithium kommt im Meerwasser und in der Erdkruste überall auf der Erde vor, es reicht für Millionen von Jahren aus.
  - Es fällt nur eine geringe Menge von radioaktivem Abfall an, der seine Toxizität vergleichsweise rasch verliert.
  - Es wird kein Treibhausgas CO_2 freigesetzt.
  - Ein Supergau wie bei der Kernspaltung (Tschernobyl) ist physikalisch nicht möglich.

- Die Stromkosten liegen knapp über den heutigen Stromkosten, wären aber konkurrenzfähig.

Abb. 19: Szenario für den Weltenergieverbrauch nach Energieträgern (mögliches Szenario nach einer Shell-Studie 2008)

Scramble	**2000**	**2010**	**2020**	**2030**	**2040**	**2050**
	EJ per year					
Oil	147	176	186	179	160	141
Gas	88	110	133	134	124	108
Coal	97	144	199	210	246	263
Nuclear	28	31	34	36	38	43
Biomass	44	48	59	92	106	131
Solar	0	0	2	26	62	94
Wind	0	2	9	18	27	36
Other Renewables	13	19	28	38	51	65
Total primary energy	**417**	**531**	**650**	**734**	**815**	**880**

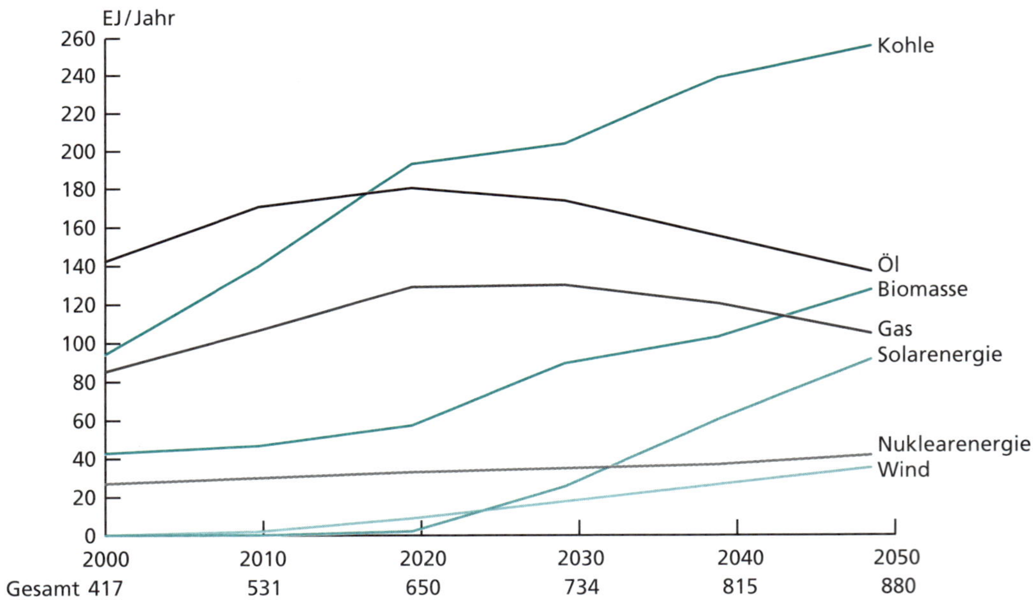

D Umweltrisiken und menschliches Verhalten

1 Die Alpen zwischen Landschaftszerstörung und Bewahrung

1.1 Die Alpen als Naturraum

Umfang, Lage, Relief

- Höchstes Faltengebirge Europas, das mit den meisten Erhebungen bis in die vegetationsfeindliche nivale Stufe reicht;
- Fläche 190 000 km^2;
- Länge 1200 km; größte Breite am Meridian durch den Brenner;
- Stark ausgeprägte Reliefunterschiede; Gliederung in lange Gebirgsketten und dazwischenliegende Längstäler; Ketten selbst sind oft durch Quertäler unterbrochen.

Durchgängigkeit

- Durch Vergletscherung in der Eiszeit wurden die Täler breit ausgeschürft.
- Durch spätere Geröllablagerung der Flüsse in den Trogtälern werden Talflächen verebnet, was die Anlage von Verkehrswegen und Siedlungen hier begünstigt.

Klima

- Lage zwischen den Mittelbreiten und dem subtropischen Raum bewirkt unterschiedliche Klimate: mitteleuropäisches Klima im Norden, mediterranes Klima am Südrand.
- Niederschlagsmengen sehr hoch, oft über 2000 mm. Stellenweise mehr als 3000 mm → mächtige Schneedecke im Winter, viel Wasser, das in dem reliefreichen Gebiet zur Stromgewinnung verwendet werden kann; besonders die Ränder sind niederschlagsreich.
- Täler im Inneren der Alpen relativ trocken und warm;

- Temperaturverhältnisse stark von der Höhenlage abhängig; Temperaturextreme sind häufig.
- Nordseite der Berge hat gute Schneelage über viele Monate; in Gletschergebieten ist Skilauf oft sieben Monate oder mehr möglich.
- Nach Süden exponierte Hänge und Trogtalschultern empfangen reichlich Strahlungswärme: Beispiel Crans Montana im Wallis.
- Die Vegetationszeit ist verkürzt, sie nimmt mit der Höhe ab.

Der Klimawandel trifft die Alpen besonders

- Temperaturanstieg seit 1901: 1,5 °C (Durchschnitt Deutschland 0,9 °C);
- Rückgang der Eis- und Frosttage;
- Mehr Regen statt Schnee;
- Winterniederschläge nehmen zu, Niederschläge im Sommer und Herbst ab.
  - Überflutungsgefahr im Winter steigt;
- Schneerückgang in den tieferen Lagen, der Schnee bleibt kürzer liegen.
- Extremwetterlagen nehmen zu.
- Die Gletscher weichen zurück, verlieren an Fläche und Volumen;
- Die Felshänge werden destabilisiert wegen Auftauen des Permafrosts; → Bergstürze;
- Murenabgänge und Hangrutschungen;
- Die Gebirgsökosysteme gehören weltweit zu den artenreichsten, reagieren aber besonders empfindlich auf Klimaänderungen. Wegen der Erwärmung hat die Wanderung vieler Pflanzen in die Höhe bereits begonnen. Zusammenhängende Ökosysteme werden dadurch langsam aufgelöst und in den Bergkuppen isoliert, das bedeutet höchste Gefährdung für die Ökosysteme.

1.2 Risikofaktoren

- Der Alpenraum stellt ein junges Hochgebirge dar, dessen Aufwölbung noch nicht abgeschlossen ist, exogene und endogene Kräfte befinden sich in einem dynamischen Gegenspiel. Abtragung und Ablagerung von Gesteinen finden in enger Nachbarschaft statt.
- Die Gesteine sind sehr unterschiedlich, ihre Schichtung oft instabil, das Relief steil.
- Wegen dieser Risikofaktoren und der extremen Wettererscheinungen kommt es immer wieder zu Hochwasser, Stürmen, Lawinenabgängen, Bergstürzen und Muren. Während die Öffentlichkeit in diesem Zusammenhang gerne von Naturkatastrophen spricht, nennt man in der Wissenschaft dies lieber eine sprunghafte Naturdynamik, weil diese Vorgänge zur Natur der Alpen (und auch anderer Hochgebirge) gehören. Ihr Ausmaß nimmt allerdings zu infolge des Klimawandels.

1.3 Gefährdung durch anthropogene Nutzung

- Um 6000 v. Chr. erreichen die ersten Ackerbauern und Viehzüchter den Alpenraum, verdrängen die Jäger und Sammler, und gestalten durch Rodung und Anlage von Feldflächen die Naturlandschaft um. Der Eingriff ist bedeutend, aber er ist darauf bedacht, Zerstörungen zu vermeiden. Bauern wirtschaften hier nachhaltig, weil sie die Erfahrung machen, dass sie sonst die eigene Existenzgrundlage zerstören.
- Seit Beginn der Industrialisierung dringt Industrie auch in die Alpentäler vor.
- Der Tourismus beginnt im Wesentlichen um 1880 in der Belle-Epoque-Periode mit Eisenbahnbau und Großhotels.
- Der wirkliche Massentourismus entfaltet sich aber mit dem Aufkommen des Individualverkehrs in den Jahren zwischen 1955 und 1985 mit dem Ausbau von Pensionen, Hotels und Seilbahnen und erlebt anschließend eine leichte Umstrukturierung auf hohem Niveau, mit Abschwächung des Sommertourismus. Ausbau von Skipisten und Beschneiungsanlagen zur Absicherung der Saison. Wirkliche Gefährdungen durch den Massentourismus.

Direkte Auswirkungen

- Die Umgestaltung der Skipisten, Wanderwege und Golfplätze führt zu einem Verlust an Biodiversität. Auch Relief, Bodenstruktur und Wasserhaushalt werden verändert. Sofern die Arbeiten aber fachgerecht ausgeführt werden, die Flächen begrenzt sind und regelmäßig gepflegt werden, bleiben die Schäden gering. Hört aber die Pflege auf, z. B. wegen mangelnder Konkurrenzfähigkeit, können langfristige ökologische Probleme entstehen. Dies gilt besonders für die Süd- und Westalpen, wo wegen

Abb. 1: Lärm durch Verkehr

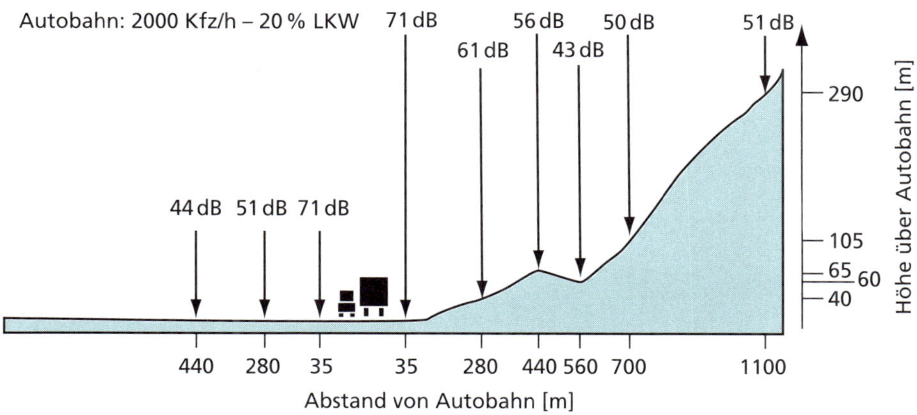

Die Lärmausbreitung wird im ebenen Gelände durch kleine Erhebungen oder Gebäude bereits nach wenigen Metern gedämpft bzw. gestoppt. Anders in einem U-Tal der Alpen, wo sich der Schall vom Talboden bis zu den Gipfeln ungehindert ausbreiten kann.

größerer Trockenheit im Sommer und wegen geringerer Pflege sich keine geschlossene Grasnarbe mehr bilden kann.

- Skilaufen auf Gletschern ist eher problematisch, weil Chemikalien für die Pistenpflege und Abfälle zu Verschmutzung führen und das Schmelzwasser talabwärts vielfach als Trinkwasser gebraucht wird.
- Kunstschnee zur Absicherung bei unregelmäßigem Schneefall verkürzt zwar die Vegetationszeit, kostet viel Wasser in der wasserarmen Winterzeit und viel Energie (Kostenfaktor), bleibt aber weniger problematisch. Er wirkt sich jedoch ökologisch sehr negativ aus, wenn chemische Zusätze verwendet werden, was sich immer mehr einbürgert.

Indirekte Auswirkungen

Sie sind deutlich gefährlicher als die direkten Auswirkungen.

- Im Talboden hat der Tourismus zu einer flächenhaften Ausweitung von Siedlungen mit Hotels, Parkplätzen, Tennisanlagen und Verkehrswegen geführt. → Versiegelung des Bodens;
- Der lokale Verkehr und der Durchgangsverkehr sind für Lärmbelästigung verantwortlich; Verstärkung dadurch, dass sich der Lärm auch an den Talhängen hoch ausbreitet;
- Durch die Talform bilden sich besonders im Winter häufige Inversionswetterlagen (Temperaturumkehr bis in gewisse Höhe; vertikaler Austausch unterbunden) → Luftverschmutzung durch Hausbrand und Verkehr konzentriert sich im Siedlungsbereich → Schäden an der Vegetation;
- **Ergebnis:** Die größeren Siedlungen im Alpenbereich haben mittlerweile eine Gesamtbelastung wie in den Großstädten, teilweise sogar noch höher.

Abb.2: Luftschadstoffe

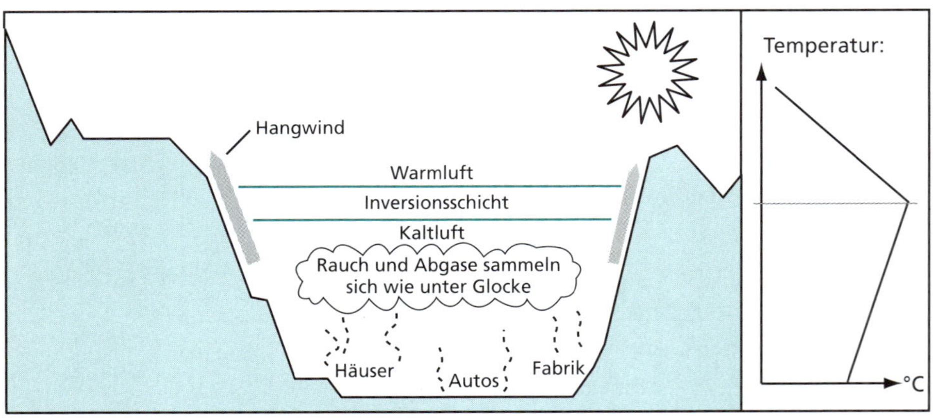

In den großen U-Tälern bildet sich oft eine Inversionsschicht aus, die verhindert, dass die belastete Luft abfließt. Dadurch konzentrieren sich die Luftschadstoffe sehr stark im unteren Talraum, wo oft sehr hohe Werte gemessen werden.

1.4 Maßnahmen zum Schutz der Bergwelt

- Zunächst sind alle Maßnahmen wichtig, die global gelten für den Schutz des Klimas, weil die Alpen von der Klimaänderung in besonderer Weise betroffen sind: Energieeinsparung und Ersatz fossiler Energieträger.
- Weil sich manche Naturereignisse nicht verhindern lassen, muss sich der Mensch aus Gefahrenbereichen zurückziehen. Die Siedlungs- und Verkehrsplanung muss darauf achten, dass es keine Baugenehmigungen gibt im Hochwasserbereich von Bächen und Flüssen, an oder unter lawinen- und murengefährdeten Berghängen.
- Naturnahe Bergwälder müssen saniert und erhalten werden zum Hochwasser- und Lawinenschutz.
- An Flüssen und Bächen müssen Rückhaltebereiche geschaffen oder erhalten werden, um die Hochwassergefahr einzudämmen.
- Flächenversiegelung reduzieren;
- Alpinskibereiche auf hochgelegene Gebiete konzentrieren, niedrig gelegene Skigebiete, die künftig ohnehin nicht mehr konkurrenzfähig sind, renaturieren.

2 Erdbeben, Tsunamis und Vulkanismus als Herausforderung

2.1 Naturereignisse – Naturkatastrophen

- Naturereignisse wie die oben genannten, aber auch Lawinenabgänge, Stürme, Überschwemmungen sind nichts Ungewöhnliches, sondern kamen und kommen laufend vor. Sie gehören zur Dynamik der endogenen und exogenen Vorgänge, die die Erde laufend umgestalten.
- Ihre Heftigkeit muss nicht direkt im Bezug zu angerichteten Schäden stehen. Ein Erdbeben in abseits gelegenen, fast unbewohnten Gebieten hat geringe Schadenswirkung im Vergleich zu einem Beben gleicher Stärke in einer japanischen Großstadt.
- Extreme Naturgefahren werden erst dann zur Naturkatastrophe (Hazard), wenn Gesundheit und Leben von Menschen betroffen sind oder große materielle Schäden entstehen an Gebäuden oder Infrastruktureinrichtungen (Verkehrswege, Strom- und Gasleitungen, Kraftwerke, chemische Anlagen).
- Von Naturrisiken spricht man dann, wenn sich der Mensch – bewusst oder unbewusst – Gefahren durch die Natur aussetzt, indem er in einem Überschwemmungsgebiet siedelt oder am Fuß eines Vulkans Ackerbau betreibt, weil dort der Boden fruchtbar ist.

2.2 Erdbeben

Ursachen

- Die Forschung ist, seit die Theorie von der Plattentektonik aufgetaucht ist, in eine neue Phase getreten.
- Es lässt sich feststellen, dass Erdbeben in der Nähe von Plattenrändern extrem häufig auftreten (siehe Atlas). Es gibt aber auch innerhalb der Platten sehr schwere Erdbeben.
- Die **Lithosphäre** (Gesteinshülle) ist in etwa 16 ziemlich starre Platten zerbrochen, die flächendeckend auf einer teilweise aufgeschmolzenen, plastischen Asthenosphäre „schwimmen".
- In der **Asthenosphäre** und der darunter liegenden Mesosphäre strömt heißes Magma nach oben, teilt sich und strömt an der Unterseite der Platten entlang; dort, wo es auf entgegenkommendes Magma stößt, sinkt es wieder in die Tiefe ab. Durch diese Konvektionsströme werden die Platten in unterschiedliche Richtungen bewegt. Es sind verschiedene Bewegungen möglich:
  - Zwei Platten prallen aufeinander: Kollision; wenn es zwei kontinentale Platten sind, werden mächtige Gebirge aufgeschoben (Himalaya an der Grenze der Indischen und Chinesischen Platte).
  - Stoßen eine ozeanische und eine kontinentale Platte aufeinander, taucht die ozeanische Platte unter die kontinentale (vor Südamerika), an der Subduktionszone bildet sich eine Tiefseerinne, an der kontinentalen Platte wird ein Gebirge aufgefaltet.
  - Stoßen zwei ozeanische Platten aufeinander, bildet sich neben einer Inselkette eine Tiefseerinne (Japan und Japangraben).
  - Werden zwei Platten auseinandergerissen, entsteht auf einem Kontinent ein Grabenbruch (Ostafrikanischer Graben), bei einer ozeanischen Kruste *(Seafloor-Spreading)* dringt frische Lava nach oben, ein untermeerisches Gebirge entsteht (Mittelozeanischer Rücken).
  - Platten schrammen aneinander vorbei (San-Andreas-Verwerfung in Amerika).
- Erdbeben können daneben auch durch Vulkanausbrüche, Auffüllen großer Stauseen, Einsturz von Höhlen oder durch Injektion von Flüssigkeiten in tiefe Bohrlöcher entstehen.
- **Elastische Entspannungstheorie:** Immer, wenn starre Platten gegeneinander stoßen oder aneinander vorbeigleiten, kommt es durch Reibungskräfte dazu, dass sie sich „verhaken", dadurch baut sich eine immer größere elastische Spannung auf, die sich irgendwann in wenigen Sekunden mit einem Bruch löst. Ein Teil der gespeicherten Verformungsenergie wird dabei in Wellenenergie umgesetzt, der größere Teil aber in mechanische Zerrüttung der Gesteine, ein kleiner Teil in Wärme.

- Es gibt verschiedene **Wellen**:
  - Die Primärwellen (P-Wellen) breiten sich wie Schallwellen überall aus und laufen durch die ganze Erde; Geschwindigkeit im festen Gestein: ca. 5 km/Sekunde. Sie verdichten und verdünnen das durchlaufene Medium periodisch in Laufrichtung.
  - Die Sekundärwellen (S-Wellen) sind halb so schnell und lassen das Medium senkrecht zur Ausbreitungsrichtung schwingen.
  - Die Oberflächenwellen breiten sich, wie der Name sagt, im oberflächennahen Bereich aus und laufen ähnlich wie Meereswellen.
- Viele Seismographen auf der Erde registrieren, wann bestimmte Wellen mit welcher Intensität ankommen. Daraus kann man Ort und Tiefe eines Erdbebenherds bestimmen. Der Ort über dem Erdbebenherd heißt Epizentrum. Wegen der Reflexion von Wellen in bestimmten Gesteinen und an bestimmten Schalengrenzen im Erdinneren kann man Rückschlüsse auf den Untergrund ziehen (Schalenaufbau der Erde; Gesteinsschichten, Bodenschätze).

Regionen mit hohem Gefährdungsgrad

- Jährlich registrieren die Seismographen 800 000 Erschütterungen, die so schwach sind, dass Menschen sie nicht bemerken. Aber Beben mit einer Stärke von 6 und 7 auf der Richterskala gibt es jährlich nur etwa 100. Ein sehr schweres Beben mit einer Magnitude über 8 gibt es nur alle fünf bis zehn Jahre auf der Erde.
- Höchste Gefährdung besteht an aktiven Plattengrenzen (siehe Atlas).
- Aber auch innerhalb der Platten können schwere Beben auftreten.

Risikovorhersage

- Erdbeben entziehen sich weitgehend einer Vorhersage.
- Es gibt Ausnahmen: das Beben 1975 in Haicheng in Nordostchina; sechs Stunden vor dem Beben konnte zum Verlassen der Häuser aufgefordert werden; eine Serien schwacher Beben in den Tagen zuvor (Vorbeben) war die wichtigste Hilfe für die Seismologen; dazu kamen Deformation der Erdoberfläche, Veränderung im Grundwasserspiegel; Haustiere waren unruhig. Schon ein Jahr später beim Tangshan-Beben in China war keine Vorhersage möglich: Folge ca. 250 000 Tote. Genau vorhergesagte Beben gibt es extrem selten.
- Aus der Häufigkeit und Stärke zurückliegender Beben lässt sich errechnen, wie groß die Erdbebengefahr in einem bestimmten Gebiet ist. Man kann also Risikokarten zeichnen und damit zeigen, mit welcher Wahrscheinlichkeit ein Beben bestimmter Stärke zu erwarten ist. Im Raum Tokio beispielsweise ist ein starkes Beben überfällig.

Wie Schäden entstehen

- Schüttelbewegung des Untergrundes wird auf Gebäude übertragen.
- Bestimmte Bodenarten verhalten sich bei starken Beben wie eine Flüssigkeit → Untergrund kommt ins Fließen und reißt Gebäude um.
- Strom- und Gasleitungen reißen → Brände

Auswirkungen auf Raumplanung

- Einschränkung von Baumaßnahmen in Erdbebengebieten;
- Verbot von Bauten auf instabilem oder nicht standfestem Untergrund

Abb. 3: **Bestimmung der Entfernung eines Erdbebenherds**

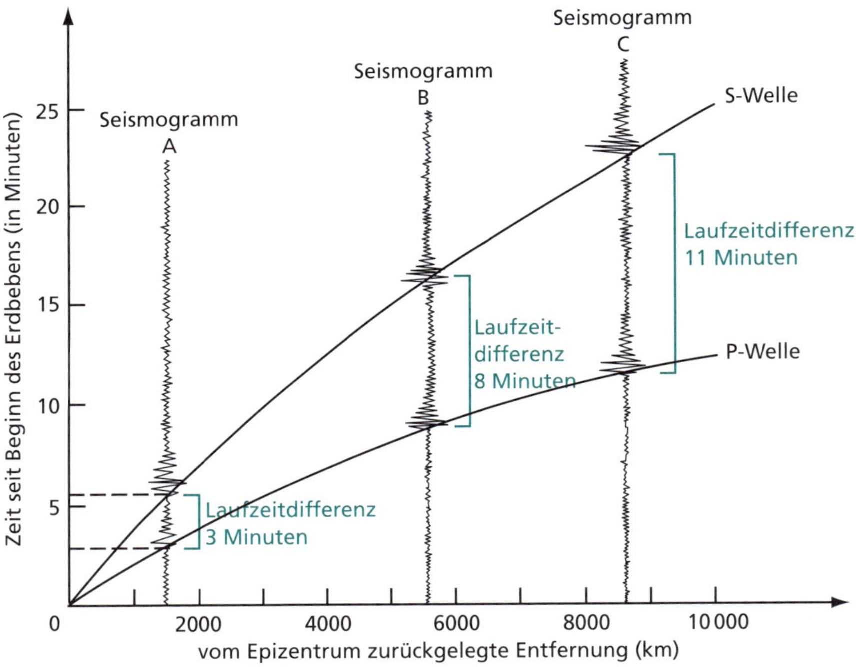

Seismische Laufzeitkurven wie die in der Zeichnung bilden die Grundlage zu Bestimmung der Entfernung des Erdbebenherdes. In Station A, wo ein Zeitunterschied von drei Minuten zwischen P- und S-Wellen aufgezeichnet wurde, können Seismologen den entsprechenden Zeitabstand zwischen den P- und S-Wellen auf der Laufzeitkurve ermitteln und daraus entnehmen, dass die Entfernung zwischen Station und Bebenherd 1500 Kilometer betrug. In gleicher Weise ergibt sich für Station B mit Zeitintervallen von acht Minuten zwischen Ankunft der P- und S-Wellen eine Entfernung von 5600 Kilometern und für Station C mit elf Minuten Zeitdifferenz eine Entfernung von 8600 Kilometern.

Präventives Verhalten

- Beim Hausbau für Stabilität sorgen; richtig berechnete Stahlbetonbauten halten besser als einfaches Mauerwerk, wie in vielen Entwicklungsländern üblich.
- Hochhäuser, die durch ihr Fundament Schwingungen zulassen;
- Querstreben lassen sich auch bei einfacheren Bauten anbringen.
- Echtzeit-Alarmsysteme, um beispielsweise Hochgeschwindigkeitszüge automatisch zu stoppen. Aber die Grenzen sind eng: Vorwarnzeit beträgt maximal 20 bis 30 Sekunden.
- Aufbau von Rettungseinrichtungen, die eng koordiniert sind.
- Alarmübungen

2.3 Tsunamis

Ursachen

- Untermeerische Erdbeben; dabei sind stärkere Vertikalbewegungen an einer Bruchstelle entscheidend → große Wassermengen werden nach oben gehoben oder weggeschoben.
- Plötzliche Massenverlagerungen unter der Meeresoberfläche, z.B. durch große Hangrutschungen;
- Vulkanausbrüche.

Abb. 4: Entstehung des Sumatra-Tsunamis vom 26.12.2004

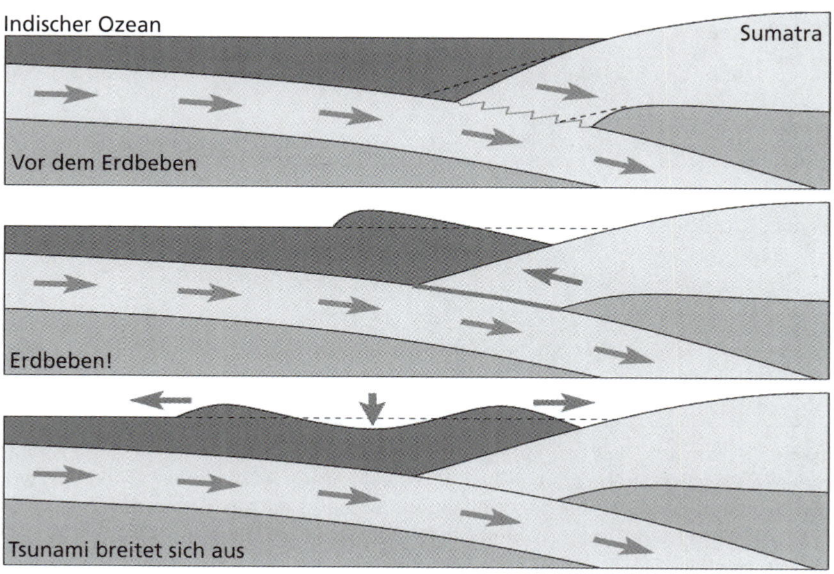

Ablauf eines Tsunamis

- Die ausgelöste Tsunamiwelle breitet sich mit einer Geschwindigkeit von bis zu 950 km/h aus. Entspricht der Geschwindigkeit eines schnellen Verkehrsflugzeugs. Je tiefer das Wasser, desto schneller die Welle. Sie ist auf hoher See nur einige Dezimeter hoch und viele Kilometer lang und daher fast nicht zu merken. Die Wasserteilchen werden nicht vorwärts bewegt, nur die Schwingung wird weitergegeben. Die Welle kann große Entfernungen zurücklegen: Ein Beben in Chile 1960 hat einen Tsunami ausgelöst, der über den ganzen Pazifik gelaufen ist und in Japan noch Tote und schwere Sachschäden verursacht hat.
- Beim Auflaufen auf den Schelf und besonders auf die Küste werden die Wellen langsam (bei 10 m Wassertiefe nur noch 40 km/h), aber sehr hoch (bis 20 m und mehr); die Komponente, die sich vorwärts bewegt auf den Strand zu, wird immer größer. Tsunamis können bei flachen Ufern sogar kilometerweit ins Land eindringen, ebenso bei trichterförmigen Buchten oder in Flussmündungen. Vorgelagerte Inseln schwächen die Wirkung ab, ebenso dichte Mangrovenwälder.
- Vor der Ankunft der Welle kann ein Wellental ankommen, dann zieht sich das Meer zuerst zurück, teilweise beträchtlich weit vor den Strand.
- Ein Tsunami besteht meist nicht aus einer einzigen Welle, mit zeitlichem Abstand können weitere folgen.
- Das Maß der Zerstörung hängt nicht direkt mit der Höhe der Welle zusammen; die Tsunamiwelle 2004 in Südostasien war nur wenige Meter hoch.
- Die Mehrzahl der registrierten Tsunamis richtet keine Schäden an.

Abb. 5: **Die große Welle im Hafen**

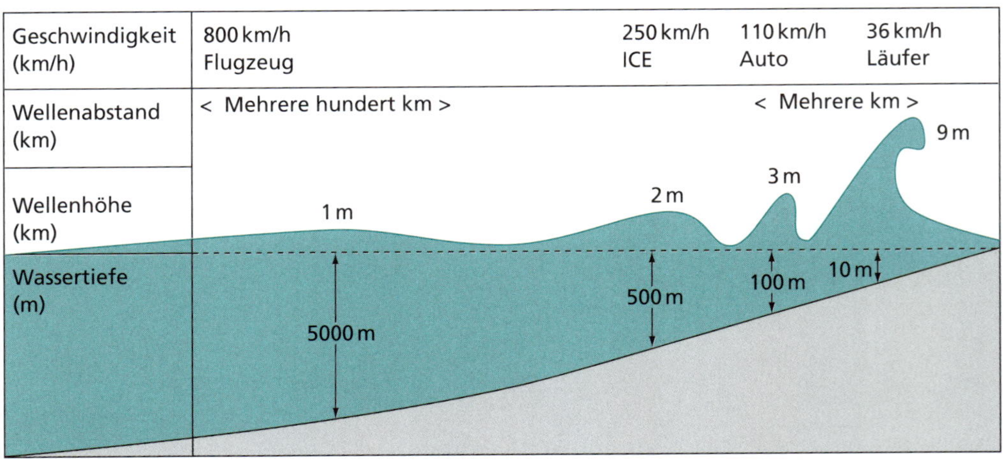

Der Begriff „Tsunami“ (Hafenwelle; aus tsu, Hafen, und nami, Welle) wurde von japanischen Fischern geprägt, die vom Fischfang zurückkehrten und ihre Häfen vom Meer verwüstet vorfanden, obwohl sie auf offener See keinen außergewöhnlichen Wellengang bemerkt hatten. Grund dafür ist Japans Tiefseesteilküste: Die Riesenwellen türmen sich quasi erst kurz vor dem Ufer auf, schlagen über die Hafenmauern und zerstören alles, was sich in ihrer Bahn befindet.

Regionen mit hohem Gefährdungsgrad

- Prinzipiell alle Küstengebiete der offenen Ozeane
- Stärkste Gefährdung an den Rändern des Pazifischen Ozeans in der Nähe der Plattenränder.

Beispiel Südostasien 2004

- An der Grenze zwischen der Chinesischen und Indischen Platte bricht an Weihnachten 2004 in 150 km Entfernung von der Küste Sumatras ein gewaltiges Erdbeben los, mit Magnitude 9,3 das zweitstärkste Erdbeben, das bislang gemessen wurde.
- An dem Riss im Meeresboden hebt sich der eine Teil bis zu 15 m nach oben, der Riss verlängert sich bis 1200 km nach Norden. An manchen Stellen sinkt der Meeresboden auch ab.
- Die dadurch entstandene Tsunamiwelle erreicht 14 Minuten später Banda Aceh an der Nordspitze Sumatras, nach 1 Stunde und 45 Min. Sri Lanka, gleichzeitig Südthailand, nach 3 Stunden Indien (ohne Vorwarnung), dann die Malediven, nach sieben Stunden Ostafrika.
- Über 230 000 Todesopfer; 1,8 Mio. Menschen obdachlos.

Risikovorhersage

- Deutlich besser als bei Erdbeben, weil die Ausbreitungsgeschwindigkeit viel langsamer als die von Erdbebenwellen ist.
- Liegt das Beben in Küstennähe, bleibt die Vorwarnzeit eventuell zu kurz.
- Im Nordpazifik besteht ein Warnsystem bereits, im Indischen Ozean wird das deutsch-indonesische Frühwarnsystem GITEWS aufgebaut.
- Weil Erdbebenwellen so schnell sind, kann bei einem dichten Beobachtungsnetz ein Bebenherd nach wenigen Minuten automatisch festgestellt werden.
- Aber nicht jedes starke Erdbeben löst einen Tsunami aus: Auf das Beben vor Sumatra im März 2005 (Stärke 8,7) folgte keine Tsunamikatastrophe!
- Man muss feststellen, ob sich der Meeresboden deformiert und eine Wasserwelle in Gang gesetzt hat. Das geschieht mit Drucksensoren am Meeresgrund, die ihre Messergebnisse an Schwimmbojen senden, die ihrerseits mit GPS-Hilfe in ihrer Lage und Höhe genau bestimmbar sind und somit ankommende Wellen schon weit vor der Küste registrieren können. Alle Informationen, auch die von Küstenpegeln laufen über Kommunikationssatelliten im Warnzentrum zusammen.
- Dort liegen schon vorher durchgeführte Modellrechnungen vor für bestimmte Szenarien, die Höhe und Stärke der erwarteten Welle für bestimmte Küstenabschnitte vorausbestimmen. Meeresbodenrelief und Laufrichtung der Tsunamiwelle sind nämlich entscheidend für die Auswirkungen.

- Die Warnungen können dann über Fernsehen, Rundfunk, Lautsprecher in Städten, Dörfern und an Stränden weitergegeben werden.
- Warnungen werden aber erst wirksam, wenn die Bevölkerung über richtige Verhaltensweisen aufgeklärt ist, wohin sie fliehen kann, wo Sicherheitszonen eingerichtet sind. Dazu müssen auch regelmäßig Übungen stattfinden.
- **Problem:** Weil die Prognosen nicht exakt genug sein können, lassen sich Fehlalarme nicht vermeiden. Die Betroffenen nehmen aber dann die Alarme nicht mehr ernst. Wer vom Tourismus lebt, will Alarme auch nicht, weil die Gäste verunsichert werden können, und den Behörden machen die hohen Ausgaben Sorgen, wenn alle Notfallorganisationen zum Einsatz ausrücken müssen, Arbeitszeit ausfällt und hohe Evakuierungskosten entstehen.

Vorbeugende Maßnahmen

- In Japan werden Sperrwände erprobt.
- Auch Schutzwälle wurden gebaut.
- Die Kosten sind sehr hoch, aber die Wirksamkeit ist umstritten.
- Erhöhte künstliche Rettungsinseln scheinen eher zu helfen.

Abb. 6: Das Frühwarnsystem im Überblick

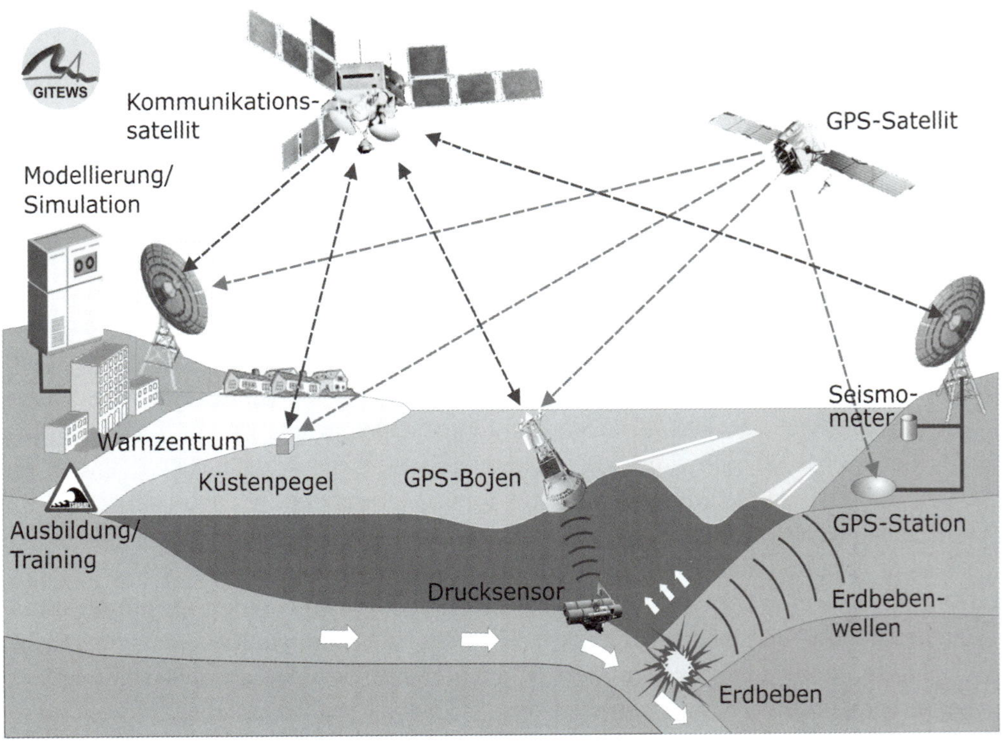

2.4 Vulkanismus

Ursachen

- Unterhalb der starren Erdkruste liegt innerhalb des oberen Erdmantels die fließfähige Asthenosphäre. In ihr können bei den dort herrschenden hohen Temperaturen (1100 °C bis 1200 °C) Konvektionsströmungen stattfinden, weil das Gesteinsmaterial teilweise aufgeschmolzen ist.
- Stellenweise bilden sich Magmakammern. An Schwächezonen der Erdkruste kann Magma, das eine geringere Dichte hat und unter gewaltigem Druck steht, nach oben fließen und sich entweder wieder in Kammern (Herden) sammeln oder bis zur Erdoberfläche empordringen.
- Magmen haben sehr unterschiedliches Verhalten je nach ihrem Ausgangsgestein und Kontaktgestein beim Aufsteigen, ihren Gasbeimengungen, ihrer Temperatur und Fließfähigkeit.
- Daher ist auch die **Erscheinungsform des Vulkanismus** sehr vielfältig:
  - Lava (Bezeichnung für Magma nach dem Austritt an der Erdoberfläche) kann sehr dünnflüssig sein und an der Oberfläche weit auseinander fließen (Schildvulkane, Lavadecken),
  - sie kann zähflüssig langsam ausströmen und eine große Kuppe oder einen hoch aufragenden Lavadom bilden.
  - Sie kann dünnflüssig sein und explosiv in Fontänen ausgestoßen werden,

Abb. 7: Lage von Vulkanen und ihre Magmaproduktion

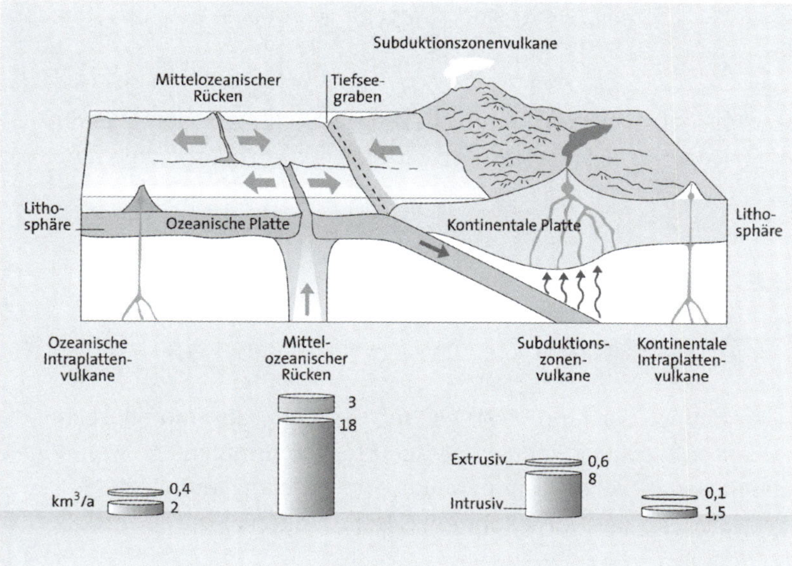

Divergierende Plattenränder (Mittelozeanischer Rücken) und konvergierende Plattenränder sowie die jährliche Magmaproduktion

- der Auswurf ist eventuell mit Schlacken und Asche durchsetzt.
- Wenn sich feine Gesteinstrümmer mit heißen Gasen vermengen, spricht man von pyroklastischen Strömen; sie sind besonders gefährlich, weil sie mit enormer Geschwindigkeit lawinenähnlich die Hänge eines Vulkans hinunterstürzen.

Regionen mit hohem Gefährdungsgrad

- Wie bei Erdbeben sind es besonders die tektonischen Plattengrenzen;
- innerhalb der Platten die Schwachstellen der Kruste;
- innerhalb der Platten über *Hot Spots*; das sind heiße, aus dem Innern des Mantels kommende, eng begrenzte Magmaströme. Sie sind ortsfest und durchdringen die über ihnen liegende Platte. Wandert die Platte langsam weiter, erlischt der bisherige Vulkan und es kann ein neuer über dem aufsteigenden Magmastrom entstehen. So bilden sich oft Vulkanketten.

Gefahren durch Vulkanismus

- Aschenregen: feine Aschenteile können bis in die Stratosphäre geschleudert und über die ganze Erde verteilt werden; mögliche Folge: zwei bis drei Jahre lang Erniedrigung der globalen Temperatur;
- Ausströmende Lava;
- Lahare: sehr gefährliche, reißende Schlamm- und Schuttströme, gesättigt mit viel Wasser; Entstehung durch Ausbruch eines Kratersees, rasches Schmelzen eines Gletschers oder einer großen Schneedecke, starke Regenfälle auf eine frische Aschenablagerung;
- Heiße, giftige Gase;
- Pyroklastische Ströme (Glutlawinen): ein Gemisch aus heißen Gasen (bis 800 °C) und Aschen; der Strom wälzt sich oft mit bis zu 200 km/h die Vulkanhänge hinunter; sehr gefährlich.

Risikovorhersage

- Das allgemeine Risiko lässt sich aus der Analyse der früheren Eruptionen bestimmen.
- Seismische Überwachung: verstärkter Druck auf Gesteine, zusammenbrechende Hohlräume hinterlassen typische Signale; gilt auch für die turbulenten Strömungen aufsteigenden Magmas; das Signal kann minuten- oder tagelang anhalten.
- Exakte Geländevermessung lässt druckbedingte Deformationen an der Erdoberfläche feststellen.
- Temperaturveränderungen durch aufsteigendes Magma lassen sich vor Ort oder durch Fernerkundung mittels Satelliten erkennen.

- Der Chemismus im nahen Grundwasser kann sich ändern, ebenso in ausströmenden Gasen.

Auswirkungen auf Raumplanung

- Erstellung von Gefahrenkarten;
- wirtschaftliche Nutzung und Siedlung kann in Gefahrenbereichen unterbunden werden.
- Schwierigkeit dabei: Vulkanische Böden sind sehr fruchtbar, der Nutzungswunsch sehr hoch; in Ländern mit hoher Bevölkerungsdichte (Indonesien: Java) erscheint jede nutzbare Fläche wichtig.

Präventives Verhalten

- Notfallszenarien entwickeln mit Evakuierungsplänen;
- Fluchträume bereitstellen;
- Bau von Ablaufrinnen und Auffangräumen

3 Klimawandel und die Folgen; Klimaschutz

Unsere Informationsquellen

- Direkte Beobachtung und Aufzeichnung von Messungen der Klimaelemente gibt es erst seit 350 Jahren, global erst seit 150 Jahren.
- Informationen aus historischen Quellen reichen etwa 5000 Jahre zurück (schriftliche Aufzeichnungen über Wettergeschehen, Höhlenmalereien in Nordafrika mit Abbildungen von damaligen Jagdtieren in heutiger Wüste).
- Auswertung paläoklimatischer Hinweise führt bis über 3 Milliarden Jahre zurück: Kalkschalen der Tiefseesedimente lassen aus dem Verhältnis der beiden Sauerstoffisotope die damalige Temperatur erschließen, ebenso Eisbohrkerne aus der Antarktis; Gletscherspuren und Moränen; Sedimentablagerungen, die auf wüstenhaftes (Salzablagerungen) oder warmes und feuchtes Klima hinweisen; Sedimente mit Fossilien von Tieren und Pflanzen, deren Lebensbedingungen wir kennen; Pollen in Sedimenten; Kohlelagerstätten.

3.1 Natürliche Klimaschwankungen

Blick in die Erdgeschichte

- Einblicke über die Entwicklung des Klimas haben wir für den Zeitraum der letzten Milliarde der Erdgeschichte, je näher an der Gegenwart, desto genauer.
- Schon im Archaikum vor 2500 bis 2000 Mio. Jahren und im Jungpräkambrium (Proterozoikum) vor mehr als 570 Mio. Jahren gab es Vereisungen.
- Eine weitere fand im Übergang vom Ordovizium zum Silur vor ungefähr 450 Mio. Jahren statt. Sie ist in Afrika und Südarabien nachgewiesen, das damals mit den anderen Südkontinenten zusammen in der Gegend des Südpols lag.
- Die 100 Mio. Jahre dauernde permokarbonische Vereisung um 280 Mio. Jahre herum fand auf dem südlichen Teil des damaligen Kontinents Gondwanaland statt (Antarktis, Südamerika, Südafrika, Südarabien, Indien Australien), während es in Nordamerika und Europa, damals in Äquatorlage, eine üppige tropische Vegetation gab, aus deren Ablagerungen später die großen Kohlelager wurden.
- Die letzte wichtige Eiszeit fällt ins Quartär und zwar ins Pleistozän. Sie begann vor ca. 1,8 Mio. Jahren mit der Biber- und später der Donau-Kaltzeit, umfasste dann ab 950000 Jahren die Günz-, Mindel-, Riß-, und Würmeiszeit (Glaziale) und endete vor etwa 10000 Jahren. In Norddeutschland sind die letzten drei Eiszeiten nach den Flüssen Elster, Saale und Weichsel benannt, in Nordamerika und Russland tragen sie andere Bezeichnungen, sind also auch dort aufgetreten. Sie wurden von Warmzeiten (Interglazialen) unterbrochen.
- Gegenwärtig leben wir in einer Warmzeit, auf die in einigen Zehntausenden von Jahren theoretisch wieder eine Eiszeit folgen könnte. Kein Gegenargument zur jetzigen

Abb. 8: Die Erdzeitalter

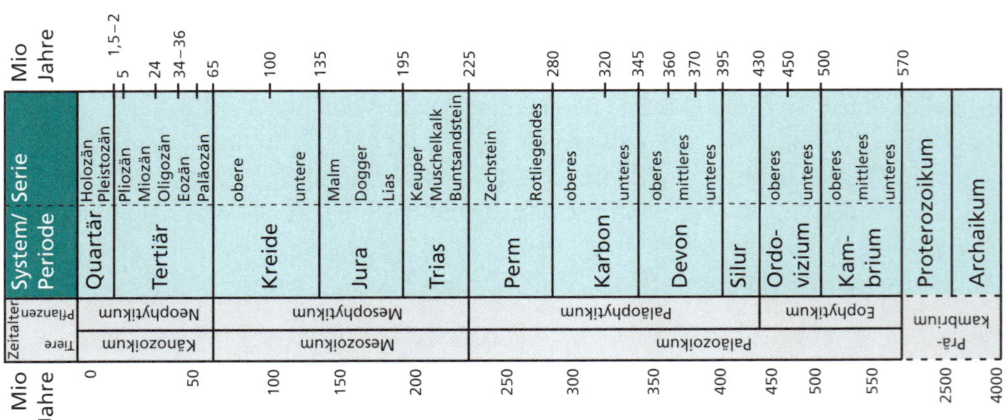

Die Zeitangaben entsprechen ungefähren Daten und unterliegen Veränderungen, die vom jeweiligen Stand der Forschung abhängen.

Klimaerwärmung, die mit Ihren Schäden schon in wenigen Jahrzehnten wirksam werden kann!

- **Grundsätzliches:** Ähnlich wie heute gab es auf der Erde immer Zonen, in denen es wärmer und trockener war. Das gilt auch für die Eiszeiten. Die These, dass es einmal in der Erdgeschichte kurz eine totale Vereisung gab, wird nur von einer Minderheit vertreten.
- Zwischen den Eiszeiten gab es lange Phasen mit warmem, teils feuchtem, teils trockenem Klima. In der Kreidezeit lag die Erdmitteltemperatur um 10 °C höher als heute, also global bei 25 °C. Natürliche Klimaänderungen sind unstrittig.

Gründe für natürliche Klimaschwankungen

- Die längste Zeit ihrer Geschichte war die Erde völlig eisfrei. Durch die **Verschiebung von Landmassen** in die Nähe der Pole infolge der Plattentektonik änderte sich das. Dadurch konnte sich eine Eisdecke bilden und durch ihren hohen Albedowert einen Teil der Einstrahlung reflektieren → Abkühlung der gesamten Erde. Eismassen von bis zu 4000 Meter Mächtigkeit in der Antarktis und kaum weniger mächtig in Grönland. Dadurch ist viel Wasser gebunden, das dem Kreislauf entzogen ist. Außerdem geht eine starke Kältewirkung von den Eismassen aus.
- Änderung von Orbitalparametern der Erde. Dazu gehören:
  - **Neigung der Erdachse** gegen die Erdbahnebene: gegenwärtige Neigung 23,5°. Im Zeitraum von etwa 41 000 Jahren erfolgt ein Wechsel zwischen 22° 2' und 24° 30'. Bei großem Winkel: heiße Sommer und kalte Winter.
  - **Präzession:** Die Erde bewegt sich auf einer elliptischen Bahn um die Sonne. Sie ist dabei der Sonne manchmal näher (z. Zt. 3. Januar = Perihel mit 147 Mio. km) und manchmal von ihr weiter entfernt (z. Zt. 3. Juli = Aphel mit 152 Mio. km). Weil die Erdachse um die Senkrechte zur Erdbahn kreist, verschiebt sich das Eintrittsdatum ins Perihel und Aphel. Nach 23 000 Jahren ist ein Zyklus beendet. Die Temperaturgegensätze zwischen Sommer und Winter werden derzeit auf der Südhalbkugel verstärkt, auf der Nordhalbkugel verringert.
  - **Exzentrizität:** Die Ellipsenbahn selbst verändert sich im Rhythmus von 95 000 Jahren, mal einer Kreisbahn näher, mal eine ausgeprägtere Ellipse. Im letzten Fall ist der Einstrahlungsunterschied zwischen Perihel und Aphel größer.
- Diese Schwankungen der Erdparameter lassen sich vorausberechnen, sie können sich wegen der unterschiedlich langen Perioden manchmal überlagern und wirken sich auf die empfangene Sonnenenergie aus → Kaltzeiten → Warmzeiten. Sie sind wohl alleine nicht in der Lage, Klimaänderungen herbeizuführen, aber zusammen mit Rückkopplungseffekten ist es möglich. Ein Beispiel für einen **Rückkopplungseffekt**: Nach Abkühlung → Schneefälle → hohe Rückstrahlung durch veränderte Albedo → weitere Abkühlung → noch mehr Schneefälle. Solche Prozesse können auch in die Gegenrichtung laufen.

Abb. 9: Änderung der Orbitalparameter

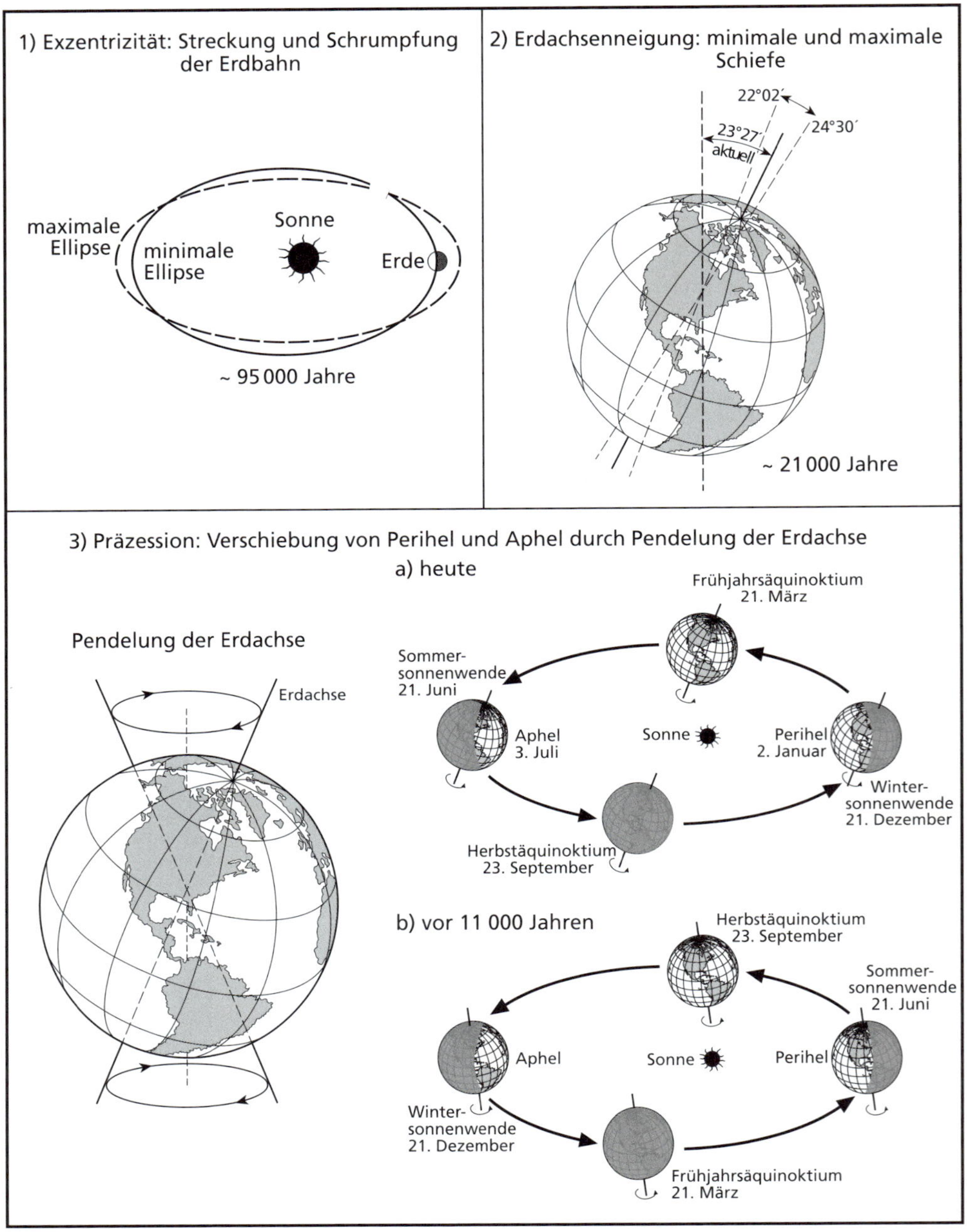

1) Exzentrizität, 2) Erdachsenneigung, 3) Präzession sowie daraus folgend die unterschiedliche jahreszeitliche Position der Erde im Perihel bzw. Aphel während des Präzessionszeitraumes von ca. 22 000 Jahren

- Ausbruch von **Vulkanen**: Asche in der Stratosphäre bewirkt Abkühlung in der Troposphäre. Pinatuboausbruch 1991 hat die Temperatur weltweit um 0,5 °C reduziert.
- Schwankung der Sonnenstrahlung im Zusammenhang mit Sonnenflecken. Hier sind tatsächlich verschiedene Zyklen nachzuweisen. Da aber der Wert der **Solarkonstante** 1370 W/m^2 nur um 1 W/m^2 schwankt, kann die Sonnenfleckentätigkeit allein kaum größere Klimaänderungen bewirken.
- **Gebirgsbildung**, weil sie den Luftmassenaustauch beeinflusst.
- Zusammensetzung der **Erdatmosphäre**: Die Temperaturänderungen während der letzten Eiszeit sind mit CO_2-Schwankungen einhergegangen. Auch der Wasserdampfgehalt hat geschwankt.
- Die Zirkulation der **Ozeane** ist klimawirksam, wird aber auch durch Klimaänderungen selbst verändert.
- Die **wechselseitige Beeinflussung** von Eismassen, Atmosphäre und Ozeanen unterliegt Veränderungen wie am Beispiel des El Niño-Phänomens deutlich wird oder am Beispiel der Tiefenzirkulation der Ozeane.

3.2 Klimaveränderung durch den Menschen/ Das anthropogene Klimaproblem

Der Klimawandel, wie er gegenwärtig beobachtet wird, kann durch natürliche Faktoren allein nicht erklärt werden.
Ein erster Eingriff durch den Menschen erfolgte durch die Umwandlungen im Neolithikum. Der Beginn des Ackerbaus führte zu Rodungen und einer Veränderung des Albedowerts. Quantitativ war dieser Schritt wegen der geringen damaligen Bevölkerung noch nicht sehr wirksam, hat sich aber bis in die Gegenwart ständig verstärkt.
Bedeutender ist der zweite Schritt seit dem Beginn der Industriellen Revolution um 1800. Der Mensch wird damit zum Klimafaktor.

Ursachen

- Ansteigende Weltbevölkerung; dadurch wird jeder durch den Menschen ausgelöste Effekt verstärkt.
- Der Verbrauch von fossilen Energieträgern und damit der Kohlendioxidausstoß steigt seit der Industriellen Revolution stärker an als das Bevölkerungswachstum.
- Das Entstehen von Riesenstädten mit ihrem charakteristischen Klima verstärkt Luftbelastung und Temperaturanstieg.

Die Bereiche der Änderungen sind folgende:

Landnutzung

- Die Rodung von Wäldern – nicht nur der tropischen Regenwälder – bewirkt eine Veränderung des Wasserkreislaufs. Geringere Verdunstung und rascherer Abfluss des Regenwassers bewirken einen Rückgang der Niederschläge.
- Die Bodenfeuchte wird reduziert, die Temperatur der bodennahen Luft steigt an. Reduzierte Transpiration der Vegetation und Evaporation der befeuchteten Landoberfläche bewirken noch mehr Trockenheit.
- Die Albedowerte (Reflexionswerte) für die Sonneneinstrahlung verändern sich.
- Trockenräume breiten sich aus.

Veränderung der Atmosphäre

- Auch ohne Eingriff durch den Menschen existiert ein (natürlicher) Treibhauseffekt. Die Atmosphäre lässt die kurzwellige Sonnenstrahlung durch, absorbiert aber teilweise die von der Erde zurückstrahlende längerwellige Strahlung, was zu einer Erwärmung führt. Die bodennahe Luft der Erde hätte ohne Atmosphäre etwa minus 18 °C, der tatsächliche Wert liegt bei global 15 °C; der natürliche Treibhauseffekt liegt also bei 33 °C. Ohne ihn wäre Leben in der heutigen Form auf der Erde wohl kaum möglich.
- Zum natürlichen lebenserhaltenden Effekt trägt der **Wasserdampf** etwa 60 % bei, das Kohlendioxid 15 %, das Ozon 10 %, Lachgas und Methan je 3 %. Die Spurengase bestimmen das Klima wesentlich.
- Das Maß für die Wirksamkeit von Klimagasen ist der Strahlungsantrieb („Heizeffekt"), er wird gemessen in Watt/Quadratmeter.

Die wichtigsten anthropogenen Spurengase

	CO_2 Kohlendioxid	CH_4 Methan	N_2O Distickstoffoxid	FCKW-11 Freon-11	HFC-23 Flouroform	CF4 Trifluormethan
Vorindustrieller Wert (ungefähre Werte)	280 ppm	700 ppb	270 ppb	0	0	40 ppt
Konzentration 1998	365 ppm	1745 ppb	314 ppb	268 ppt	14 ppt	80 ppt
Rate der Konzentrationsänderung pro Jahr in den 90ern	1,5 ppm	7,0 ppb	0,8 ppb	– 1,4 ppt	0,55 ppt	1 ppt
Atmosphärische Lebensdauer in Jahren	ca. 100 (5–200)	12	114	45	260	> 50 000

Die wichtigsten anthropogenen Spurengase und einige ihrer Charakteristika (nach IPCC 2001 a). Die Einheiten ppm, ppb und ppt sind aus dem Englischen übernommen und bedeuten *parts per million, parts per billion* und *parts per trillion*.

- Der Strahlungsantrieb für die anthropogenen klimawirksamen Gase liegt derzeit bei 2,7 Watt/m², davon 1,7 Watt/m² durch CO_2.
- **Wasserdampf** ist eigentlich das wichtigste Treibhausgas, wird aber in die Diskussion über die Klimaänderung nicht einbezogen, weil der Mensch seine Konzentration in der Atmosphäre nicht direkt verändern kann. Der Wasserdampfgehalt schwankt örtlich und zeitlich erheblich. Der Umsatz erfolgt sehr rasch: In nur zehn Tagen wird der gesamte Wasserdampfgehalt der Atmosphäre ausgetauscht (Kreislauf: Verdunstung, Kondensation, Niederschlag). Eine Veränderung durch den Menschen ist nur indirekt möglich: Durch Temperaturerhöhung wird der Wasserdampfgehalt der Atmosphäre größer und somit auch der Treibhauseffekt (verstärkende Rückkopplung).
- **Kohlendioxid** (CO_2): Zunahme des CO_2-Gehalts der Luft durch Verbrennung fossiler Energieträger Kohle, Erdöl, Erdgas von 270 bis 280 ppm in vorindustrieller Zeit auf 383 ppm gegenwärtig. Kohlendioxid ist das hauptsächliche Verbrennungsprodukt. Davon werden etwa 56 % in der Luft aufgenommen, der Rest von der Biosphäre. Ein Teil wandert in Senken wie die Ozeane. In Jahren verbreiteter Dürre und mit großen Waldbränden steigt die CO_2-Konzentration deutlich an. Bestimmung der Werte durch Eisbohrkernauswertung und durch direkte Messungen auf dem Mauna-Loa auf Hawaii. Seit der Existenz des Menschen gab es noch nie so hohe Werte. Der Weltbevölkerungsanstieg hat zu mehr Energienutzung geführt, diese ist jedoch vier- bis

Abb. 10: Zusammenhang zwischen Konzentration von Kohlendioxid und Temperatur der letzten 400 000 Jahre nachgewiesen an Eisbohrkernen

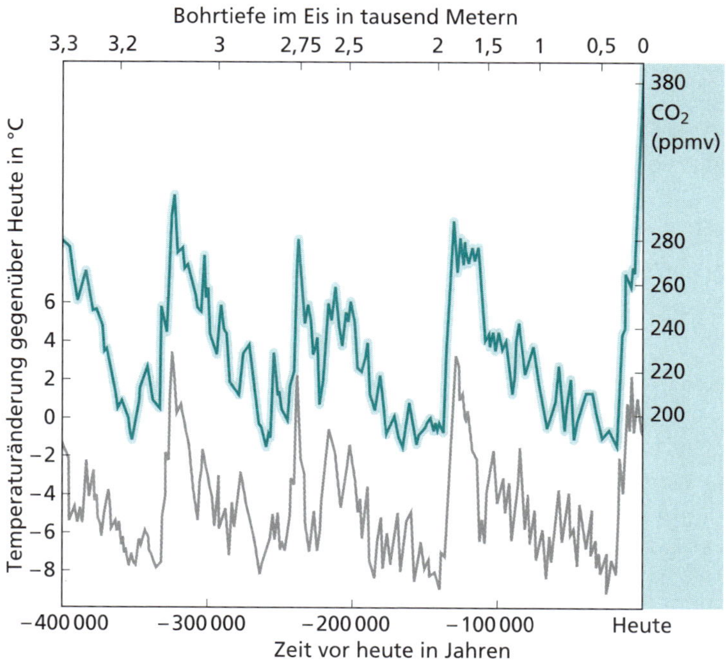

fünfmal so stark angestiegen wie die Bevölkerung. Die Herkunft der anthropogenen Emissionen: 74 % aus Verbrennung fossiler Energieträger, 23 % aus Waldrodungen, 3 % aus Zementproduktion und Holznutzung. Kohlendioxid ist ein langlebiges und langwirkendes Gas, das etwa 76 % des anthropogenen Treibhauseffekts ausmacht.

- **Methan** (CH_4): Herkunft der anthropogenen Emissionen: 27 % aus der Verbrennung fossiler Energieträger, 23 % aus Viehhaltung, 17 % aus dem Reisanbau, 16 % aus Abfällen (Müll und Abwasser), 11 % aus Biomasseverbrennung; langlebiges Gas mit einem Beitrag von 14 % zum anthropogenen Treibhauseffekt.
- **Lachgas, Distickstoffoxid** (N_2O): Bodenbearbeitung inklusive Düngung, chemische Industrie, Verbrennung fossiler Energieträger, Verbrennung von Biomasse, Erdgaslecks; extrem langlebig; 8 % Beitrag zum anthropogenen Treibhauseffekt.
- Bodennahes **Ozon** (O_3); entsteht besonders aus der chemischen Reaktion von Vorläufersubstanzen, z. B. Stickoxiden; toxisch; in der Stratosphäre wichtiger Beitrag zur Abschirmung von UV-Strahlung;
- **Fluorchlorkohlenwasserstoffe** (FCKW): Verwendung als Treibgas in Sprühdosen, in der Kältetechnik, Aufschäummittel in Dämmmaterial; seit die Herstellung eingestellt wurde, sinkt ihr Anteil in der Atmosphäre wieder langsam. Sehr langlebig.
- **Aerosole** feste oder flüssige Partikel in der Luft, entweder natürlicher oder anthropogener Herkunft; (Staub, Ruß, Salzkristalle, Pflanzenpollen) können als Kondensationskerne die Wolkenbildung verstärken oder sie streuen oder absorbieren die Sonnenstrahlung. Aerosole in der Stratosphäre können Strahlung reflektieren und damit abkühlend wirken, in der Troposphäre tragen sie eher zur Erwärmung bei.

Temperaturerhöhung

- Das Klima in Deutschland hat sich im 20. Jahrhundert um 1 °C erwärmt, weltweit liegt der Wert bei 0,74 °C.
- Zwischen 1995 und 2006 gehörten 11 Jahre zu den global wärmsten seit Beginn der Aufzeichnungen (1850).
- Die Prognosen des Weltklimarats (IPCC) sprechen, je nach Szenario, von einem Temperaturanstieg von 1,8 °C bis 4,0 °C bis zum Jahr 2100. Einzelne Forscher gehen von noch höheren Werten aus, weil der CO_2-Ausstoß in den letzten Jahren höher als die Prognosen lag und weil verstärkende Rückkopplungseffekte zu wenig berücksichtigt seien.
- Als die letzte Eiszeit vor etwa 15 000 Jahren zu Ende ging, gab es in der Höhe vergleichbare Werte (5 °C), allerdings verteilt auf 5 000 Jahre und nicht innerhalb eines einzigen Jahrhunderts.
- Auch die Meerestemperatur steigt an, aber etwas schwächer.

Abb. 11: Anstieg der globalen Lufttemperatur

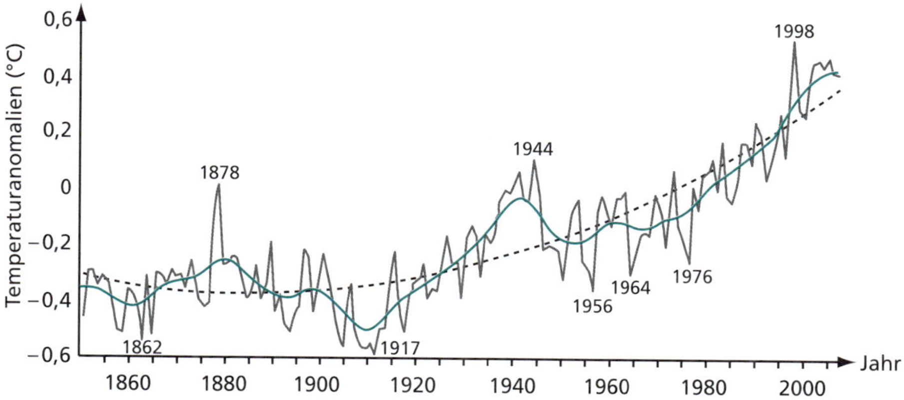

Schwarz: Jahresanomalien 1850–2007 (Referenzperiode 1961–1990) der global gemittelten bodennahen Lufttemperatur aufgrund direkter Messungen (Landgebiete und Ozeane); grün: 20-jährig geglättete Daten; dick gestrichelt: polynomialer Trend. Der lineare Trend 1901–2000 beträgt 0,7 K.

Folgen des Klimawandels für die Natur

Weil das Klima unserer Erde auf Antriebe von außen nur langsam reagiert, wirken sich Anstöße, die heute kommen, erst in 30 bis 40 Jahren voll aus. Das gilt auch für Klimaschutzmaßnahmen.

Gletscherrückgang

- Weltweit ist der Gletscherschwund zu beobachten, auch auf der Südhalbkugel. Wegen lokaler Bedingungen sind die Werte nicht überall gleich.
- Die Alpengletscher haben bereits die Hälfte ihrer Masse verloren, ein an den früheren Endmoränenwällen für jedermann sichtbarer Beweis für die Erwärmung.
- Der Aletschgletscher in der Schweiz ist seit 1860 um zweieinhalb Kilometer Länge zurückgeschmolzen.
- Gebirgsgletscher sind wichtige Wasserspeicher, die langsame Wasserabgabe ist wichtig für Landwirtschaft, städtische Trinkwasserversorgung und Hochwasserschutz.

Eisschild in der Arktis

- Die Dicke der Eisschicht im Sommer ist seit 1978 um bis zu 40 % zurückgegangen.
- Die eisbedeckte Fläche im Sommer reduzierte sich im gleichen Zeitraum um 20 %.
- Mitte bis Ende des Jahrhunderts könnte das Nordpolarmeer im Sommer eisfrei sein. Für die Schifffahrt wäre das positiv.
- Durch den Wegfall der reflektierenden weißen Eisflächen, würde die Erwärmung in der Region ansteigen und die Zirkulation von Atmosphäre und Ozean beeinflussen.
- Der Lebensraum vieler Tierarten (Eisbären, Robben, Seevögel) ist bedroht und damit auch die Existenz von Inuits, die hier jagen.

Eisschilde in Grönland und in der Antarktis

- Die Abschmelzfläche des grönländischen Eises hat bis 2005 um 25 % zugenommen. Es können aber auch die Niederschläge im Innern Grönlands ansteigen.
- Die meisten Wissenschaftler gehen von einer leichten Volumenabnahme des Eises insgesamt aus.
- Bei einer lokalen Temperaturerhöhung um 3 °C in Grönland würde vermutlich das gesamte Inlandeis Grönlands langsam abschmelzen.
- In der Antarktis wird kein Abschmelzen des Eises erwartet, sondern wegen gehäufter Niederschläge ist sogar eine leichte Zunahme möglich. Aber dort, wo Schelfeis mit dem erwärmten Meer in Berührung kommt (Schelfbereich), schmilzt es rascher ab (Tafeleisberge).

Auftauen des Permafrostbodens

- Das Permafrostgebiet (Dauerfrostgebiet) hat sich seit 1900 um 7 % reduziert.
- Das Auftauen löst in Gebirgen Hangrutschungen, Bergstürze und Murenabgänge aus.
- Im polarnahen Gebiet werden die Böden morastig, Häuser, Verkehrswege, Gas- und Ölpipelines und sonstige Bauwerke verlieren ihren festen Stand. Ebene Flächen in Nord-Russland sacken stellenweise ein, Bäume verlieren ihren Halt, stehen schief oder stürzen um.
- Wenn im Boden gefrorene Biomasse auftaut, werden Kohlendioxid und Methan frei → Rückkopplung → Verstärkung des Treibhauseffekts.

Anstieg des Meeresspiegels

- Seit 1870 um 20 cm. Tendenz steigend. Die Messung erfolgt durch weltweite Pegel. Seit den 90er Jahren kann über Satelliten eine noch viel genaue Messung erfolgen.
- Die Erwärmung der Ozeane ist bis in eine Tiefe von 3000 m nachweisbar. Sie ist wegen der Volumenvergrößerung die Hauptursache für den Meeresspiegelanstieg.
- Zweite Ursache ist das Abschmelzen von Gletschereis und Inlandeis.
- Prognose des IPCC für Ende des Jahrhunderts: Anstieg um 18 bis 59 cm, der obere Wert könnte aber noch höher liegen. Bis 2300 liegen die Prognosen in einem mittleren Szenario bei 2,7 bis 5,1 m.
- Würde das grönländische Eis komplett abschmelzen, stiege der Meeresspiegel um 7 Meter.
- Blick in die Erdgeschichte: Am Höhepunkte der letzten Eiszeit war die Temperatur etwa 5 °C niedriger als heute und der Meeresspiegel um 120 Meter niedriger. In der letzten Warmzeit vor 125 000 Jahren lag die Temperatur in den nördlichen Polargebieten ca. 3 bis 5 °C höher als heute (bei gleicher Globaltemperatur wie heute), der Meeresspiegel war 4 bis 6 Meter höher.
- Versauerung der Ozeane: Durch Lösung von Kohlendioxid im Wasser soll der pH-Wert im Laufe des 21. Jahrhunderts um 0,14 bis 0,35 sinken → Korallensterben.

Veränderung der Meeresströmungen

- Der Golfstrom könnte abgeschwächt werden oder zum Erliegen kommen.
- Näheres in Kapitel A2.

Zunahme von Wetterextremen mit wirtschaftlichen Schäden

- Da regional der Wasserdampfgehalt der Troposphäre steigt, ist mehr Energie in der Troposphäre gespeichert.
- Die Anzahl, Reichweite und Heftigkeit von tropischen Wirbelstürmen steigt, was im letzten Jahrzehnt bereits nachgewiesen wurde.
- Auch schwere Stürme in den Mittelbreiten nehmen zu, ebenso Starkniederschläge mit Überschwemmungen.
- Im Regenwald in Amazonien gibt es Dürreperioden.

Veränderung von Ökosystemen

- Die Termine für die Blütezeit im Frühling verfrühen sich, Vegetationsperioden werden länger, Neophyten wandern aus wärmeren Klimagebieten bei uns ein.
- Da durch die menschliche Nutzung naturbelassene Ökosysteme nur noch inselhaft vorkommen, können Tiere und Pflanzen bei Klimawandel nicht mehr so leicht wandern und in günstigere Nachbarräume ausweichen → Aussterben mancher Arten = Verlust von Biodiversität.
- Besonders betroffen von Klimaänderungen sind Korallenriffe, Hochlandwälder in Australien (Queensland), Trockenformationen Südafrikas, arktische und besonders

Abb. 12: Anstieg des Meeresspiegels

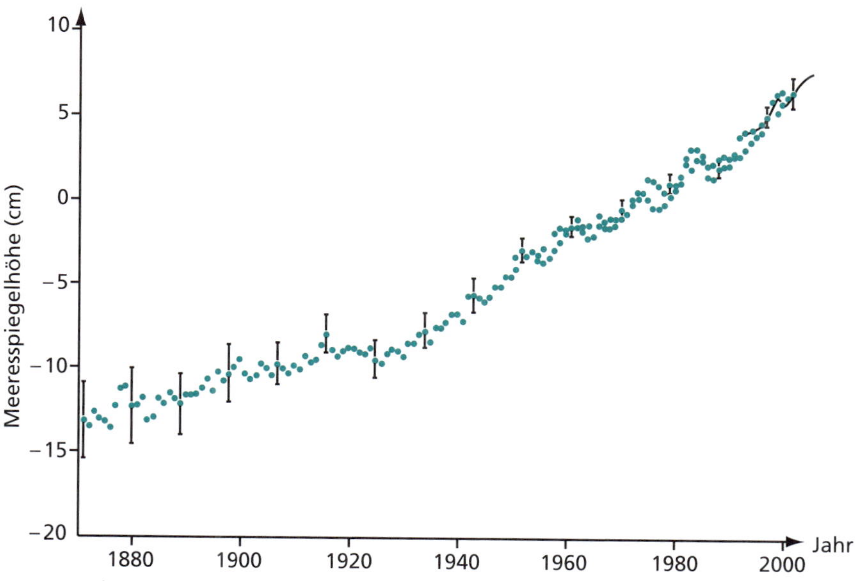

Jahresanomalien 1870–2005 der global gemittelten Meeresspiegelhöhe nach unterschiedlichen Rekonstruktionen; die vertikalen Balken geben jeweils die Unsicherheit an.

alpine Ökosysteme, der Mittelmeerraum durch Brände, chinesische Wälder, Regenwald in Brasilien.

Anbaubedingungen für die Landwirtschaft

- In den Mittelbreiten und der borealen Zone (Kanada, Russland) werden sich die Bedingungen eher verbessern durch mehr Wärme und eine längere Vegetationsperiode. Differenzierung kommt durch die Niederschläge.
- In Trockenräumen nimmt durch steigende Temperaturen und Wasserdefizit das Ernterisiko zu oder wird Anbau sogar unmöglich: Betroffen sind hauptsächlich Entwicklungsländer. Die Diskrepanz zwischen Industrieländern und EL wird sich vermutlich vergrößern. Die Zeche bezahlen also jene, die zum Klimawandel am wenigsten beigetragen haben.

Wirtschaftliche, soziale, politische Folgen

- Hauptkonfliktfelder sind
  - schwindende Süßwasserressourcen, die innerstaatliche und zwischenstaatliche Verteilungskämpfe auslösen können;
  - Rückgang der Nahrungsmittelproduktion, mit bedingt durch Desertifikation, Bodenversalzung und Wasserverknappung;
  - Zunahme von Sturm- und Flutkatastrophen überfordert das Krisenmanagement und die finanziellen Kapazitäten vieler Staaten;
  - Umweltbedingte Migration zunächst innerhalb von Staaten, dann innerhalb der Entwicklungsländer, schließlich kann auch der Druck auf Europa und Nordamerika wachsen.
- Die wirtschaftlichen Folgen betreffen vor allem Entwicklungsländer, deren geringe Chancen für eine Weiterentwicklung zunichte werden können. Gerade die Landwirtschaft, die in diesen Ländern eine große Bedeutung hat, ist vom Klimawandel betroffen.
- Die gewaltigen Schäden durch Wirbelstürmen können reiche Industriestaaten wie die USA vor große Herausforderungen stellen (Beispiel: Katrina, New Orleans, 2005), wie sollen sie dann von Entwicklungs- und Schwellenländern bewältigt werden!
- Die Folgen des Klimawandels treffen in fast allen Staaten die arme Landbevölkerung und die städtischen Unterschichten mit besonderer Härte.
- Viele heute schon schwache Staaten sind mit der Lösung aller neu entstehenden Probleme überfordert und können die wirtschaftliche und soziale Stabilisierung nicht schaffen. Die politische Destabilisierung zeigt sich im Zerfallen von Recht und staatlicher Ordnung. Diese „schwarzen Löcher der Weltpolitik“ können zahlreicher werden und wegen unkontrollierbarer Migrationsbewegungen auch Nachbarstaaten mit sich reißen.
- Der Konflikt zwischen den Hauptverursachern des Klimawandels in den Industrieländern und zunehmend auch den Schwellenländern einerseits und den Hauptbetrof-

fenen in den Entwicklungsländern andererseits wird zunehmend als Gerechtigkeitslücke empfunden und kann zu wachsenden Verteilungskonflikten führen.

- Die Migrationsbewegungen können zur Herausforderung für die klassische internationale Sicherheitspolitik werden. Polizeiliche und militärische Einsätze könnten gefordert werden, gleichzeitig weiß man seit den 90er Jahren, dass man mit hochgerüsteten Militärverbänden allein schwache Staaten nicht stabilisieren kann. Entwicklungspolitik wird zur neuen Herausforderung.

Regionale Auswirkungen des Klimawandels

Der Klimawandel wird regional verschieden ausfallen, er hängt von der Zirkulation der Atmosphäre und der Ozeane ab. Die regionalen Änderungen variieren stärker als die globalen, die Durchschnitte wiedergeben, und sind schwerer vorherzusagen.
Niederschläge sind schwerer vorherzusagen als Temperaturen.
Heute lassen sich noch nicht alle Veränderungen prognostizieren.

Afrika

- Am Rand arider und semiarider Gebiete wird die landwirtschaftliche Produktion wegen zunehmender Trockenheit erschwert oder unmöglich → Nahrungsmittelknappheit, Hunger;
- Trinkwasserknappheit;
- Wegen steigender Wassertemperatur in Binnengewässern → schwindende Fischressourcen;
- Durch steigenden Meeresspiegel werden dicht besiedelte Küstengebiete bedroht (bs. Nildelta und Westafrika), ebenso die Mangroven und Korallenriffe. Versalzung in Deltabereichen durch eindringendes Meerwasser;
- Afrika ist besonders gefährdet und leidet an Kapitalarmut für Gegenmaßnahmen. Das hohe Bevölkerungswachstum verschärft die Probleme, schwache Staaten wie Somalia und Tschad sind schon heute überfordert, andere leiden unter Bürgerkriegen (Sudan, Niger) und werden mit dem Flüchtlingsproblem nicht fertig (Sudan, Somalia)

Asien

- Im Himalaya Bergstürze, in den vorgelagerten Gebieten Überschwemmungen infolge rasch abfließender Niederschläge und nach dem Rückgang der Gletscher geringere Wasserführung der Himalaya-Flüsse → Gefahr für die Wasserversorgung von Millionen Menschen;
- In Zentral-, Ost-, Südost- und Südasien wird mehr als eine Milliarde Menschen von Süßwasserknappheit betroffen sein. Wenn sich der Monsun verändert, hohes Risiko von Missernten.
- In Küstengebieten Süd- und Ostasiens, besonders in den großen Deltaräumen Gefahr durch Flussüberschwemmungen und eindringendes Meerwasser, Versalzungsgefahr

für die Böden; viele Städte im Küstenbereich durch steigenden Meeresspiegel bedroht; tropische Wirbelstürme mit großen Schäden; in Bangladesch Leben vielleicht ganz unmöglich.
- Krankheitsrisiko nach Überschwemmungen und Dürren steigt.

Australien und Neuseeland
- Regional durch verstärkte Erwärmung und geringere Niederschläge → Wassermangel;
- In den Gebirgsregionen, in den feuchten Tropengebieten und im Great Barrier Reef enorme Verluste an Artenreichtum;
- Küstenräume durch Meeresspiegelanstieg, Überflutungen und Stürme gefährdet;
- Land- und Forstwirtschaft durch Trockenheit und Brände in Süd- und Ostaustralien stark betroffen;

Europa
- Gletscherrückzug, Vegetationszeiten werden länger, Verbreitung von Arten verschiebt sich, Verlust an Artenreichtum in den Gebirgen, Überschwemmungen auch an den Küsten;
- Südeuropa: durch höhere Temperaturen und Dürre → weniger Wasser, abnehmende Ernteerträge, Hitzewellen, Waldbrände;
- Mittel- und Osteuropa: weniger Sommerniederschläge → Wasserknappheit, geringere Erträge in der Wald- und Forstwirtschaft, mehr Moorbrände;
- Nordeuropa: zunächst Vorteile: mehr Ernteerträge, besseres Waldwachstum, weniger Energiebedarf für Heizung; später überwiegen Nachteile: Winterhochwasser, Böden werden in Hanglagen instabil, Gefahr für Ökosysteme;
- Niederlande durch steigenden Meeresspiegel bedroht;

Lateinamerika
- Wälder in Ostamazonien wandeln sich langsam zu Savannen; semiaride Vegetation wird zunehmend durch aride ersetzt; weit verbreitetes Artensterben;
- in den Trockengebieten Verluste bei Ackerbau und Viehzucht; Bodenversalzung, teils Wüstenbildung;
- in gemäßigten Gebieten bessere Ernteerträge bei Sojabohnen;
- Überschwemmungsrisiko in Tieflandgebieten;
- Gefahr für den Bestand der Korallenriffe in Mittelamerika;
- Karibik: Schäden durch Hurrikane stellen finanzielle Überforderung dar.
- Wasserknappheit in vielen Gebieten, auch durch Abschmelzen von Gletschern; Lima und La Paz sind betroffen.
- Schlechte wirtschaftliche, politische und technische Bedingungen, um den Gefahren des Klimawandels zu begegnen.

Nordamerika

- Im Regenfeldbau gibt es zunächst höhere Gesamterträge, in den trockeneren Räumen wächst das Risiko.
- Im westlichen Gebirgsraum kommt es neben winterlichen Überschwemmungen im Sommer zu Wasserknappheit.
- Die Wälder werden durch Schädlinge, Krankheiten und Brände betroffen.
- Vermehrte Hitzeperioden in den großen Städten;
- Zunehmende Heftigkeit der tropischen Wirbelstürme gefährdet südliche Küstengebiete und Städte.

3.3 Maßnahmen zum Klimaschutz

Eine Studie der Princeton University von 2004 schlägt folgende, teilweise umstrittene Maßnahmen vor, damit der jährliche Kohlendioxidausstoß nicht über das Niveau von 2004 steigt (Zahlen weggelassen):

- Effizienzverbesserung bei fossilen Energieträgern durch
  - Senkung des Spritverbrauchs der Automotoren auf die Hälfte
  - Reduzierung der Autofahrten
  - Gebäudeisolierung um Heizkosten zu reduzieren
  - Steigerung des Wirkungsgrads der Kohlekraftwerke
- Wechsel von Kohle zu Erdgas
- Abtrennung (Sequestration) des Kohlendioxids in den Kraftwerken und Speicherung in unterirdischen Gesteinslagerstätten
- Verdoppelung der weltweiten Kernkraftwerke, um Kohlekraftwerke zu ersetzen.
- Windkraftwerke ausbauen
- Ausbau der Solarenergiegewinnung
- Bio-Diesel und Bio-Ethanolproduktion steigern
- Schluss mit der Rodung tropischer Wälder und Verdoppelung der weltweiten Aufforstungsrate
- Einführung eines bodenschonenden Landbaus

3.4 Internationale Vereinbarungen

- Erste Weltklimakonferenz 1979; von Öffentlichkeit kaum beachtet;
- 1988 Gründung des **Weltklimarats IPCC** *(Intergovernmental Panel on Climate Change)*; Sitz in Genf; größtes Wissenschaftsgremium der Welt; wegen der Transparenz seiner Arbeit höchst angesehen; treibt selbst keine Forschung, sondern wertet die weltweiten Forschungsergebnisse aller einschlägigen wissenschaftlichen Institute aus und diskutiert sie kritisch und ausführlich, dabei werden auch Minderheitsmeinungen berücksichtigt; alle vier bis sechs Jahre wird ein Sachstandsbericht veröffentlicht.

- Zweite Weltklimakonferenz 1990: IPCC legt ersten Sachstandsbericht vor.
- 1992 auf nationaler Ebene berufener Wissenschaftlicher Beirat (der Bundesregierung) Globale Umweltveränderungen (WBGU);
- 1992 Konferenz der Vereinten Nationen für Umwelt und Entwicklung in **Rio de Janeiro**: In der UN-Klima-Rahmenkonvention wurde der Schutz der Erdatmosphäre als Ziel formuliert; von über 180 Ländern ratifiziert; 1994 in Kraft getreten;
- 1995 Konferenz der Mitglieder in Genf: Der Einfluss des Menschen auf das Klima wird festgestellt.
- 1997 wird bei der Konferenz in Japan das **Kyoto-Protokoll** verabschiedet mit konkreten, verbindlichen Vorgaben zur Reduktion der Treibhausgase. Das Protokoll trat erst 2005 in Kraft (USA, China und Indien sind nicht beteiligt). Global werden nur 2 bis 3 % der Emissionen eingespart. Läuft bis 2012 und muss fortgeschrieben werden.
- Die EU hat 2007 eine Einsparung von 20 % vereinbart, die bis 2020 erreicht werden soll.
- Umweltökonomen haben die Schäden eines ungebremsten Klimawandels bis 2100 berechnet: 150 Billionen US $. Dagegen gibt es zwei Strategien: 1. die Vermeidungsstrategie (= Ursachenbekämpfung), 2. die Anpassungsstrategie (= Bekämpfung der Symptome).
- 2007 Vorlage des vierten Sachstandsberichts des IPCC, der den Klimawandel als unbestreitbar konstatiert und Folgen für die Zukunft aufzeigt. Er macht aber gleichzeitig deutlich, dass die drohenden Gefahren durch weltweites, entschlossenes und rasches Handeln weitgehend abgewehrt werden können.

E Unterschiedliche Entwicklung weltweit

1 Merkmale des Entwicklungsstands

Heute sieht man in der Unterentwicklung ein Bündel von Strukturdefiziten, das man durch Indikatoren beschreiben kann.

1.1 Indikatoren für Entwicklungsstand

Indikatoren sind umstritten

- Seit den 50er Jahren gibt es unterschiedliche Vorstellungen über die wichtigsten Merkmale.
- Je nach dem Verständnis von Entwicklung und Unterentwicklung (siehe Entwicklungstheorien) rücken unterschiedliche Kennzeichen in den Vordergrund.
- Die Praktiker der Entwicklungshilfe bei den nationalen und internationalen Organisationen suchten, besonders in der Vergangenheit, nach leicht fassbaren statistischen Größen, um die Fördermittel gerecht verteilen zu können.
- Einen zentralen Stellenwert hat immer noch das **Pro-Kopf-Einkommen (PKE)** = Bruttosozialprodukt (BSP) je Kopf, heute meist **Bruttoinlandsprodukt (BIP)** je Kopf. Es ist bei allen Ländern leicht verfügbar.
- Die **Problematik einzelner Indikatoren** soll am Beispiel des PKE gezeigt werden:
  - Subsistenzwirtschaft (Selbstversorgung) erscheint nicht in der Statistik. Sie ist aber in EL sehr weit verbreitet und bietet den Kleinbauern eine gute Überlebensmöglichkeit, wenn auch kein hohes Einkommen.
  - Auch der Informelle Sektor in den Großstädten einschließlich der Kinderarbeit trägt, trotz aller Verwerflichkeit, zum Überleben bei.
  - Die reale Kaufkraft der Bevölkerung ist in manchen Ländern drei- bis viermal so hoch wie das PKE.
  - Weil das PKE bei der Vergabe von Entwicklungshilfe einen sehr hohen Stellenwert hat, sind manche Staaten in Versuchung, an dieser Stelle die Statistik etwas zu manipulieren.
  - Weil das PKE meist in US-$ ausgedrückt wird und die heimische Währung dem Dollar gegenüber einen sehr niedrigen Wert hat, gibt es ebenfalls eine Verzerrung.

- Die ökologischen Kosten des Wachstums erscheinen nicht in der Statistik: Ausweitung der Monokulturen in der Landwirtschaft und Raubbau an den Regenwäldern können kurzfristig das Bruttoinlandsprodukt nach oben treiben, schädigen aber dauerhaft das Land, weil sie nicht nachhaltig sind.
- Alle statistischen Durchschnittswerte verdecken das Maß an Disparitäten (Ungleichheiten): den Gegensatz zwischen einer kleinen Gruppe extrem Reicher und der Masse der Armen, den Unterschied zwischen Stadt und Land, zwischen Küstenland und Hinterland, zwischen einzelnen sozialen Schichten, zwischen Männern und Frauen.

Exkurs: Informeller Sektor

- Der Bereich der Wirtschaft, der außerhalb der staatlichen Regelungen abläuft. Er umfasst Herstellung und Vertrieb von Waren und das Angebot von Dienstleistungen. Er entspricht etwa dem Begriff „Schattenwirtschaft“ oder „Schwarzarbeit“.
- **Gemeinsame Merkmale:**
  - eine Art Selbsthilfe der Armen,
  - keine Abführung von Steuern oder Sozialabgaben,
  - außerhalb oder am Rande der Legalität, daher Schutzlosigkeit,
  - fast kein Kapitaleinsatz,
  - einfache Tätigkeiten und einfache Techniken,
  - geringes und unsicheres Einkommen,
  - schlechte Arbeitsbedingungen.
- Der Informelle Sektor wird meist geduldet, vereinzelt sogar gefördert, weil er der Arbeitslosigkeit etwas von ihrer Sprengkraft nimmt.
- Es besteht die Gefahr, dass sich der Staat um die betroffenen Menschen nicht mehr kümmert, „weil sie auch so zurechtkommen“.

Indikatoren nach Fachwissenschaftlern

(nach Nohlen und Nuscheler: Handbuch der Dritten Welt, Bd. 1[3], S. 104/105, leicht verändert; mit beschreibenden Ergänzungen)

Befriedigung der Grundbedürfnisse

- Ernährung
  - Durchschnittlicher Kalorienverbrauch pro Kopf; Unter- und Mangelernährung (fehlende Proteine);
- Gesundheit
  - Lebenserwartung bei der Geburt;
  - Säuglingssterblichkeitsrate;
  - Einwohner pro Arzt;

- Anteil der Bevölkerung mit Zugang zu sauberem Trinkwasser; immer noch haben 1,7 Mrd. Menschen kein einwandfreies Trinkwasser; oft keine Abfallbeseitigung und Kanalisation;
- Übertragbare Massenkrankheiten: Malaria (1 bis 2 Mio. Tote jährlich), Wurmkrankheiten, Bilharziose, Lepra, Aids;

- Bildung
  - Anteil der Analphabeten an der Bevölkerung über 15 Jahre;
  - Einschulungsrate;

Sozioökonomische Entwicklung

- Übergeordnete Indikatoren
  - BIP pro Kopf; gering, wächst langsam;
  - Anteil der Lohn- und Gehaltsempfänger an der Gesamtzahl der Erwerbstätigen; hohe offene oder verdeckte Arbeitslosigkeit;
- Industrielle Entwicklung
  - Anteil der Beschäftigten im Industriesektor; immer noch gering im Verhältnis zum hohen Anteil in der Landwirtschaft; Investitionsquoten gering;
  - Anteil am BIP und am Export; noch gering;
- Landwirtschaft
  - Viele Erwerbstätige im Primären Sektor;
  - Nahrungsmittelproduktion pro Kopf;
  - Landwirtschaftliche Arbeitsproduktivität pro Kopf; sehr gering; geringer Düngerverbrauch je ha; extensive Anbaumethoden; geringer Maschineneinsatz; viel Subsistenzwirtschaft;
- Dienstleistungssektor
  - Hohe Unterbeschäftigung;
  - Fehlen einer wirksamen Verwaltung;
  - Unzureichende Markt- und Kreditorganisation; Überschuldung; Kapitalflucht: Kleine, reiche Oberschicht legt nicht nur private Gelder in Industrieländern an, statt im eigenen Land zu investieren.
- Technische Entwicklung/Humankapital
  - Zahl der Wissenschaftler/Ingenieure auf 1 Mio. E.; geringe technische Entwicklung; Mangel an qualifizierten Arbeitskräften, Facharbeitern, Ärzten, Lehrern, besonders im Hinterland;
- Benachteiligung und ungesicherte Rechtsstellung der Frauen: übermäßige Arbeitsbelastung, hohe gesundheitliche Risiken, niedriger sozialer Status, geringe Ausbildungsmöglichkeiten, bei Entscheidungen oft von Männern abhängig;
- Schaffung neuer Arbeitsplätze kann mit hohem Bevölkerungswachstum nicht mithalten.

Eigenständigkeit *(self-reliance)*

- Übergeordnete Indikatoren:
  - Höhe des Schuldendienstes; hohe Auslandsverschuldung;
  - Außenhandelsabhängigkeit; negative Handelsbilanz;
  - Beitrag der Auslandsunternehmen zum BIP.
- Handelsabhängigkeit:
  - Exportanteil von Rohstoffen ist hoch; besondere Abhängigkeit, weil Rohstoffe starken Preisschwankungen unterliegen;
  - Exportanteil von Monoprodukten ist hoch; Abhängigkeit von wenigen Bodenschätzen oder Agrarprodukten;
  - Exportanteil von Nahrungsmitteln;
  - Ungünstige *Terms of Trade:* Exportpreisindex dividiert durch Importpreisindex; verschlechtert sich, wenn die importierten Waren hochwertiger und teurer sind als die exportierten Rohstoffe oder einfachen Fertigwaren.
- Eigenständigkeit:
  - Anteil der importierten Technologien ist hoch;
  - Importanteil von Nahrungsmitteln ist hoch.

1.2 Abgrenzung von Staatengruppen

- Der Begriff **„Dritte Welt"** wurde in der Zeit des kalten Krieges geprägt, in dem sich die Machtblöcke der USA (1. Welt) und der Sowjetunion (2. Welt) gegenüberstanden. Die „Blockfreien" wurden als Dritte Welt bezeichnet. Der Begriff ist in der Zeit der politischen Neustrukturierung auf eine multipolare Welt hin nicht mehr sinnvoll. Außerdem lieferte er keine Differenzierung.
- Die Aufteilung in Nord- und Südländer macht wenig Sinn, da im Süden auch hochentwickelte Länder liegen: Australien, Neuseeland und im Norden auch wenig entwickelte Länder: Fragmente der ehemaligen Sowjetunion, Ostmitteleuropa, Griechenland, Portugal, Nordkorea.
- Auch der Begriff Entwicklungsländer ist problematisch, da sich nicht alle EL wirklich entwickeln, sondern zum Teil stagnieren und weil sich natürlich Industrieländer auch entwickeln. Der Begriff ist aber kaum diskriminierend und hat sich allgemein eingebürgert.

Einteilung der OECD

- Der Entwicklungsausschuss der OECD heißt *Development Assistance Committee:* DAC. Er zieht für seine Differenzierung bei der Mittelvergabe folgende Kriterien heran:
  - Pro-Kopf-Einkommen (danach vier Untergruppen),
  - undemokratische Strukturen,

- Verletzung von Menschenrechten,
- Alphabetisierungsraten,
- Mütter- und Kindersterblichkeit.

- Hier sind also auch politische Kriterien enthalten.

Einteilung der Welthungerhilfe

- Kriterien:
  - Anteil der Unterernährten an der Gesamtbevölkerung;
  - Verbreitung von Untergewicht bei Kindern unter 5 Jahren;
  - Sterblichkeitsrate von Kindern unter 5 Jahren.
- Daraus wird ein Index errechnet und eine Bildung von fünf Gruppen vorgenommen.

Einteilung der Weltbank

- Nach dem BIP/Kopf werden drei Gruppen gebildet.
- Die EL finden sich in der 1. und 2. Gruppe.
- Geringe Differenzierung, trotzdem weit verbreitet.

Abb. 1: Die Vierte Welt – Die am wenigsten entwickelten Länder

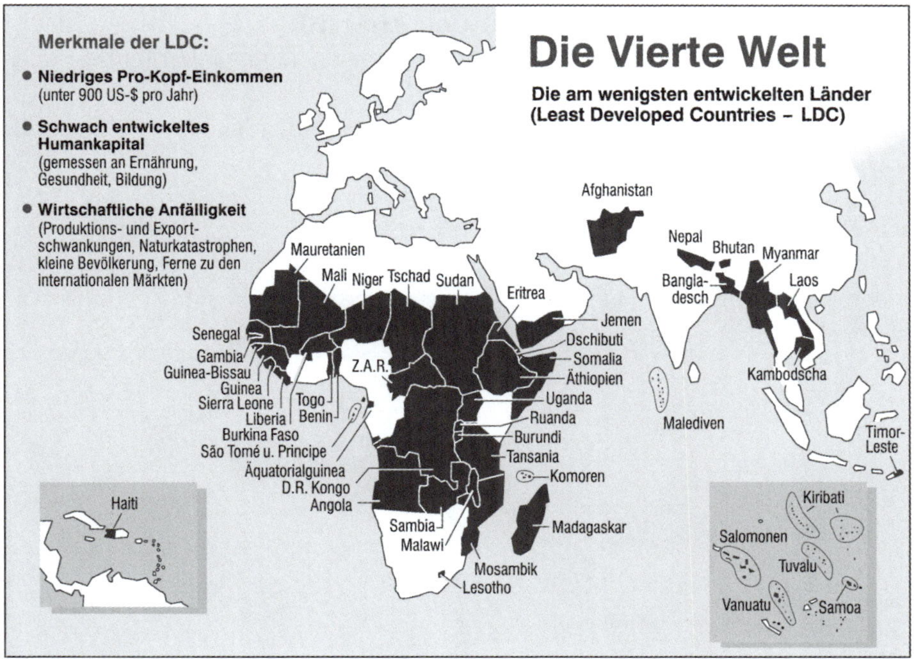

Einteilung durch die Vereinten Nationen

- Das Programm der UN stützt sich auf die menschliche Entwicklung: *Human Development Index:* HDI
- Er wird errechnet aus
  - Lebenserwartung in Jahren;
  - Alphabetisierungsrate in %;
  - BIP/Einwohner in US-$ in Kaufkraftparität;
- Aus der großen Zahl der EL wird die Gruppe der Ärmsten besonders herausgenommen. Es sind die LDC *(Least Developed Countries)*; früher LLDC genannt; ca. 50 Länder;
- Kriterien:
  - BIP/Kopf
  - *Human Assets Index* (HAI): Kalorienzufuhr pro Kopf im Vergleich zum Minimalbedarf; Kindersterblichkeit, Analphabetenrate, Einschulungsrate;
  - Wirtschaftliche Verwundbarkeit = *Economic Vulnerability Index* (EVI): Höhe und Instabilität der Exporte, Instabilität der Agrarproduktion, Anteil des sekundären und tertiären Sektors am BIP;
  - Bevölkerungszahl maximal 75 Mio.; Ausnahme: Bangladesch;

Länder mit besonderem Status

Schwellenländer = *Newly Industrializing Countries* (NIC)

- Wirtschaftlich verhältnismäßig fortgeschritten, in einigen industriellen Teilbereichen bereits zu den IL aufgeschlossen;
- gesellschaftliche und soziale Entwicklung noch zurückgeblieben;
- Gruppe nicht genau umrissen; etwa 25 bis 30 Länder.

Transformationsländer

- Länder aus dem Block der zusammengebrochenen Sowjetunion;
- besondere Schwierigkeiten, weil sie ihr Wirtschaftssystem von der Zentralverwaltungswirtschaft auf die Marktwirtschaft umstellen mussten.

2 Entwicklungstheorien

Unterentwicklung hat viele Ursachen. Daher müssen bei der Analyse der Ursachen und bei der Strategieentwicklung für die Überwindung neben wirtschaftlichen, gesellschaftlichen, geschichtlichen auch kulturelle und räumlich lokale Aspekte berücksichtigt werden. Die nachfolgend dargestellten Theorieansätze fußen auf unterschiedlichen Denkansätzen.

2.1 Geodeterminismus

Er möchte Unterentwicklung durch **ungünstige Naturbedingungen** erklären, z.B. durch

- klimatische Verhältnisse: extreme Niederschlagsverhältnisse und Temperaturen;
- fehlende Ressourcen;
- geographische Lage (Binnenlage, Lage abseits wichtiger Handelswege);
- labile Ökosysteme, etwa in den Tropen;
- ungünstige Böden;
- ungünstiges Relief.

Bewertung:
Die genannten Faktoren beeinflussen sicher die Entwicklung: Es gibt aber viele Beispiele für eine erfolgreiche Entwicklung trotz ungünstiger Naturbedingungen. Als ausschließliche Erklärung für Unterentwicklung wird daher der Geodeterminismus nicht mehr ernst genommen.

Die Modernisierungs- und die Dependenztheorie berücksichtigen wirtschaftliche Gesichtspunkte auf der Makroebene. Sie waren in den 70er Jahren dominierend und haben zu heftigen Kontroversen ihrer Anhänger geführt.

2.2 Modernisierungstheorie

Grundansatz

- EL sind wirtschaftlich, aber auch gesellschaftlich und kulturell rückständig.
- Die Ursachen dafür liegen bei ihnen selbst, sie sind endogen, hausgemacht.
- EL müssen einen Entwicklungsprozess durchlaufen, Modernisierung genannt, die Industrieländer (IL) sind dabei das Vorbild. Die frühere Entwicklung der IL soll nachgeholt werden.

Ursachen

- Das Festhalten an den alten Traditionen verhindert, dass die vorhandenen Möglichkeiten zur Entfaltung kommen.

- Die überkommenen gesellschaftlichen Strukturen, z. B. das Kastenwesen, die Bindung an Stammestradition und Großfamilie sind zu statisch, lassen keine Eigeninitiative zu und müssen aufgelöst werden.
- Fehlende Innovationsbereitschaft; mangelnde Dynamik;

Typische Merkmale
- Wirtschaftlicher Dualismus im eigenen Land: Nebeneinander von traditioneller Subsistenzwirtschaft mit unzulänglichem Werkzeug und modernem Sektor, der technisch fortgeschritten, vom Ausland gesteuert und auf den Export ausgerichtet ist.
- Regionaler Dualismus: Industrielle Zentren neben unterentwickeltem und unbedeutendem Hinterland;
- Sozialer und kultureller Dualismus: eine extrem reiche, im Ausland ausgebildete Oberschicht und die große Masse von Armen ohne ausreichende Schulbildung, oft Analphabeten;

Entwicklungsweg
- Alle Wertvorstellungen, Gesellschaftsstrukturen und Verhaltensmuster müssen verändert und am Beispiel der Industrieländer ausgerichtet werden.
- Das gilt auch für Produktion und Konsum.
- Vollintegration in eine liberale Weltwirtschaft; Liberalisierung statt Protektionismus;
- Die Aushöhlung der liberalen Wirtschaftsordnung durch Schutzzölle, behördliche Einfuhrschikanen und nationale Normen ist zu beseitigen.

Bewertung
- Die einseitige Ursachensuche in den EL selbst klammert Einflüsse von außen aus, etwa Nachwirkungen der Kolonialzeit oder heutige Benachteiligung im Außenhandel.
- Die Fixierung auf das Vorbild der heutigen Industriestaaten ist einseitig. Es kann auch andere Entwicklungswege geben. Möglicherweise werden auch die westlichen Normen von der Bevölkerung nicht angenommen.

2.3 Dependenztheorie

Grundansatz
- Alle Unterentwicklung hat ihre Ursache nicht im Innern eines Landes, sondern kommt von außen (extern). Entwicklung wurde von außen verhindert.
- Die Dependenztheorie knüpft an die marxistische Imperialismustheorie von Lenin und an die Theorie der peripheren Wirtschaft an.
- Unterentwicklung steht nicht am Anfang, sondern ist das Ergebnis des kapitalistischen Entwicklungsprozesses.

Ursachen

- Durch die Einbeziehung der EL als Kolonien in den Weltmarkt und als ungleiche Partner ins gegenwärtige Weltwirtschaftssystem sind die EL in eine strukturelle Abhängigkeit geraten. Das bedeutet Unterentwicklung.
- Die EL bilden die Peripherien, die IL die dominierenden Zentren oder Metropolen.
- Die Peripherien können nicht nach eigenen Bedürfnissen produzieren, sondern müssen sich nach den Wünschen der Metropolen richten. Produktion für den Weltmarkt statt für das eigene Land.
- Ressourcen wurden und werden aus den EL abgezogen (Ausbeutung).

Merkmale

- Neben die wirtschaftliche tritt die politische, soziale und kulturelle Abhängigkeit.
- Entwicklungsländer haben räumliche Disparitäten wegen der „kolonialen Brückenköpfe".
- Die gesellschaftlichen Disparitäten zeigen wenige Reiche und viele Arme.

Zentrum-Peripherie-Modell als Beispiel einer Dependenztheorie

Abb. 2: Zentrum-Peripherie-Modell

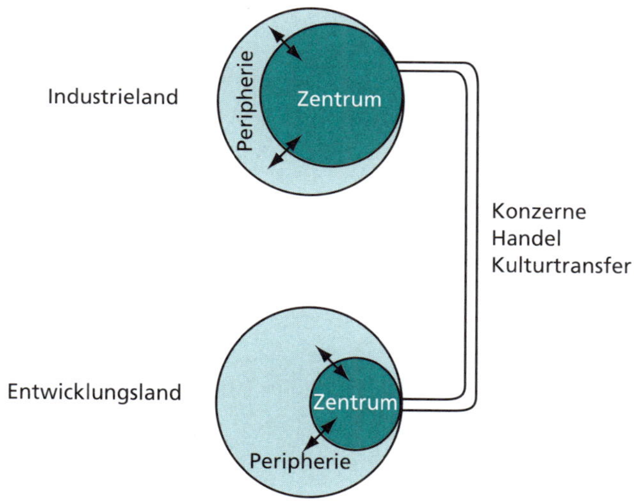

- Die Welt besteht aus **Zentrumsnationen (IL) und Peripherienationen (EL)**.
- Der Austausch zwischen ihnen folgt ungleichen Voraussetzungen: Ein EL kann nur wenige, einfache Güter anbieten, meist Rohstoffe, für die ein geringer Erlös zu erzielen ist, ein IL produziert hochwertige, technologieintensive Produkte. Das verfestigt die Ungleichheit.
- Auch innerhalb der Länder gibt es Zentren und Peripherien. Die Zentren sind Ansammlungen von Kapital, Industrie und Macht. Die Peripherien sind in den IL geographisch die Randgebiete, Passivräume, sozial die Randgruppen, alte Menschen,

Gastarbeiter. In den EL werden die großen Peripherien dargestellt durch das Hinterland, die vernachlässigte Landwirtschaft und sozial durch die große Menge der Landflüchtigen, Arbeitslosen und Slumbewohner.

- Die IL besitzen in den Zentren der EL einen Brückenkopf. Das sind die politischen und wirtschaftlichen Führungseliten, die zum eigenen Vorteil mit den Zentren der IL kooperieren. Dadurch werden die Zentren der EL zu Unterzentren der IL, sie stehen in Abhängigkeit von den IL.
- Dagegen besteht ein Spannungsverhältnis zwischen den Zentren und Peripherien innerhalb der Länder und zwischen den EL und IL insgesamt.

Entwicklungsweg

- Vorübergehende Abkoppelung vom Weltmarkt →
- dann kann eine autozentrische Entwicklung anfangen; dabei muss man die eigenen Stärken und Potenziale zur Geltung bringen. Die heimische Industrie kann in der Zwischenzeit konkurrenzfähig werden.
- Die Abkoppelung kann auch auf einen Teilraum oder einen Sektor der Wirtschaft beschränkt werden.

Bewertung

- Der Begriff der Abhängigkeit ist nicht exakt zu fassen.
- Viele EL waren nie oder nur ganz kurz Kolonialländer, etwa Äthiopien, Liberia, Nepal, konnten sich aber trotzdem nicht erfolgreich entwickeln. Umgekehrt konnten sich Langzeitkolonien wie Hongkong, Singapur zu sehr erfolgreichen Wirtschaftsräumen entwickeln, ebenso die „weißen Kolonien“ Kanada, Südafrika und Australien.
- Die Fixierung auf externe Abhängigkeit als Ursache ist monokausal, einseitig und vereinfacht ebenso wie die Modernisierungstheorie.

Anmerkung zu beiden Theorien

- Die Modernisierung und die Dependenztheorie gelten seit den 90er Jahren als gescheitert, weil sie Unterentwicklung nur monokausal erklären. Man nimmt heute eine Verknüpfung von endogenen und exogenen Faktoren an.
- Trotzdem bleibt festzuhalten, dass in beiden Theorien Einzelargumente stecken, die niemand bestreiten kann.

2.4 Theorie der fragmentierenden Entwicklung (nach Scholz)

(nach Fred Scholz: Entwicklungsländer, Braunschweig 2006, S. 87-91)

Ausgangsbeobachtungen

- Die Globalisierung mit ihrer Liberalisierung der Märkte verspricht Teilhabe aller, auch der Entwicklungsländer als Ganzes, an dem wirtschaftlichen Aufholprozess. Alle gesellschaftlichen Gruppen seien einbezogen und könnten Hoffnung auf steigenden Wohlstand und soziale Gerechtigkeit haben.
- Die Realität zeigt aber, dass die Inwertsetzung der Länder des Südens anders verläuft. Ihre Funktion heute: Standorte ausgelagerter Industrieproduktion (verlängerte Werkbänke), die auch rasch weiterverlagert werden können; Anbieter von Rohstoffen und Dienstleistungen; Lieferanten von meist einfachen, seltener hochtechnisierten Massenerzeugnissen. Damit sind sie eingebunden in die Ströme des weltweit agierenden Kapitals.
- Folgen: räumliche und soziale Disparitäten, Arbeitslosigkeit, Armut, Hunger, Migration, Flucht;
- Rolle von wirtschaftlichen Akteuren und Nationalstaaten: Die weltweite übermäßige Konkurrenz kennt als Maßstab nur den wirtschaftlichen Erfolg, kaum den Gedanken der Solidarität und der sozialen Verpflichtung. Nationalstaaten verlieren immer mehr an regulierender Macht, sollen aber die sozialen Folgelasten (Armut, Arbeitslosigkeit) tragen.

Abb. 3: Fragmentierende Entwicklung

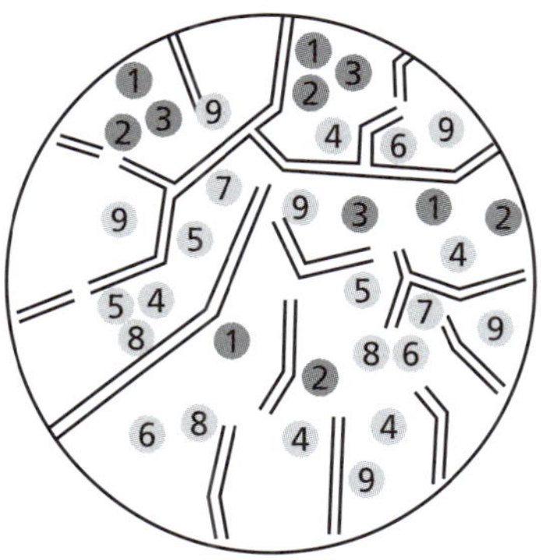

Acting global cities, Inseln des Reichtums
... globale „Orte"

1 Kommandozentralen
2 High-Tech-Produktions-, Forschungs-, Innovationszentren
3 Fordistische Industriezonen

Affected global cities, *Atlantis-like-islands*
... globalisierte „Orte"

4 High-Tech-Dienstleistungen
5 Auslagerungsindustrie
6 Billiglohn-, Konsumgüterproduktion
7 Rohstoff-, Nahrungsmittelerzeugung
8 Kinderarbeit, informeller Sektor
9 Freizeit-, Tourismusgewerbe

Ocean of poverty
... neue Peripherie

„neuer Süden"

Heutige Raumstrukturen im Modell globaler Fragmentierung

- **Inseln des Reichtums:** Globale „Orte“ sind die Schaltstellen des globalen Wirtschaftsgeschehens; das können große Städte wie New York, Tokio oder Aufsteigerregionen wie Silicon Valley oder wichtige europäische Industrieregionen sein. Sie beinhalten die Zentralen der transnationalen Unternehmen, die Großbanken und die alten Industrieunternehmen, soweit sie hochwertige Qualitätsgüter herstellen.
- **Globalisierte Orte**: Sie sind eingebunden in das globalisierte Wirtschaftsgeschehen, aber abhängig und von außen gesteuert. Dazu gehören: Hightech-Dienstleistungszentren (Bangalore in Indien); Freihandelszonen, etwa in Taiwan, Panama; Billiglohnländer (China, Tschechien); wichtige Rohstoffregionen in Russland, im Nahen Osten; Tourismuskonzentrationspunkte.
- **Meer der Armut:** die neue Peripherie; von den Inseln des Reichtums bruchhaft abgesondert; es sind alle übrigen Teile der Welt, die sich um Standorte bemühen, aber bisher erfolglos geblieben sind. Nach Fläche und Bevölkerungszahl umfassen sie den weitaus größten Teil der Welt, auch die Passivregionen von Industrieländern können dazu gehören.
- In den Millionenstädten der Entwicklungsländer können globalisierte Orte in den Zentren unmittelbar an die neue Peripherie mit Slumvierteln grenzen.
- **Ergebnisse:**
  - Weil das räumliche Nebeneinander von integrierenden und fragmentierenden Prozessen in den meisten weniger entwickelten Staaten, aber auch in Industriestaaten nicht zu übersehen ist, stellt sich der Datenbezug auf Nationalstaaten als zunehmend problematisch heraus. Konkretes Beispiel: Das Bruttoinlandsprodukt eines Landes sagt nichts über die räumliche Verteilung und nichts über den wirtschaftlichen Status der Gesamtbevölkerung aus (wegen sozialer Disparitäten).
  - Prinzipiell haben fragmentierte Länder/Regionen/Bevölkerungsgruppen und Einzelpersonen die Chance, aus ihrer Misere herauszukommen, aber die Aussichten für dauerhafte Lösungen sind nicht sehr groß.

3 Entwicklungsstrategien verändern sich

(zum Teil nach Franz Nuscheler: Entwicklungspolitik, J.H.W Dietz Nachf. 2004)

3.1 Wachstumsstrategie

- Sie ist die der Modernisierungstheorie adäquate Strategie.
- **Grundgedanke:** Entwicklung = wirtschaftliches Wachstum; folglich braucht man Kapitalzufuhr, dann folgen die EL dem Beispiel der Industrieländer; die Einbindung in den Weltmarkt markiert den Beginn der Modernisierung.
- Die Förderung von wirtschaftlicher und sozialer Entwicklung war bis in die 70er Jahre der Kern der Entwicklungspolitik und ist es für viele bis heute geblieben.
- Trotz Wirtschaftswachstum ist aber die Armut weiter Bevölkerungskreise sogar noch gewachsen.
- 1969 legte der vom Weltbankpräsidenten beauftragte kanadische Ministerpräsident **Lester Pearson** seinen Bericht vor, in dem er mit der Entwicklungspolitik der vergangenen 20 Jahre scharf abrechnete: „Ein Großteil der bilateralen Entwicklungshilfe diente tatsächlich dazu, kurzfristige politische und strategische Vorteile zu erlangen oder Exporte der Geberländer zu fördern."
- Seine Hauptargumente waren folgende:
  - Die Gleichsetzung von Unterentwicklung und Kapitalmangel ist falsch. Kapitalzufuhr von außen kann zwar Wachstum fördern, aber nicht automatisch die Entwicklung.
  - Die Meinung, dass das Wachstum mit gewisser Verzögerung auch die Armen und die abgelegenen Regionen erreicht, ist falsch. Diesen „Sickereffekt" gibt es nicht.
  - Die Hoffnung, dass die Einbeziehung der EL in den Weltmarkt eine verstärkte Nachfrage aus den Industrieländern auslösen würde, hat sich nicht erfüllt.
- 1973 stellte der Weltbankpräsident McNamara fest, dass die Wachstumsförderung vor allem den reichsten 40% der Bevölkerung in den EL zugute gekommen sei. Man müsse als neue Strategie besonders den Kampf gegen die Armut führen.

3.2 Strategie der Armutsbekämpfung

- Damit war die **Grundbedürfnisstrategie** ins Zentrum gerückt.
- Die Eliten der EL waren skeptisch, weil sie um ihre Industrialisierungspläne fürchteten und sich immer häufiger mit Forderungen nach Umwelt- und Sozialverträglichkeit konfrontiert sahen.
- Sie forderten eine neue Weltwirtschaftsordnung.
- Aber eine Wirtschaftskrise machte viele Hoffnungen zunichte: die Rohstoffpreise sanken und damit die Exporterlöse. Die Verschuldung nahm riesige Ausmaße an,

besonders betroffen: die ärmsten Länder. Daher werden die 80er Jahre von vielen als das „verlorene Jahrzehnt“ bezeichnet.
- Es gab aber auch Gewinner: Die vier „kleinen Tiger“ Taiwan, Südkorea, Singapur, Honkong und daneben die Volksrepublik China erlebten einen Aufschwung.
- Den Ausweg aus der Krise sollte eine neoliberale Neuorientierung bringen.

3.3 Der neoliberale Ansatz

- Im **„Konsens von Washington“** wurden die neuen Grundsätze fixiert.
- Die Grundbedürfnisstrategie verschwand aus den Richtlinien und wurde durch neue Schlagworte ersetzt: Entstaatlichung, Deregulierung, Liberalisierung, Freisetzung der schöpferischen Marktkräfte, Abbau von Zöllen.
- In der Schuldenkrise wurden aber auch wirkliche Probleme offenbar, die man sinnvollerweise durch liberale Maßnahmen bekämpfen musste: Misswirtschaft in Staatsbetrieben, Allmacht von Behörden, Korruption, Lähmung der Privatinitiative.
- Die Vertreter des Neoliberalismus konnten aber nicht klären, wie die Marktwirtschaft funktionieren sollte, wenn
  - eine investitionsbereite Unternehmerschicht fehlt,
  - die ärmste Bevölkerungsschicht nicht in der Lage ist, Produkte auf dem Markt anzubieten.
- Der liberale Geist hat zwar einige Missstände beseitigt, aber die Situation der Ärmsten nicht verbessert. Daher kommt erneut Kritik auf.
- Vordenker ist der Chefökonom der Weltbank, **Joseph Stiglitz**, der wegen seiner Kritik an der neoliberalen Entwicklungspolitik seinen Job verlor, allerdings später den Nobelpreis erhielt.

3.4 Das Konzept der nachhaltigen Entwicklung

- Die politischen, wirtschaftlichen und sozialen Rahmenbedingungen müssen sich ändern: demokratische Strukturen sind aufzubauen und die natürlichen Lebensgrundlagen müssen erhalten werden.
- Im Mittelpunkt stehen drei Ziele:
  - produktives Wirtschaftswachstum auf der Basis einer marktorientierten Wirtschaftsordnung;
  - soziale Gerechtigkeit, die von einem handlungsfähigen Staat angestrebt wird;
  - ökologische Nachhaltigkeit.
- Stiglitz verlangt dabei, dass der Staat nicht nur den Rahmen abstecken darf, sondern notfalls regulieren und intervenieren muss.

F Bevölkerungsentwicklung und Verstädterung

1 Ungleiche Verteilung und ihre Ursachen

1.1 Gegenwärtige Verteilung

- Die **dünnste Besiedlung** weisen die polaren und subpolaren Zonen auf.
- Es folgen die Wüstenräume der Erde: Sahara, Kalahari, Arabische Halbinsel, innerasiatische Wüstengebiete, Inneres Australiens.
- Ebenfalls noch sehr dünn sind die borealen Nadelwälder der Nordhalbkugel in Kanada und in Russland besiedelt.
- Ähnliches gilt für die tropischen Regenwälder Südamerikas, teilweise auch Afrikas.
- Die **höchsten Dichtewerte** zeigen Ostasien, Südasien, Java, die Flussoase Nil, die wirtschaftlichen Kernräume Europas und Nordamerikas und einige Küstenräume Südamerikas.

1.2 Ursachen der ungleichmäßigen Verteilung weltweit

Klimatische Faktoren

- **Extreme Kälte** oder gar Vereisung erschwert die Besiedlung, macht Ackerbau unmöglich und zwingt auf Jagd oder Fischfang auszuweichen, was aber keine dichte Besiedlung zulässt.
- **Extreme Trockenheit** verhindert ebenso Anbaumöglichkeit, daher sind Wüstengebiete kaum besiedelt. Sonderfall Oasen, auch Flussoasen wie der Unterlauf des Nil; sie zeigen, dass hohe Temperaturen allein kein Hinderungsgrund für dichte Besiedlung sind.
- **Feuchtheißes Klima** wie in den tropischen Regenwäldern stellt einen begrenzenden Faktor dar.
- **Optimal:** Wärme bei ausreichender Feuchtigkeit.

Böden

- Fehlende oder zu geringe Humusdecke behindert den Anbau: Wüstenböden; Podsolböden in der Taiga Kanadas oder Russlands.
- Dauerfrostboden im Untergrund führt zur Staunässe.

- Fruchtbare Böden begünstigen den Anbau: Schwemmlandböden in den großen Flussniederungen; fruchtbare vulkanische Böden auf Java.

Dauer der Vegetationsperiode
- Schränkt Anbau ein, wenn sie zu kurz ist: in hohen Breiten und im Hochgebirge.
- Ganzjährige Wachstumsperiode wie in den Regionen um den Äquator stellt ein Optimum dar.

Zwischenergebnis
- Naturfaktoren spielen bei weltweiter Betrachtung durchaus eine Rolle.
- Sehr oft wirken mehrere Faktoren zusammen und überlagern sich: Die Tundrengebiete leiden unter der Kälte, den schlechten Böden, dem Dauerfrostboden im Untergrund und der kurzen Vegetationsperiode.
- In der Gangesebene gibt es fruchtbare Böden, ausreichend Wasser und Wärme.

Historischer Aspekt
- Die Einwanderer in die USA kamen über den Nordosten ins Land; heute noch höchste Dichtewerte. Australien wurde erst spät entdeckt und besiedelt.
- In den USA verlagert sich der Siedlungsschwerpunkt immer mehr nach Westen.
- Die unterschiedliche Wachstumsrate führt zu einer Verlagerung: Um 1950 wohnte noch ein Drittel aller Menschen in den Industrieländern, 2050 werden es nur noch 12,5 % sein.

Höhenlage
- Tieflagen sind günstig als Siedlungsräume, Hochgebirge ungünstiger.
- Ausnahme: In den Hochlagen Südamerikas ist ein Siedlungsschwerpunkt wegen des günstigeren Klimas.

Abstand zur Küste
- Küstennahe Räume sind dichter besiedelt,
- Räume im Innern der Kontinente geringer.

Folgerungen
- Obwohl Naturfaktoren immer noch die Bevölkerungsdichte deutlich beeinflussen, lässt sich erkennen, dass sich der siedelnde Mensch immer mehr von den Vorgaben der Natur löst.
- Mit fortschreitender Entwicklung nimmt die Abhängigkeit von der Natur ab: Sammler und Jäger; Ackerbauer und Viehzüchter; Mensch in der Industrialisierungsphase und in der postindustriellen Welt.
- Gewinnung von Bodenschätzen führt zur Erschließung neuer Räume.
- Anlage neuer Verkehrswege bringt Bevölkerungsverlagerung: Eisenbahnbau im Westen der USA; Bau der Transsibirischen Eisenbahn.

Abb. 1: Bevölkerungsverteilung nach Küstenabstand, Klimaregion und Höhenstufen

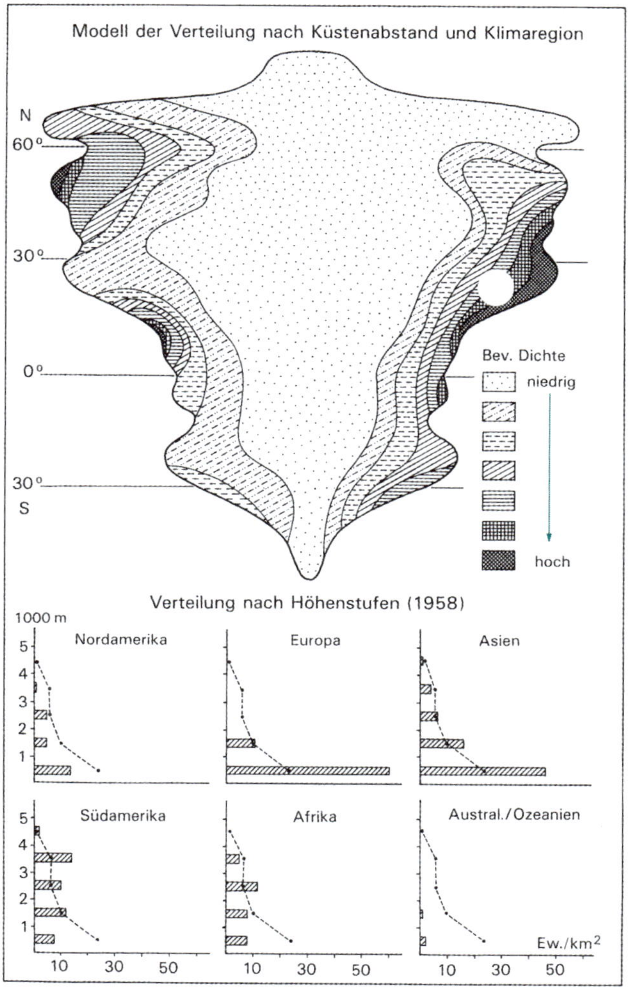

1.3 Analyse von Regionen

Veränderte Wirtschaftsbedingungen schaffen neue Situationen:

- Industrialisierung im Ruhrgebiet schuf den größten Ballungsraum Europas.
- Wirtschaftliche Agglomeration im Raum Tokio/Yokohama ließ den größten Ballungsraum der Erde entstehen.
- Bessere Lebens- und Arbeitsbedingungen lassen die städtischen Räume anwachsen und dünnen das Hinterland aus (Landflucht), was besonders deutlich in Entwicklungsländern ist.

2 Bevölkerungsentwicklung in Raum und Zeit

2.1 Natürliche Bevölkerungsbewegung

Grundbegriffe

- Die Bevölkerungsbewegung setzt sich aus zwei Bereichen zusammen:

Natürliche Bevölkerungsbewegung	Räumliche Bevölkerungsbewegung
Geburtenzahl	Zuwanderung
Sterbefälle	Abwanderung

- Statistische Angaben beziehen sich immer auf einen bestimmten Raum (Ort, Region, Land, Kontinent, Welt) in einer bestimmten Zeit.
- Für manche Zwecke ist es günstiger, statt der absoluten Zahl eine relative Angabe zu machen, also eine **Bezugsgröße** einzubeziehen, damit eine Vergleichbarkeit hergestellt werden kann. Dies gilt für Geburten- und Sterberaten, die manchmal synonym mit Geburtenziffern und Sterbeziffern verwendet werden.
- (Rohe) **Geburtenrate**: Die Anzahl der lebendgeborenen Kinder in einem Raum in einem Jahr bezogen auf 1000 Einwohner der Bevölkerung (also in Promille). Wert ist vom Altersaufbau der Bevölkerung abhängig.
- (Rohe) **Sterberate**: Die Anzahl der Gestorbenen in einem Raum in einem Jahr bezogen auf 1000 Einwohner der Bevölkerung (in Promille). Wert ist vom Altersaufbau einer Bevölkerung abhängig.
- **Geburtenüberschussziffer**: Geburtenrate minus Sterberate.
- **Natürliche Wachstumsrate**: Veränderung der Bevölkerungszahl zwischen zwei Zeitpunkten in % ohne Berücksichtigung der Zu- und Abwanderung;
- **Generatives Verhalten**: Das Gesamtverhalten, das letztlich die Geburtenhäufigkeit bestimmt. Dazu gehören
  - Heiratsalter,
  - Heiratshäufigkeit,
  - Betreiben einer bewussten Familienplanung; Abtreibungen,
  - Totale Fertilitätsrate/Gesamtfruchtbarkeitsrate TFR *(total fertility rate)*: Zahl der Kinder, die eine Frau durchschnittlich im Laufe eines Lebens theoretisch unter den gegenwärtigen Bedingungen bekommen würde;
- Lebenserwartung bei der Geburt. Ihr Ansteigen hat die zunehmende Überalterung in den Industrieländern zur Folge.
- **Reproduktionsniveau**: Die Anzahl der Geburten je Frau, bei der die Bevölkerungszahl gleich bleibt. In entwickelten Ländern mit niedriger Säuglingssterblichkeit liegt dieser Wert bei 2,1.

2.2 Die weltweite Bevölkerungsentwicklung

Wachstum als Herausforderung

Je stärker das Wachstum, desto größer werden die Herausforderungen für die Zukunft:

- Wasserknappheit in vielen Erdregionen,
- Rohstoffverknappung, besonders Energiemangel,
- Mangel an Nahrungsmitteln,
- Klimaveränderung durch CO_2-Ausstoß,
- Schädigung der ökologischen Systeme,
- Gefährdung der Biodiversität,
- Wachsende Armut,
- Soziale und politische Konflikte im nationalen und internationalen Bereich.

Abb. 2: Bevölkerungsentwicklung seit dem Neolithikum

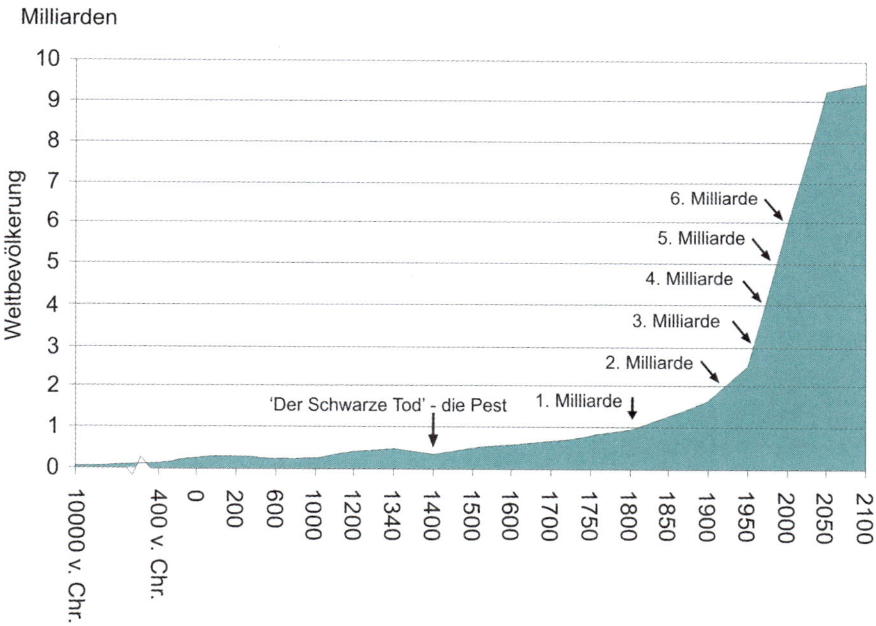

- Der kräftige Anstieg der Weltbevölkerung im 19. und die „Bevölkerungsexplosion" im 20. Jahrhundert sind die auffälligsten Erscheinungen.
- Auch wenn die absolute jährliche Zunahme bereits wieder zurückgeht, wächst die Gesamtzahl der Menschen weiter. Ein Einpendeln bei 9 Mrd. stellt ein mittleres Szenario dar.
- Aufschlussreich ist der Zusammenhang zwischen dem jährlichen Bevölkerungswachstum und dem Entwicklungsstand der Ländergruppen in den letzten 60 Jahren und in der Zukunft.

Abb. 3: Absolute jährliche Zunahme der Weltbevölkerung je Dekade 1750–2050

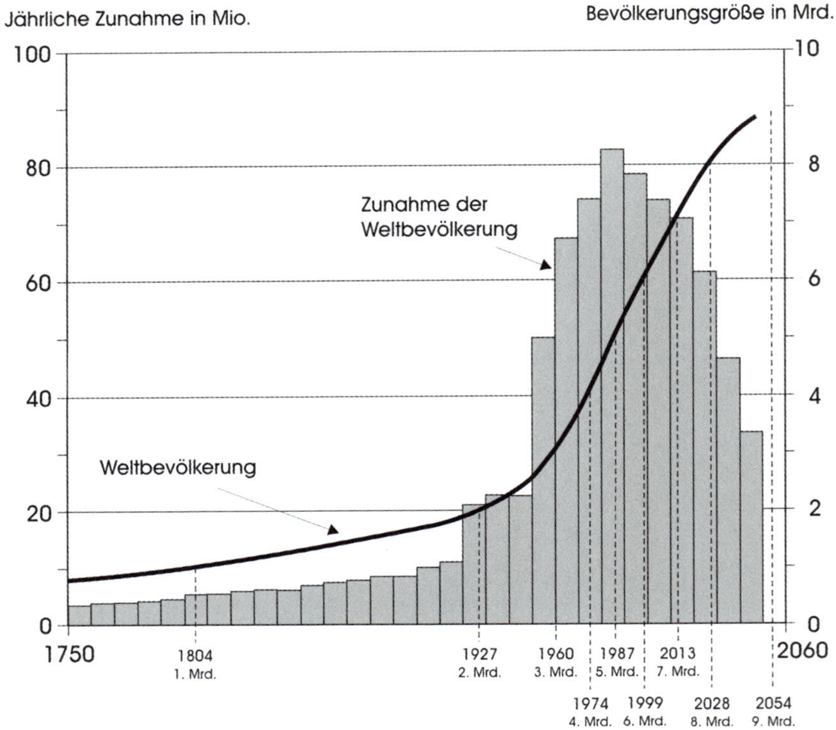

Abb. 4: So wächst die Weltbevölkerung

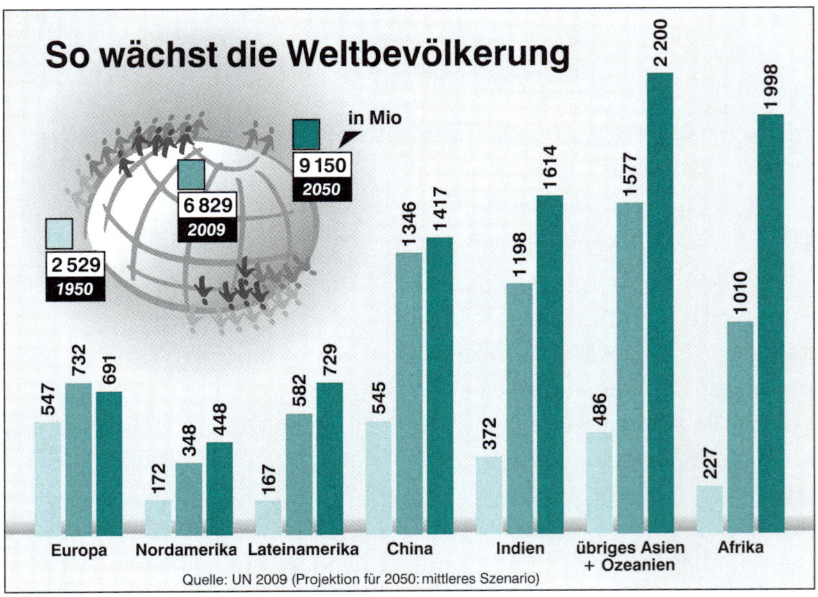

2.3 Modell des demographischen Übergangs

Der historische Prozess des Übergangs von hohen zu niedrigen Geburten- und Sterberaten.
Das Modell wurde auf Grund der Aufzeichnungen aus England und Wales entwickelt und umfasst die natürliche Bevölkerungsentwicklung.
Man unterscheidet 4 oder 5 Phasen.

Phase 1

- Geburten- und Sterberaten liegen beide sehr hoch (zwischen 30 und 40 Promille).
- Besonders die Sterberate schwankt, bedingt durch Hungersnöte, Seuchen, Kriege und kann zeitweise über die Geburtenrate ansteigen.
- Die Bevölkerung wächst im Durchschnitt sehr langsam.

Phase 2

- Die Sterberate sinkt deutlich. Die Geburtenrate bleibt hoch oder wächst sogar noch leicht. Die Bevölkerungsschere öffnet sich.
- Daraus resultieren ein kräftiges Ansteigen der Geburtenüberschussziffer und damit ein Wachstum der Bevölkerung.

Phase 3

- Die Geburtenrate beginnt deutlich zu sinken. Das gilt auch für eine Zeit, als noch keine modernen Verhütungsmittel zur Verfügung standen.
- Die Sterberate sinkt ebenfalls, pendelt sich aber langsam auf niedrigem Niveau ein (10 bis 20 Promille).
- Die Zuwachsrate erreicht ihr höchstes Niveau.

Phase 4

- Die Geburtenrate sinkt weiterhin rasch ab.
- Die Sterberate verharrt auf niedrigem Niveau. Die Bevölkerungsschere schließt sich.
- Die Zuwachsrate sinkt; die Gesamtbevölkerung steigt aber weiterhin kräftig an.

Phase 5

- Geburten- und Sterberate haben ein sehr niedriges Niveau erreicht.
- Die Geburtenrate kann zeitweise auch unter der Sterberate liegen, wodurch die Zuwachsrate unter Null sinken kann. Die Gesamtbevölkerung stagniert auf hohem Niveau.

Abb. 5: Modell des demographischen Übergangs

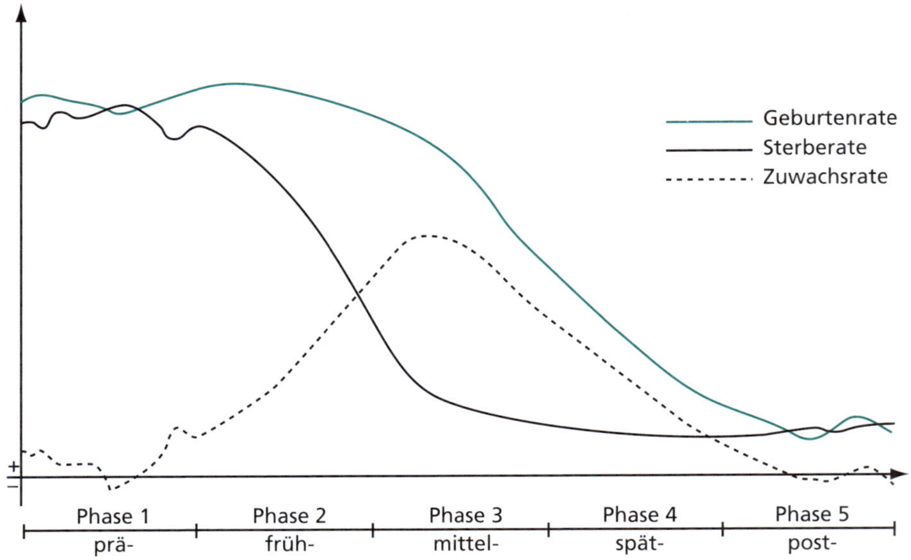

- Je später sich die Bevölkerungsschere öffnet, desto kürzer ist die Übergangsphase.
- Das Modell ist idealtypisch, stimmt aber mit dem tatsächlichen Verlauf nicht immer überein. Am ehesten trifft es auf Europa, Nordamerika, Australien und Japan zu.
- Es hat aber **Vorteile**:
  - Die Entwicklung der Geburten- und Sterberaten lässt sich gut beschreiben.
  - Man kann den demographischen Entwicklungsstand eines Landes feststellen.
  - Eine gewisse Prognose für die künftige Entwicklung lässt sich stellen.
- **Grenzen der Aussagekraft:**
  - Schon in den Industrieländern war die Dauer des Übergangs sehr unterschiedlich: England 200 Jahre, Schweden 130 Jahre, Niederlande 100 Jahre, Deutschland 70 Jahre.
  - Die Prognose für die Zukunft hängt von verschiedenen Faktoren ab (wirtschaftliche, kulturelle und soziale Situation) und bleibt daher unsicher.
  - Eine Übertragung auf Entwicklungsländer ist zwar möglich, aber Dimension und Geschwindigkeit können sehr stark abweichen.
  - Die Entwicklung Russlands und einiger Transformationsstaaten Osteuropas mit hohen, steigenden Sterberaten und sinkenden Geburtenraten fügt sich nicht in das Modell ein. Auch einige von Aids betroffene Staaten Afrikas zeigen einen abweichenden Verlauf.

Abb. 6: Vergleich des demographischen Übergangs zwischen Schweden und Mexiko

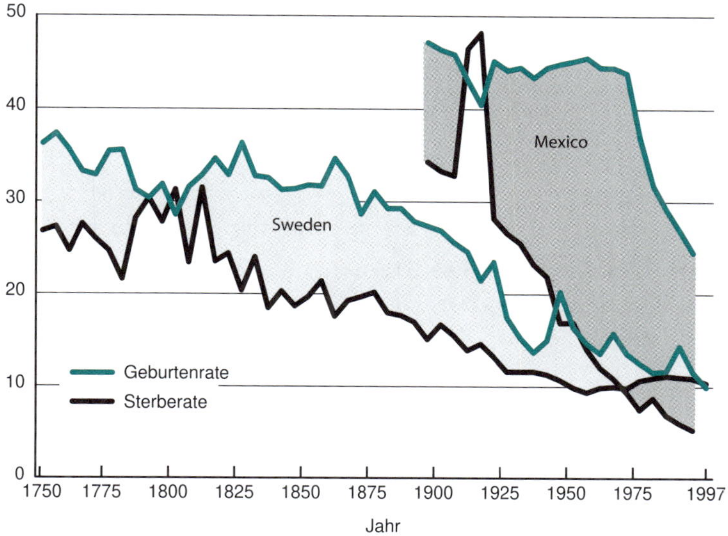

- Der Vergleich zwischen Schweden und Mexiko zeigt, dass der Übergang in Entwicklungsländern schneller abläuft, dass die Geburtenraten in der Ausgangssituation höher liegen und viel rascher absinken. Auch die Sterberaten sinken rascher ab. Die Geburtenüberschussziffer ist deutlich höher als in Schweden, daher wächst die Bevölkerungszahl viel rascher an.

2.4 Gründe für sinkende Sterberaten

- Steigerung der Nahrungsmittelproduktion;
- Verbessertes Transportwesen und damit Vermeidung von lokalen Hungersnöten;
- Fortschritte in der Medizin: Impfungen, Bekämpfung von Infektionskrankheiten;
- Fortschritte in der Hygiene: Trinkwasserversorgung, Abwasserbeseitigung, Müllbeseitigung.

2.5 Bedeutung der Geburtenentwicklung

Zum Teil nach Paul Gans: Globales Bevölkerungswachstum – Trends, Strukturen, regionale Unterschiede. Mitteilungen der Geographischen Gesellschaft München 90/2008.

- Da sich die Geburtenrate auf die Gesamtzahl einer Bevölkerung bezieht, ist sie nicht so aussagekräftig wie die Totale Fruchtbarkeitsrate (= durchschnittliche Geburtenzahl je Frau im Laufe ihres Lebens). Diese Rate sinkt in den EL viel rascher als das in den IL der Fall war.

- Geburtenrückgang wurde erstmals im Zusammenhang mit der Industrialisierung und der Verstädterung beobachtet.

Die Entwicklung der Totalen Fruchtbarkeitsrate nach Kontinenten (Quelle: *World Population Prospects* 2004 Rev.)

	Afrika	Asien	Europa	Lateinamerika und Karibik	Nordamerika	Ozeanien
1970 – 1975	6,7	5,0	2,2	5,1	2,0	3,2
2000 – 2005	5,0	2,5	1,4	2,6	2,0	2,3

Gründe für den Rückgang der Geburten:

- In **traditionellen Gesellschaften** bedeutet eine große Kinderzahl: soziale Absicherung, Prestige und billige Arbeitskräfte, also Reichtum. Eltern haben einen Nutzen von Kindern. Der Reichtumstransfer geht von den Kindern auf die Eltern.
- In **modernen Gesellschaften** haben sich die wirtschaftlichen, rechtlichen und sozialen Voraussetzungen geändert. Kinder sind ein Kostenfaktor geworden. Wer seinem Nachwuchs gute Lebenschancen bieten will, muss wegen der damit verbundenen hohen Kosten seine Kinderzahl beschränken. Der Reichtumstransfer geht von den Eltern auf die Kinder.
- **Zusammenfassung:** „Der (ökonomische) Wert der Kinder sank, da Kinder nicht mehr als billige Arbeitskräfte zur Verfügung standen (Schulpflicht, Verbot der Kinderarbeit, Rückgang der arbeitsintensiven Landwirtschaft), da Kinder nicht mehr zur Sicherung der Eltern benötigt wurden (Einführung der Rentenversicherung, Herausbildung des Wohlfahrtsstaates) und die Kinder zunehmend Kosten verursachten (Ausbildung)." (Höhn: Weltbevölkerung – Wachstum ohne Ende, S.6)
- **Frauen** mit besserer Schulbildung gewinnen einen höheren sozialen Status, entscheiden selbst über Heirat und Zahl ihrer Kinder; sie können weniger Kinder besser betreuen. Sie üben häufiger eine Berufstätigkeit aus, die in Konkurrenz zu weiterem Kinderwunsch steht. „Bildung von Frauen fördert das Aufbrechen traditioneller generativer Verhaltensweisen..." (Paul Gans).
- Der Einfluss von Wirtschaftskraft und Verstädterung bleibt gegenüber diesen gesellschaftlichen Veränderungen zurück, kann sie aber fördern.

2.6 Altersaufbau

Der Altersaufbau (Altersstruktur) einer Bevölkerung hängt eng mit dem demographischen Übergang zusammen. In ihm spiegeln sich auch geschichtliche Ereignisse wie Kriege, Zeiten wirtschaftlichen Aufschwungs oder gesellschaftliche Änderung wider.

Konstruktion einer Alterspyramide

Auf der y-Achse sind die Altersstufen angeordnet, entweder für jedes einzelne Jahr oder zusammengefasst in 5- oder 10-Jahresgruppen.

Auf der x-Achse sind nach rechts die weiblichen und nach links die männlichen Mitglieder einer Gesellschaft aufgetragen. Die Werte auf der x-Achse sind entweder in absoluten Zahlen oder in Prozentzahlen der Gesamtbevölkerung angegeben.

Abb. 7: Grundformen der Alterspyramiden

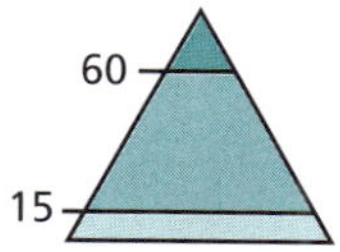

Dreiecksform (gleichschenkliges Dreieck): über längere Zeit konstante hohe Geburtenhäufigkeit (Fertilität) sowie Sterbevorgänge (Mortalität), mit dem Alter zunehmend; geringe Bevölkerungszunahme aufgrund hoher Mortalität.

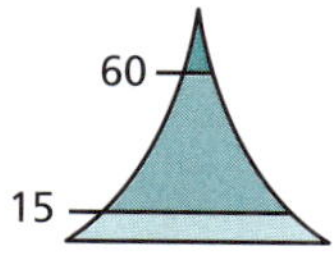

Pyramidenform: (mit verbreiterter Basis und geschwungenen Seiten): hohe Geburtenüberschüsse bedingen ein rasches Bevölkerungswachstum.

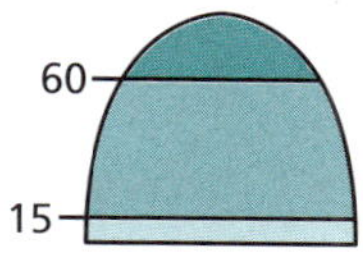

Bienenkorbform: annähernd gleichbleibende (stationäre) Bevölkerung; über längere Zeit gleichbleibende niedrige Geburten- und Sterberaten, verbunden mit hoher Lebenserwartung.

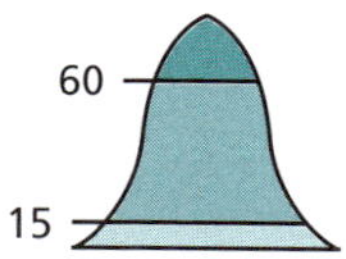

Glockenform: aufgrund des Ansteigens der Geburtenzahlen bei gleichbleibend niedriger Sterblichkeit beginnt die stationäre Bevölkerung wieder zu wachsen.

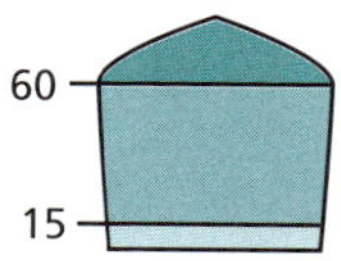

Urnenform: bei hoher Lebenserwartung und kontinuierlich abnehmenden Geburtenzahlen schrumpft die Bevölkerung über lange Zeit.

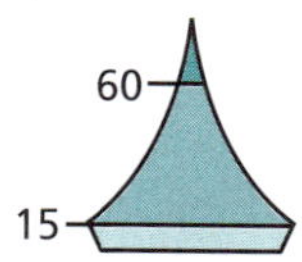

Tropfenform: abrupt einsetzender Geburtenrückgang

Anteil von Männern und Frauen

- In Kriegen kommt es durch Tötung von Soldaten zum Frauenüberschuss in bestimmten Altersgruppen.
- Es werden etwas mehr Jungen als Mädchen geboren (1,05 : 1; in Kriegen noch ausgeprägter).
- Infolge der höheren Lebenserwartung von Frauen gibt es im hohen Alter einen Frauenüberschuss.

Abb. 8: Veränderung der Alterspyramiden in Deutschland

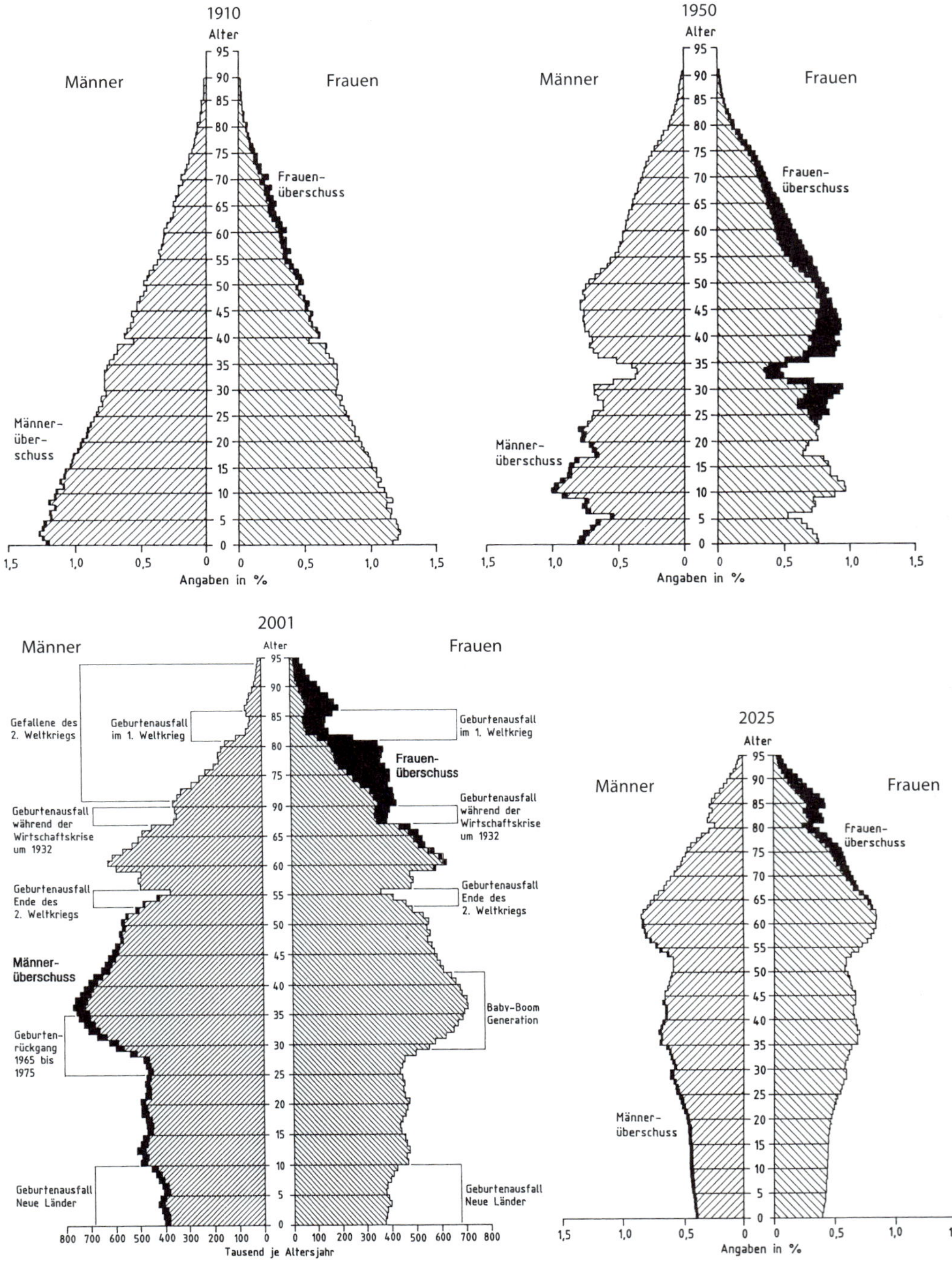

Entwicklung in Deutschland

- **1910:** Eine kontinuierlich wachsende Bevölkerung, die Ausfälle im Krieg 1870/71 gegen Frankreich lassen sich erkennen, ebenfalls die anschließende Prosperitätsphase der Gründerjahre.
- **1950:** Geburtenausfälle im Ersten Weltkrieg, in der Weltwirtschaftskrise und im Zweiten Weltkrieg. In den Kriegen gefallene Soldaten;
- **2001:** Hier lassen sich Vorgänge ablesen, die zu deutlich sichtbaren Veränderungen im Bevölkerungsaufbau geführt haben.
- **2025:** Überalterung, „Pillenknick", weiterhin abnehmende Geburtenraten.

Weltbevölkerung: EL und IL im Vergleich

- Das bevölkerungsmäßige Übergewicht der EL wird deutlich.
- Die Industrieländer zeigen mit ihrer schmalen Basis, dass sie schrumpfen.

Proportionaler Anteil verschiedener Altersgruppen

- Hat eine große Bedeutung für die künftige wirtschaftliche und soziale Entwicklung eines Landes.
- Zur Analyse werden Gruppen gebildet: Menschen bis zu 15 oder 19 Jahren (Kinder und Jugendliche), Menschen ab 65 Jahren (Rentner und Pensionisten; nicht mehr im Erwerbsleben), dazwischen die Gruppe im erwerbsfähigen Alter. Die Grenzziehung ist umstritten. In EL beginnt die Eingliederung in den Arbeitsprozess früher als in IL, wo viele Menschen eine lange Ausbildung durchlaufen. Der Eintritt ins Rentenalter kann auch variieren.
- **Altenquotient:** Zahlenverhältnis der Rentner zu den Personen im Erwerbsalter; In IL wird die Belastung der Erwerbstätigen deutlich, die durch ihre Beiträge zur Rentenversicherung das Ruhegehalt der Rentner finanzieren müssen. EL haben in dieser Phase eine Chance, ein Rentenversicherungssystem aufzubauen.
- **Abhängigkeitsquotient:** Zahl der Personen, die noch nicht oder nicht mehr im erwerbsfähigen Alter sind im Verhältnis zu den Personen im erwerbsfähigen Alter; hier ist gleichzeitig die Zahl der Kinder und Jugendlichen mit einbezogen, die versorgt und ausgebildet werden müssen. Zu beachten: der hohe Anteil der Kinder und Jugendlichen in den EL.
- Der hohe Anteil der untersten Altersgruppe zeigt auch, dass in den folgenden Jahren viele zusätzliche Arbeitsplätze bereitgestellt werden müssen.
- **Medianalter:** ein Durchschnittsalter; es teilt die Bevölkerung in zwei gleiche Hälften: 50 % sind jünger als dieser Wert, 50 % älter. Das Medianalter ist in Entwicklungsländern mit hohen Geburtenraten niedrig, in Ländern mit überalterter Bevölkerung hoch. Zahlenbeispiele: Indien 24,3 Jahre, China 32,6; Deutschland 42,1; Deutschland im Jahr 2050: 47,4

Abb. 9: Altersstruktur der Weltbevölkerung im Vergleich Entwicklungsländer – Industrieländer 2005 in Millionen

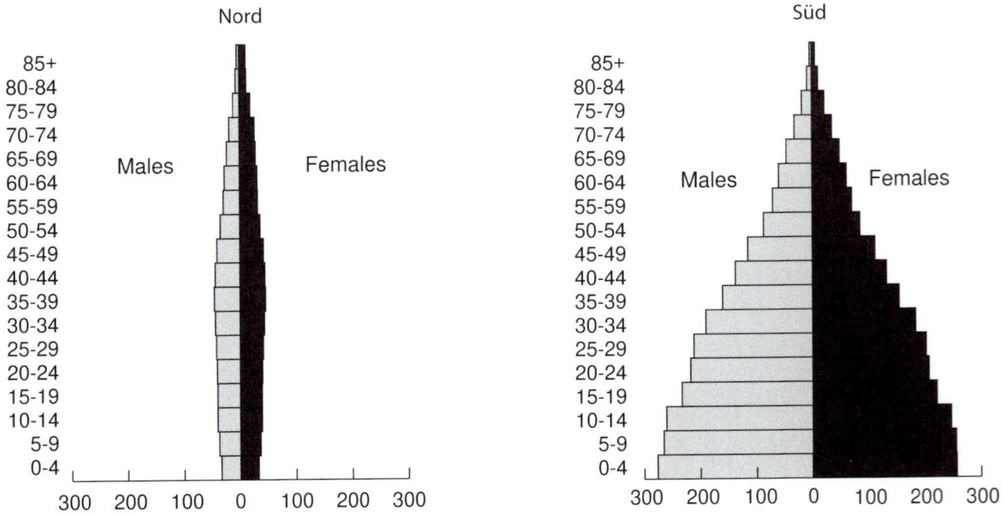

Die im gleichen Maßstab gezeichneten Pyramiden verdeutlichen nicht allein das imponierende Übergewicht der EL über die IL, sondern zeigen mit der Verschlankung im Altersaufbau der IL auch dessen Vergreisungstendenzen überdeutlich an.

Abb. 10: Bevölkerung nach Altersgruppen in verschiedenen Regionen der Erde (2002)

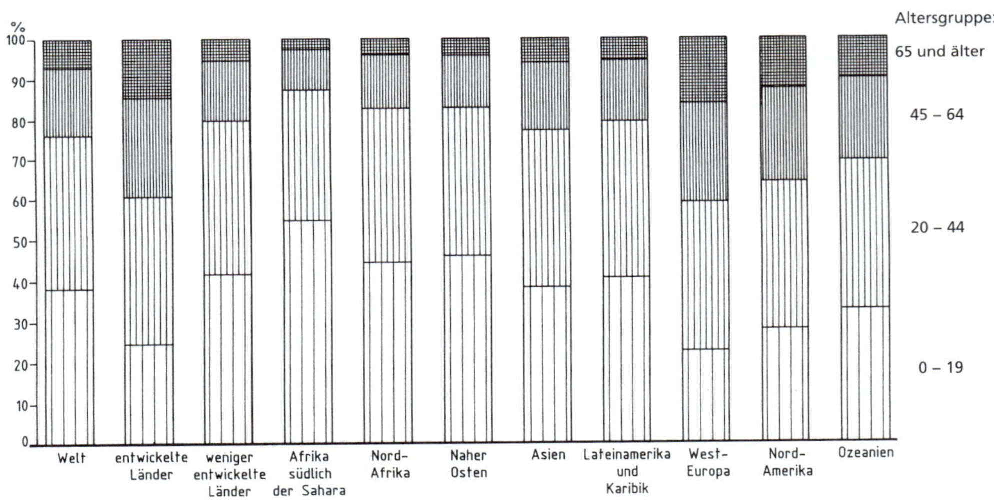

2.7 Tendenzen in der Bevölkerung Europas

Die gegenwärtige Entwicklung lässt sich mit vier Schlagworten umschreiben: weniger, älter, vereinzelter, bunter.

- **Weniger:** Infolge der geringen Fruchtbarkeitsraten nimmt die Bevölkerung ab.
- **Älter:** Der Alterungsprozess geht aus dem Altenquotienten deutlich hervor.
- **Vereinzelter:** Die Zahl der Ein-Personen-Haushalte nimmt immer mehr zu. Weniger Eheschließungen, mehr Scheidungen, mehr alleinstehende alte Frauen;
- **Bunter:** Durch Wanderung und zunehmende Internationalisierung wird die Bevölkerung nach ethnischer Zusammensetzung und Sprache immer gemischter.

2.8 Bevölkerungspolitik

Begriffsbestimmung

- Eine Reihe von staatlichen Maßnahmen mit dem Ziel, die Bevölkerungsentwicklung zu beeinflussen;
- Das kann quantitativ sein durch Steigerung der Geburtenrate bzw. der Einwanderung oder durch Einschränkung der Geburtenrate.
- Qualitativ kann es geschehen, indem die Bevölkerungsstruktur verändert wird: Besiedlungsanreize für bestimmte Teilräume, Zuzugsbremsen für Ballungsräume; Werbung für erwünschte Berufsgruppen (Gastarbeiter, High Tech Spezialisten).

Steigerung der Bevölkerungszahl

- **Historische Beispiele:** Einwanderungspolitik in die USA, Australien;
- Ansiedlung von Menschen zur Erschließung von Teilräumen: Preußen, Russland: Wolga, später Sibirien;
- Deutschland im Dritten Reich;
- China unter Mao Zedong (1949) „Es ist eine ausgezeichnete Sache, dass China eine große Bevölkerung hat. Sogar wenn sich die Bevölkerung Chinas auf ein Vielfaches erhöht, wird es trotzdem durchaus möglich sein, eine Lösung zu finden: die Produktion ..."
- Viele Industrieländer heute, auch Deutschland, würden wegen der drohenden Überalterung, die das Rentensystem gefährdet, gerne ihre Geburtenrate steigern.

Senkung der Geburtenraten

- Die **Weltbevölkerung** wächst jährlich um 90 Millionen, hauptsächlich in Entwicklungsländern. Es gibt fast 40 Staaten, deren Bevölkerung sich in 24 Jahren oder noch weniger verdoppelt.

- Hauptsorge, dass sonst alle Entwicklungsfortschritte zunichte gemacht werden, dass der **Ressourcenbedarf** nicht mehr gestillt werden kann, dass nicht mehr genügend Nahrungsmittel produziert und ausreichend Arbeitsplätze geschaffen werden können. Auch die Sorge um eine Degradierung der Umwelt spielt eine Rolle.
- **Beispiel Iran:**
  - Seit den 80er Jahren wurden im ganzen Land Gesundheitseinrichtungen aufgebaut, in denen die Zwei-Kind-Familie propagiert wurde. Besuch freiwillig;
  - Vorsorgeuntersuchungen in der Schwangerschaft;
  - Ausgebildetes Personal ist bei der Geburt dabei → Säuglingssterblichkeit deutlich gesunken; ebenso die Geburtenrate (unter 17 Promille);
  - Frauen werden zur Einschulung ihrer Töchter ermuntert.
- **Beispiel Indien:**
  - Indien hat schon 1952 mit Bevölkerungspolitik begonnen.
  - Weil die einzelnen Bundesstaaten zuständig sind, fehlt die Einheitlichkeit.
  - Basis ist Freiwilligkeit, außer bei Beamten, denen wegen der Vorbildfunktion teilweise die Zwei-Kind-Familie vorgeschrieben wurde.
  - Nur vorübergehend gab es Zwangssterilisationen.
  - Die ländlichen Räume wurden relativ spät erreicht.
  - Indien will künftig die Gesundheitssituation verbessern und damit indirekt eine niedrigere Geburtenrate erreichen.
  - Erfolge sind vorhanden: Zahl der Kinder je Frau ist von 6 auf 3 gesunken, das reicht aber nicht aus, um das Wachstum deutlich zu bremsen: Indien wird China mit seiner Bevölkerungszahl bald überholen.

Abb. 11: Entwicklung der Geburtenzahlen pro Frau in Indien und China (1950–2050)

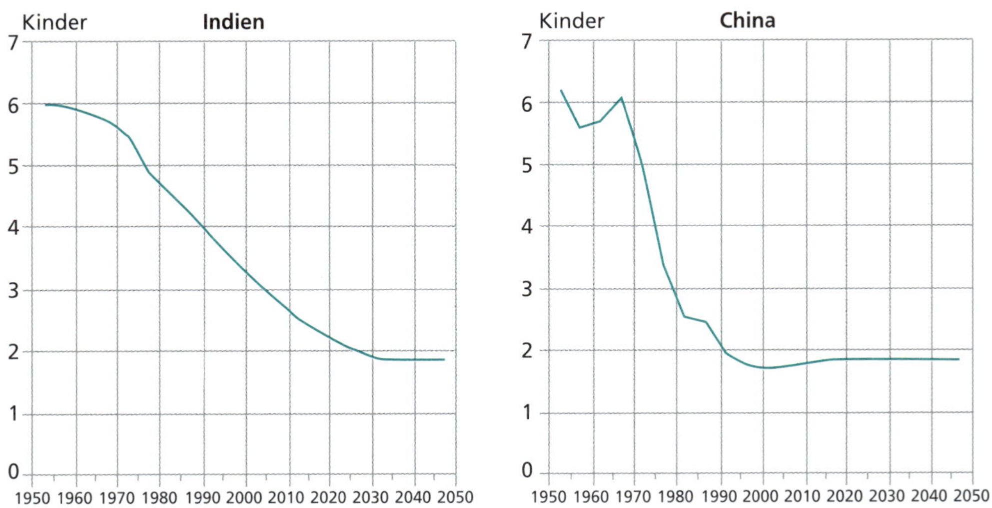

- **Beispiel China seit 1979:**
  - Geburtenkontrolle als staatliche Zwangsmaßnahme durch ein vielfältiges System aus Anreizen (Geldprämien, Bevorzugung bei Schulausbildung und Arbeitsplatzzuteilung) und Sanktionen (hohe Geldstrafen, Zwangsabtreibung, Zwangssterilisation, berufliche Nachteile);
  - Ein-Kind-Familie als Ziel; Ausnahmen für ethnische Minderheiten und manche Landbewohner.
  - Maßnahmen in den letzten Jahren etwas gelockert.
  - Rein zahlenmäßig ein Erfolg, besonders in den Städten; die Zahl der Kinder je Frau ist auf etwa 1,7 in den Städten zurückgegangen, auf dem Land auf etwa 2,5. Die Gesamtbevölkerung wächst weiterhin.
  - Neue Probleme: künftig eine starke Überalterung; Rentenproblem; fehlende Altenheime; vergötterte und egozentrisch gewordene Einzelkinder „kleine Kaiser“ mit psychischen Schwierigkeiten;

Vorstellungen der Weltbevölkerungskonferenz 1994

- An die Stelle staatlicher Zwangsmaßnahmen soll Freiwilligkeit treten. Die Menschenwürde muss gewahrt bleiben.
- Notwendigkeit der Familienplanung gebilligt; Abtreibung als Mittel der Familienplanung ausgeschlossen;
- Bekämpfung der Massenarmut; Entwicklungsexperte Nuscheler (2004): „Wer Angst vor der Fruchtbarkeit der Armen hat, muss mehr gegen die Armut tun.“ „Entwicklung ist das wirksamste Verhütungsmittel.“
- Verbesserung der Gesundheitsfürsorge, Bekämpfung der Kindersterblichkeit; dazu Einrichtung von Basisgesundheitsdiensten, die allen zugänglich sind und auch in der Familienplanung beraten.
- Ausbau von sozialen Sicherungssystemen besonders für das Alter, damit Kinder nicht zur Alterssicherung geplant werden.
- Programme zur Frauenförderung: Zugang zu Bildung, Verbesserung der sozialen Lage, rechtliche Gleichstellung, Recht auf Eigentum; Selbstbestimmungsrecht der Frauen.

3 Raumbedarf und Tragfähigkeit

3.1 Welternährung

Grundproblem

- Die Weizenerträge sind seit dem Beginn des Ackerbaus im Neolithikum um das 20-fache gestiegen.
- Die Weltbevölkerung stieg im gleichen Zeitraum um das 600-fache.
- Die Lücke konnte durch die Erweiterung der Agrarflächen geschlossen werden.
- Außerdem wurden durch Düngung, Schädlingsbekämpfung und Pflanzenschutz die Erträge gesteigert.

Derzeitige Situation

- **Düngung:** In den hochtechnisierten Ländern ist durch zusätzliche Düngung kaum noch eine Steigerung möglich, sie würde auch zu Schädigung der Umwelt führen; in EL könnte durch mehr Düngereinsatz der Ertrag gesteigert werden, die traditionellen Betriebe haben aber nicht das nötige Kapital.
- **Unkrautbekämpfung:** Ausgewogene Fruchtfolge und mechanische Bekämpfung durch Bodenbearbeitung erzielen nur Teilerfolge, in der Hauptsache müssen Unkräuter durch Herbizide bekämpft werden und lassen sich nicht ganz vermeiden; aber völlige Freiheit von Nebenwirkungen ist nicht möglich.
- **Bekämpfung tierischer Schädlinge** (z. B. Schnecken, Milben, Blattläuse, Kartoffelkäfer, Heuschrecken): hauptsächlich durch chemische Mittel (Biozide), die aber Nebenwirkung haben können; auch können sich giftige Substanzen in der Nahrungskette anreichern. Nützlinge können mit betroffen sein, z. B. Bienen.
- **Optimierung der Sorten** durch Züchtung stößt langsam an Grenzen, weil „überzüchtete“ Sorten störanfälliger sind.
- **Einsatz von Gentechnik:** dadurch sind Ertragssteigerung und u. U. Reduzierung von Herbiziden und Bioziden möglich. Es gibt aber ethische Bedenken und Sorgen wegen möglicherweise noch nicht bekannten Folgen.

Ergebnisse

- In hochentwickelten Ländern ist **Produktionssteigerung** von Nahrungsmitteln nur noch bedingt möglich.
- In EL gibt es teilweise noch zusätzlich nutzbare Flächen, die Produktivität kann durch modernere Bewirtschaftungsmethoden in vielen Betrieben noch gesteigert werden; der Einsatz von Pestiziden und Dünger ist oft zu teuer.
- Die Produktionssteigerung stößt oft an die ökologischen Grenzen: Wenn durch Rodung oder Übernutzung die natürlichen Ökogefüge geschädigt, der Boden degradiert und das Grundwasser verseucht werden, können die negativen Folgen größer sein als der vermeintliche Gewinn. Also →

- Die Produktivität muss zwar erhöht, aber gleichzeitig die Umwelt entlastet werden durch nachhaltigen Boden-, Gewässer-, Arten- und Klimaschutz.
- Wenn die Fleischerzeugung zugunsten des Anbaus von Getreide, Obst und Gemüse zurückgedrängt werden könnte, ließen sich deutlich mehr Menschen ernähren.

3.2 Andere begrenzende Faktoren für die Tragfähigkeit

- Wassermangel
- Mangel an mineralischen Rohstoffen
- Energiemangel
- Flächenverlust durch Siedlungen und Verkehrsanlagen

4 Bevölkerungsmobilität

4.1 Begriffe

- Migrant wandert freiwillig;
- Flüchtling wandert unfreiwillig aus Furcht oder Zwang (Vertriebener);
- Abwanderung = Emigration; Zuwanderung = Immigration;
- Binnenwanderung vollzieht sich innerhalb eines Staates; Gegensatz: Internationale Wanderung: über die Staatsgrenze hinweg; sie allein hat im Jahr 2000 einen Umfang von 150 Mio. Menschen umfasst.
- Bei allen Wanderungen kann man **Pushfaktoren**, die vom bisherigen Wohngebiet, und **Pullfaktoren**, die vom Zielgebiet ausgehen, unterscheiden.

4.2 Ursachen regionaler Wanderungen

- Berufliches Fortkommen, passendere Wohnmöglichkeiten, familiäre Gründe; Freizeitwert, kultureller Wert, Ausbildungsmöglichkeiten im Zielgebiet.
- In Industrieländern haben städtische Agglomerationen mit vielen Arbeitsplätzen und Wachstumsbranchen eine besondere Attraktivität, aber auch ländliche Räume mit städtischer Infrastruktur in Mittelzentren, die gut erreichbar sind.
- Innerhalb einer Stadtregion hängt die Mobilität oft von persönlichen Verhältnissen ab oder von veränderten Rahmenbedingungen: eigene Wohnung nach Schulausbildung im citynahen Stadtbereich; nach Geburt eines Kindes Umzug in eine größere Wohnung im Stadtbereich, später ins Umland; Scheidung oder Tod eines Partners eventuell ebenfalls mit Ortswechsel verbunden.

- Verdienstchancen haben nach der Aufhebung der Sklaverei in den USA Millionen von Schwarzen aus den Südstaaten in den Nordosten gelockt.
- Besonders in EL richtet sich die Binnenmigration vom Land in die Stadt, um Arbeit zu finden.
- Räumliche Enge und fehlendes Ackerland waren der Grund für das große Umsiedlungsprojekt Transmigrasi von Java nach Kalimantan in Indonesien.
- In EL können auch regionale Hungersnöte oder Bürgerkriege Wanderbewegungen auslösen, die manchmal auch über die Grenze in einen Nachbarstaat führen.

4.3 Ursachen grenzüberschreitender Wanderungen

- Bessere Chance auf dem Arbeitsmarkt
- Familienzusammenführung nach Jahren, wenn sicherer Arbeitsplatz gefunden ist.
- Weitere Gründe ähnlich wie bei Flüchtlingen (4.5)

4.4 Auswirkungen auf Quellgebiete und Zielgebiete

- Gastarbeiter helfen im Gastland, Arbeitsplätze zu besetzen, die von Einheimischen nicht angenommen werden; trägt zum reibungslosen Ablauf der Wirtschaft bei und verbilligt die erzeugten Produkte;
- **Beispiel USA:** 2006 lebten 11,6 Mio. illegale Einwanderer im Land (offiziell beschönigend „nicht-dokumentierte Immigranten" genannt). Dazu kommen noch die legalen Einwanderer und die zwischendurch legalisierten. Der Strom der Illegalen ist nicht zu stoppen, obwohl an der Grenze zu Mexiko eine 1200 km lange Grenzmauer im Bau ist und 18 000 Grenzschutzbeamte eingesetzt sind. Dazu kommen private Organisationen, die Jagd auf illegale Grenzgänger machen. **Gründe für den Migrationsdruck:** Klein- und mittelbäuerliche mexikanische Landwirtschaftsbetriebe können nicht konkurrieren mit den landwirtschaftlichen Importprodukten aus den USA; mexikanische Textil- und Bekleidungshersteller sind im globalen Wettbewerb nicht konkurrenzfähig. Aber in den USA besteht rege Nachfrage nach den billigen, nicht sozialversicherten mexikanischen Illegalen: nur 1 % von ihnen konnte keine Beschäftigung finden. Einsatzgebiete: kalifornische Landwirtschaft, Baubranche, Dienstleistungssektor.
- **Beispiele in Deutschland:** Baubranche; Küchenpersonal im Hotel- und Gaststättenbereich; Reinigungspersonal; in den Ölstaaten des Vorderen Orients: alle einfachen Tätigkeiten ohne besondere Qualifikation, meist ausgeführt durch Gastarbeiter aus muslimischen Ländern; Haushaltshilfen aus den Philippinen in Hongkong, Singapur, Malaysia und im Nahen Osten.
- **Gastarbeiter,** die noch enger mit den Verwandten in der Heimat verbunden sind, transferieren einen erheblichen Teil ihres Verdienstes in das Herkunftsland, wo da-

von mehrere Menschen leben können. Oft wird auch Geld in der Heimat in den Bau einer Wohnung oder eines Hauses investiert für die spätere Rückkehr. Ein Mann aus Lesotho, der als Bergarbeiter in Südafrika arbeitet, kann im Durchschnitt sieben Familienmitglieder zu Hause ernähren.

- Wenn ausgebildete Fachkräfte aus EL in ein IL wandern, kann das einen Verlust für die heimische Gesellschaft bedeuten *(Braindrain)*. Ein Gewinn wird erzielt, wenn Menschen zur Ausbildung in ein IL gehen und dann wieder in ihre Heimat zurückkehren.

4.5 Bedeutung internationaler Flüchtlingsströme

- **Gründe:** Materielle Not, rassische, politische, religiöse Verfolgung; Flucht vor Kriegen und Bürgerkriegen; Vertreibung von nationalen Minderheiten; Verschleppung von Sklaven; Veränderungen der Umwelt „Umweltflüchtlinge"
- Die Beispiele reichen von historischen Zeiten bis in die Gegenwart:
  - Vertreibung der Protestanten aus Salzburg;
  - Sklaventransporte aus Afrika in die USA, besonders durch britische und niederländische Gesellschaften;
  - Vertreibung und Flucht von ca. 17 Mio. Deutschen im 2. Weltkrieg aus Mittel- und Osteuropa;
  - Flucht von Mio. von Hindus und Moslems nach dem Ende der britischen Kolonialherrschaft in Indien in die neuen Staaten Indien und Pakistan.
  - Ethnische Säuberungen nach dem Zerfall Jugoslawiens;
  - Fluchtbewegungen in Afrika bei Bürgerkriegen und Hungerkatastrophen;
  - Übersicht über Migration in der Gegenwart: siehe Atlas.
- Es gibt auch Flüchtlingsströme und Zwangsumsiedlungen innerhalb von Ländern, etwa in China in der Kulturrevolution, in Südafrika, wo während der Apartheidpolitik Schwarze in Homelands umgesiedelt wurden.

5 Der Prozess der Verstädterung

(In Anlehnung an Zehner, Paesler und Heineberg)

5.1 Stadt im geographischen Sinn

In der Geographie nicht brauchbare Stadtbegriffe:

- **Historischer Stadtbegriff:** Verleihung des Stadtrechts durch einen Landesherren, König oder Kaiser, verbunden mit Privilegien, etwa Marktrecht, Gerichtsbarkeit. Ist auf europäischen Kulturkreis eingeschränkt und in der Zeit nach dem Feudalismus nicht mehr anwendbar.

- Beschreibung nach dem Erscheinungsbild: Grund- und Aufriss mit Stadtmauer; nur früher in historischen Städten Europas anwendbar; Formen haben sich gewandelt.
- **Statistischer Stadtbegriff:** Die Abgrenzung ausschließlich nach der Einwohnerzahl berücksichtigt nicht, dass Städte oft weit über ihre rechtliche Stadtgrenze hinausgewachsen sind. Auch gibt es international keine einheitliche Festlegung: In Island gilt eine Siedlung ab 200 Einwohner als Stadt, in Japan erst ab 50 000 E. In Deutschland wurden im Zuge der Gebietsreform Dörfer zu Verwaltungsgemeinschaften zusammengelegt, die statistisch eine Kleinstadt abgeben, aber von niemandem als Stadt empfunden werden.

Wirtschafts- und sozialgeographischer Stadtbegriff

Eine unter Geographen allgemein anerkannte Definition kann und wird es auch nicht geben, aber nachfolgende Merkmale finden weitgehend Zustimmung:

- Eine Stadt hat **Zentralität** oder **Bedeutungsüberschuss**. Das heißt, sie hat Funktionen, die nicht nur für die eigenen Bewohner, sondern auch für ihr Umland wichtig sind. Dazu gehören Verwaltungseinrichtungen, Bildungseinrichtungen, kulturelle Institutionen wie Theater und Museen, Kaufhäuser und Spezialgeschäfte; mehr Einpendler als Auspendler;
- Eine gewisse Mindestgröße;
- Eine hohe Bebauungs- und Bevölkerungsdichte; auch hohe Arbeitsplatzdichte; im Innenbereich eine geschlossene Ortsform und mehrstöckige Gebäude; Citybildung;
- Gliederung in Stadtviertel mit verschiedenen Funktionen: Wohn- und Industrieviertel, die eher an den Rändern liegen; Einkaufsgebiet; Kulturviertel; gleichartige Einrichtungen bilden wegen Synergieeffekten oft Cluster;
- Bevölkerung ist oft nach sozialem Status oder ethnischer Zugehörigkeit in bestimmten Wohnvierteln differenziert (Fachausdruck Segregation siehe auch 5.4): Arbeiterviertel, Wohngebiete der Oberschicht meist an den Rändern; Zuwanderer aus Osteuropa und Entwicklungsländern wegen der billigeren Mieten oft in ehemaligen Arbeitervierteln oder in neuen Großwohnsiedlungen;
- Städte sind Innovationszentren, sie setzen in vielen Bereichen neue Trends.
- Städte sind auf ihr **Umland** angewiesen: Zufuhr von Lebensmitteln; Bedarf an Naherholungsräumen; sie verlagern aber auch manche Einrichtungen ins Umland wie Sondermülldeponien, Trinkwasserspeicher, Flughäfen, Kläranlagen (Umland als Hinterhof der Kernstädte);
- Städte sind ökologisch belastete oder überlastete Räume (Luftverschmutzung, Lärm, Versiegelungen).

5.2 Ursachen und Phasen der Verstädterung

Begriff

- Einzelne deutsche Forscher machen zwischen den Begriffen Verstädterung und Urbanisierung keinen Unterschied. Im angelsächsischen und französischsprachigen Bereich gibt es die Unterscheidung ebenfalls nicht.
- Die Mehrheit der Fachleute im deutschsprachigen Raum definiert Verstädterung als eigenständiges Phänomen. Dabei werden zahlenmäßige Veränderungen betrachtet.
- Verstädterung bedeutet Vergrößerung:
  - der Städteanzahl,
  - der Fläche der Städte und
  - der Einwohnerzahl der Städte. Damit wird ein Vorgang beschrieben.
- Wenn man das Ergebnis betrachtet, spricht man vom **Verstädterungsgrad** (Anteil der Stadtbevölkerung an der Gesamtbevölkerung). Kritisch betrachten: Verstädterung sagt nichts darüber aus, ob die städtische Bevölkerung hauptsächlich in Klein- und Mittelstädten lebt oder in riesigen Agglomerationen. Internationale Vergleichbarkeit sehr schwierig, weil unterschiedliche Definitionen von Stadtgröße existieren.

Ursachen in Europa

- Im Verlauf der **Industrialisierung** begann eine starke Migration vom Land in die Städte.

Abb. 12: Verstädterung 1950–2050

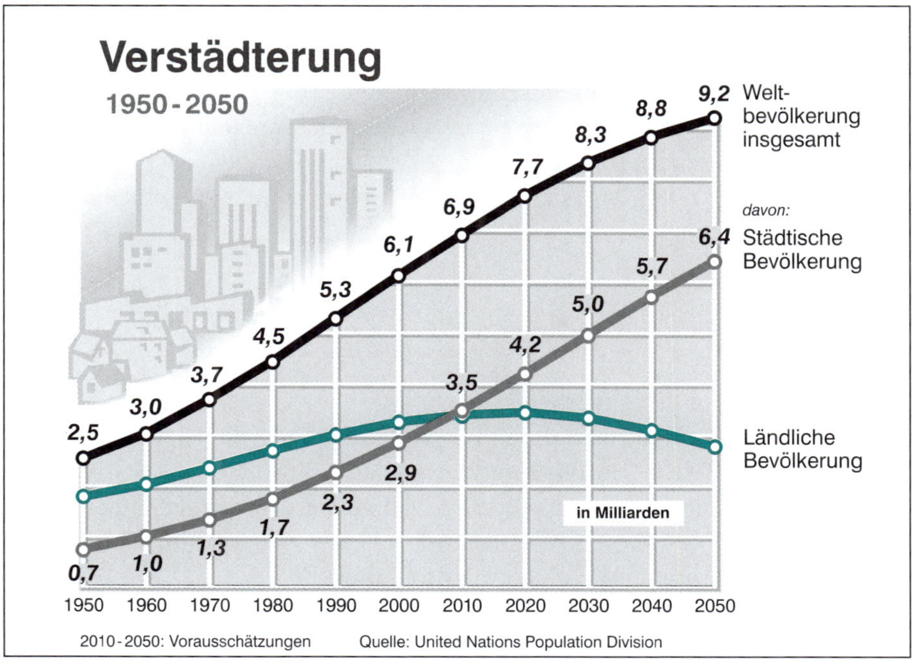

- Auf dem Land waren die Verdienstmöglichkeiten gering, aber die Bevölkerung wuchs. Die Entlohnung eines Bauernknechts oder einer Magd reichte gerade für das Existenzminimum.
- Mit der schrittweisen Einführung der Freizügigkeit konnte man das Dorf verlassen und eine Verdienstmöglichkeit in der Stadt suchen.
- Die Aufhebung der Leibeigenschaft ermöglichte diesen Schritt auch verarmten Bauern.
- Andererseits wurden ab Mitte des 19. Jahrhunderts in den Industriebetrieben Arbeitskräfte gebraucht, die aus der städtischen Unterschicht nicht mehr rekrutiert werden konnten.
- Daher setzte eine starke Abwanderung vom Land in die Städte ein.
- In IL geht das Städtewachstum praktisch immer auf Zuwanderung zurück.

Ursachen in EL

- **Push-Faktoren auf dem Land:** Überbevölkerung, schlechte Ernährung, Arbeitslosigkeit, schlechte Infrastruktur, Unsicherheit.
- **Pull-Faktoren der Metropolen:** Hoffnung auf ein besseres Leben, auf Bildung und Ausbildung, Arbeit, Lebensmittelhilfslieferungen.
- Regierungen investieren fast immer in den Städten, was deren Attraktivität erhöht.
- Auch ausländische Industrieansiedlungen erfolgen meist in Städten.

Phasen in Deutschland

- In Deutschland begann die 1. Phase um die Mitte des 19. Jahrhunderts mit der einsetzenden Industrialisierung.
- In den Gründerjahren nach 1871 ist ein weiteres Städtewachstum zu erkennen, das bis zum Ersten Weltkrieg anhält.
- Zwischen 1924 und 1939 wachsen die Städte erneut überdurchschnittlich.
- In den 50er Jahren steigt mit dem Wirtschaftswachstum die Stadtbevölkerung sehr stark an bis in den 80er Jahren eine Stagnation kommt.
- Die Verstädterung lief relativ langsam ab und ging parallel mit den wirtschaftlichen und sozialen Entwicklungen.

Wachstum in EL

- In Lateinamerika beginnt das Wachstum schon in den 20er Jahren.
- Sonst um 1940;
- Stürmisches Wachstum bis in die Gegenwart.
- Städte in EL wachsen zu 40–50 % durch Zuwanderung, über die Hälfte des Wachstums geht auf die natürliche Bevölkerungsbewegung zurück.
- Die Verstädterung läuft extrem schnell und unabhängig vom wirtschaftlichen und sozialen Wandel. Sie geht diesem Wandel voraus. Folge: Slumbildung, Arbeitslosigkeit, materielle Not, Kriminalität, enttäusche Hoffnungen.

5.3 Suburbanisierung und Urbanisierung

Die Verstädterung füllte die Städte zunächst bis an ihre Verwaltungsgrenzen auf und machte selbst nach Eingemeindung von Randgemeinden an den Grenzen nicht Halt.

Begriff Suburbanisierung

- Bei diesem Begriff handelt es sich um einen quantitativen Vorgang.
- Die Städte dehnen sich bis an die äußere Zone des Stadtumlandes hinein aus.
- Beispiel München (nach Paesler 2008)

1970	**1985**	**2003**
2,076 Mio. E., davon	2,316 Mio. E., davon	2,521 Mio. E., davon
62,3 % Stadt, 37,7 % Lkr.	54,7% Stadt, 45,3 % Lkr.	49,5 % Stadt, 50,5 % Lkr.

Die Bevölkerung hat sich also innerhalb der Region München von der Kernstadt in die acht umliegenden Landkreise, den suburbanen Raum, verschoben.

- **Gründe für die Suburbanisierung** sind vielfältig: bessere Wohnmöglichkeit in moderneren Behausungen; mehr Licht und bessere Luft; Verwirklichung eines eigenen Hausbaus; weniger Lärm; mehr Entfaltungsmöglichkeit für die Kinder; modernere Kindergarten- und Schulgebäude; keine Parkplatzsuche; Nähe zu Freizeit- und Erholungseinrichtungen; bessere Freizeitinfrastruktur; angenehmeres soziales Klima in einer kleinen, überschaubaren Gemeinde.
- Nachteil: großer Flächenbedarf;
- Außer der Wohnbevölkerung wandert auch ein Teil der Industrie und des Gewerbes ins Umland (Industriesuburbanisierung); Vorteile: größere Flächen zu niedrigeren Preisen, oft in Gewerbegebieten, wo keine Beschwerden wegen Lärmentwicklung kommen; einfacherer An- und Abtransport von Waren; Umlandgemeinden locken mit niedriger Gewerbesteuer;
- Auch Baumärkte und Möbelhäuser u.a. nehmen an der Suburbanisierung teil, weil sie im Randbereich größere Verkaufsflächen und vor allem Parkflächen haben und leichter Kunden aus dem weiteren Umland erreichen können.
- Großhandelsunternehmen, Lager von Kaufhäusern und Lebensmittelketten suchen Umlandstandorte besonders gern in Verbindung mit Autobahnanschlüssen auf.
- Forschungsinstitute und Universitätseinrichtungen finden ebenfalls Platz.
- Städte sind mit ihrem suburbanen Ergänzungsraum eng verzahnt.

Begriff Urbanisierung

- Die Verstädterung mit Ausbreitung städtischer Lebensformen und Verhaltensweisen auf die umgebenden ländlichen Gebiete; dort gibt es folgende Entwicklung:
- Zunahme der Beschäftigten im sekundären und tertiären Sektor;
- Berufsspektrum wird sehr breit;
- Hohe Pendlerzahl in die benachbarte Kernstadt;

- Städtische Lebensstile und Wertvorstellungen werden übernommen.

Es handelt sich also hauptsächlich um eine qualitative Veränderung, die aber teilweise statistisch messbar ist.

Die Urbanisierung bewirkt, dass in Industrieländern der Übergang von der Stadt zum Land fließend wird. Fachbegriff: **Stadt-Land-Kontinuum**. Das Bundesamt für Bauwesen und Raumordnung sagt (2005): „Eine eindeutige Abgrenzung gegenüber verdichteten Gebieten wird mit der fortschreitenden Angleichung ländlicher Räume an städtische Verhältnisse … immer schwieriger."

In Entwicklungsländern gibt es bislang kaum eine Urbanisierung. Dort besteht ein scharfer Gegensatz zwischen Stadt und Land. Einer modernen Infrastruktur in den Kernstädten und einer ausdifferenzierten Wirtschafts- und Gesellschaftsstruktur steht auf dem Land ein Mangel an allen Einrichtungen gegenüber.

5.4 Integration und Segregation

- Gesellschaftliche Gruppen neigen dazu, die Nähe von ihresgleichen zu suchen und andererseits sich gegen andere, besonders niedriger Gestellte, abzugrenzen.
- Das macht sich im **Wohnverhalten** dadurch bemerkbar, dass bis zu einem gewissen Grad eine räumliche Trennung von verschiedenen Gruppen erfolgt. Das Hauptmerkmal einer Gruppe kann sein: soziale Schicht, Religion, Rasse, Sprache. Die Absonderung (Segregation) kann freiwillig erfolgen oder zwangsweise, etwa durch Diskriminierung oder Abdrängung in ein Getto.
- In der Praxis geschieht eine Auswahl der Mieter oder Käufer über den Preis. Gruppen mit niedrigem Einkommen haben keine Chance, in eine teuere Neubauwohnung oder in ein Villenviertel zu kommen. Auch die Kommune hat über den Flächennutzungsplan oder den Bebauungsplan die Möglichkeit, festzulegen, ob Einfamilienhäuser mit großen Gärten oder mehrgeschossige Wohnblöcke entstehen.
- Wenn eine Gruppe in einem Viertel Fuß gefasst hat und auf sie zugeschnittene Lebensmittel- oder sonstige Geschäfte entstanden sind, läuft der Segregationsprozess rascher weiter. So sind in amerikanischen Städten *Chinatowns* oder Wohnviertel von *Hispanics* oder Schwarzen entstanden. Andere Bevölkerungsgruppen ziehen sich dann u. U. aus einem solchen Viertel zurück.
- **Extreme Segregation** entsteht in abgeschlossenen, umzäunten und bewachten Wohnsiedlungen, in denen nur Bewohner mit Ausweis oder Besucher nach telefonischer Rückbestätigung Zutritt haben. Solche Einrichtungen gab es in ehemaligen Ostblockstaaten für die Parteieliten, sie existieren in manchen Städten in Entwicklungsländern und sind am weitesten in Städten der USA verbreitet; sie werden jetzt weltweit als *Gated Communities* bezeichnet. Eines der Ziele ist ein höheres Maß an Sicherheit und eine privat finanzierte bessere Infrastruktur mit eigenen Schulen.
- Eine altersmäßige Segregation haben die Rentnersiedlungen in den USA (Beispiel: Sun City) mit speziellen Einrichtungen im Freizeit-, Sport- und Gesundheitswesen.

- Der Gegenbegriff zur Segregation ist die Integration. Dabei wird gelegentlich versucht, über das Belegungsrecht von Wohnbaugesellschaften, eine Durchmischung der Bevölkerung zu erreichen.

5.5 Differenzierung der großen Städte

Das Forschungsinteresse richtet sich heute weniger auf die Klein-, Mittel-, und sogenannten Großstädte ab 100 000 Einwohner, sondern auf die großen Stadtagglomerationen. **Stadtagglomeration** ist ein recht allgemeiner Begriff, der Verdichtungsräume von mindestens 250 000 E. umfasst und bis zu den größten Stadtgebilden reicht. Außer der Kernstadt oder den Kernstädten gehört auch noch das Umland dazu. Drei Begriffe sind besonders wichtig:

Metropole
- Ursprünglich Bezeichnung für die Hauptstadt eines Landes.
- Heute die Stadt eines Landes, in der die politischen, wirtschaftlichen, gesellschaftlichen und kulturellen Funktionen so stark konzentriert sind, dass sie alle anderen Städte des Landes weit übertrifft.
- In zentralistischen Staaten und in Entwicklungsländern ist die Metropole meist mit der Hauptstadt identisch. In Ländern mit föderalistischer Struktur wie Deutschland und der Schweiz ist oft keine eindeutige Metropole auszumachen. Auch Brasilia ist keine Metropole, trotz Hauptstadtfunktion.

***Global city* – ein Steuerungszentrum der globalisierten Weltwirtschaft**
Früher hat man dazu **Weltstadt** gesagt. Merkmale:
- Mindest 1 Mio. Einwohner und Dichte von mehr als 2000 E./km^2;

Abb. 13: Die Hierarchie der *global cities* (bearbeitet nach GaWC: TAYLOR 2001)

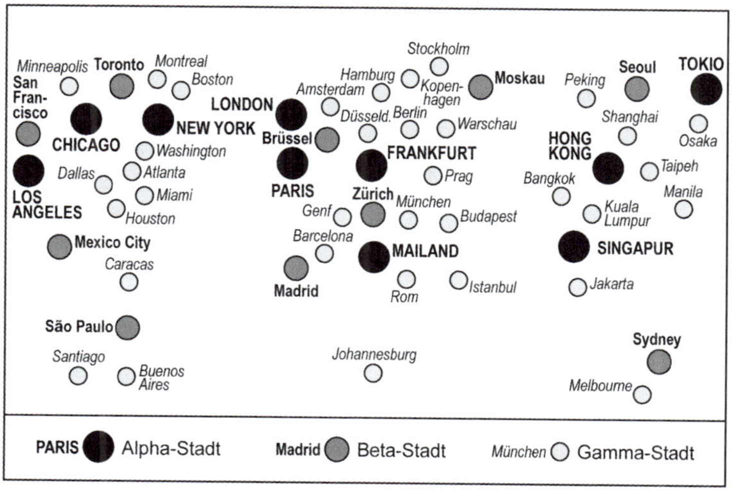

- Sitz wichtiger nationaler und internationaler Institutionen (Regierung, internationale Behörden);
- Konzernzentrale von wichtigen internationalen Firmen;
- Industriebetriebe, die neue Technologien entwickeln, diese auch als Innovationen umsetzen und die Absatzmärkte steuern;
- Finanzzentrum mit weltweiten Vernetzungen; Konzentration von internationalem Kapital;
- Zentrum von Medieneinrichtungen internationaler Bedeutung und von Einrichtungen, die neue Lebensstile und Trends kreieren;
- Gute Verkehrsausstattung mit internationaler Vernetzung;
- Zielpunkt für Zuwanderung aus dem In- und Ausland;

Global cities sind also nicht durch ihre Größe bestimmt, sondern nach der Bedeutung, die sie als Schaltzentralen und Kontrollzentren der Globalisierung haben. Von hier werden die Kapital- und Informationsströme gesteuert. Sie sind Drehscheiben des Welthandels und des Weltverkehrs.

Megastadt

→ siehe Kapitel F → 7 Megastädte und ihre Probleme

6 Städte in unterschiedlichen Kulturbereichen

6.1 Stadtmodelle im Vergleich

Stadtmodelle stellen den Versuch dar, aus der Beobachtung und Beschreibung von individuellen Städten Gesetzmäßigkeiten und Ordnungsprinzipien abzuleiten und diese in Strukturbildern aufzuzeigen, aus denen sich die Gliederung einer Stadt ergibt.

- Das Ringmodell von Burges
- Das Sektorenmodell von Hoyt
- Immer noch weit verbreitet ist der Gliederungsvorschlag von Boustedt. (Abb. 15)

Abb. 14: Stadtstrukturmodelle: Ringmodell (oben) und Sektorenmodell (unten)

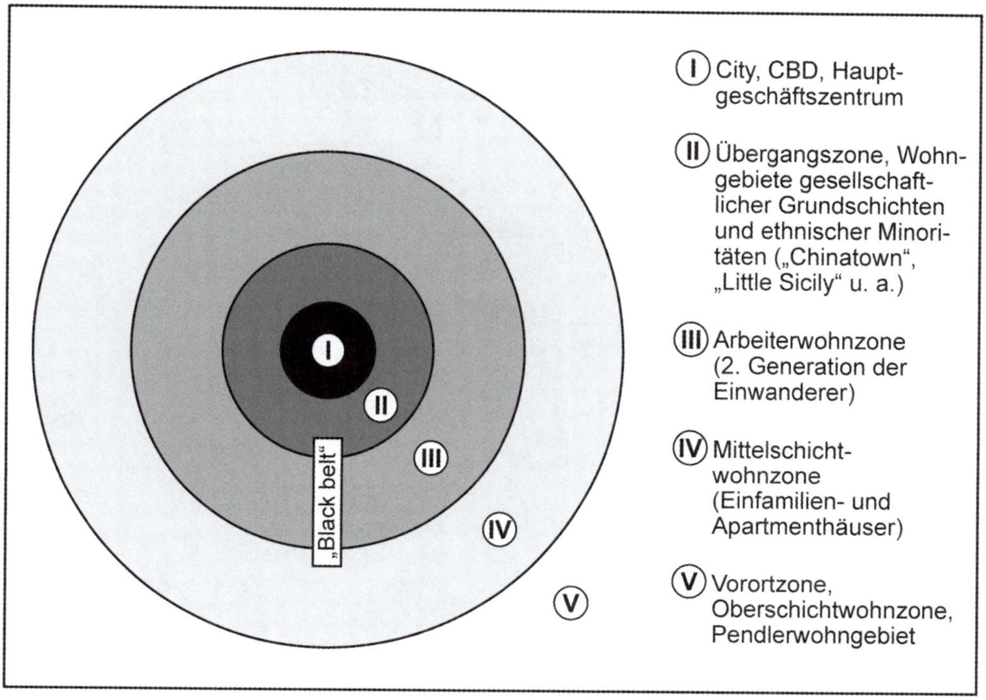

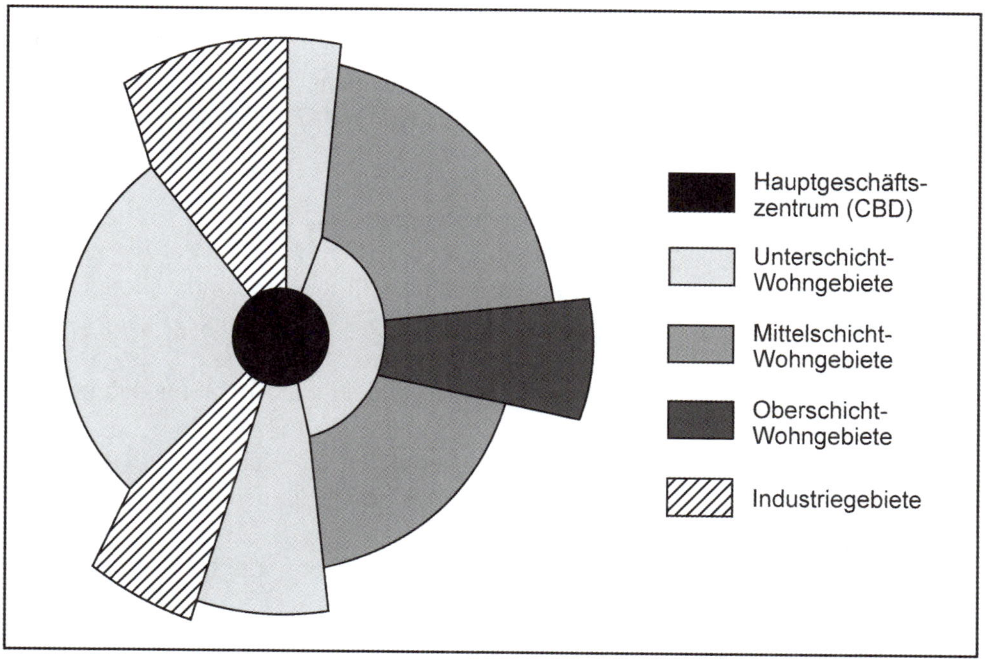

Abb. 15: Modell der Stadtregion

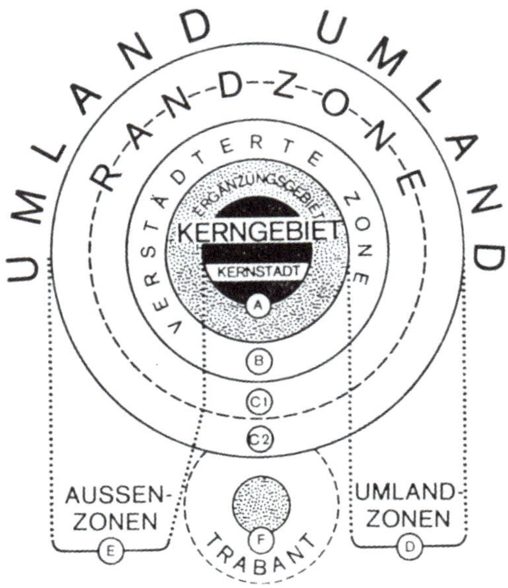

6.2 Traditionelle Stadtstrukturen und deren Wandel

In verschiedenen Kulturkreisen haben sich unterschiedliche Strukturen ausgebildet, in denen sich die historische Entwicklung von Wirtschaft und Gesellschaft widerspiegelt.

Die islamisch-orientalische Stadt

- Im Mittelalter waren diese Städte von einer Mauer umgeben.
- Es gibt wenige Hauptdurchgangsstraßen, aber daneben, von ihnen abzweigend ein Gewirr von Sackgassen. Dadurch sind Öffentlichkeit und Privatraum klar getrennt. Die Sackgassen gehören den Anliegern gemeinsam, sie bilden den Zugangsbereich zu den Privathäusern.
- Die Stadt ist in Viertel gegliedert nach Nationen, Religionen, Sippen und Stammesgemeinschaften.
- Der Basar stellt den Geschäftsbereich dar. Hier bieten Groß- und Einzelhändler ihre Waren an, Handwerker stellen ihre Produkte her und verkaufen sie an Ort und Stelle.
- An einem größeren Platz liegt die Hauptmoschee, weitere Moscheen sind über die Stadt verteilt.

Abb. 16: Die islamisch-orientalische Stadt

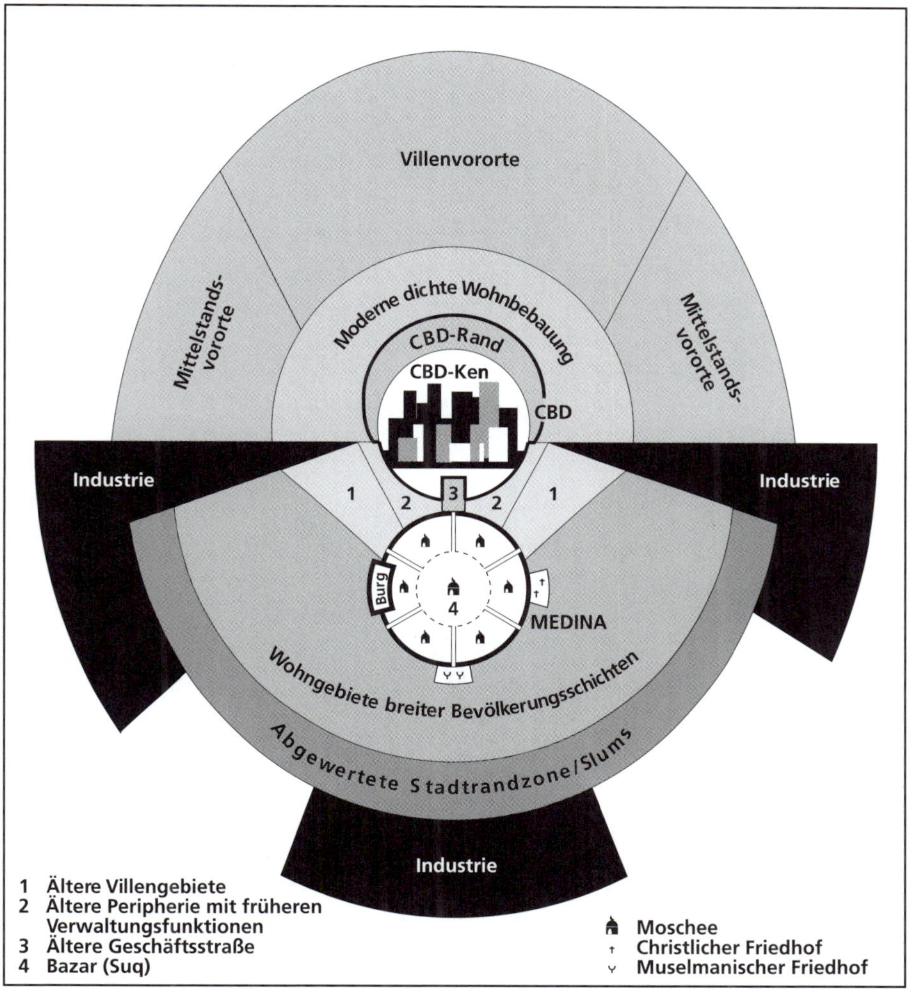

Strukturschema einer islamisch-orientalischen Großstadt. Der Entwurf beruht auf einer Kompilation der Modelle von Dettmann (Altstadt) und von Seger (Gesamtstadt).

Die heutige islamisch-orientalische Großstadt

- Der alte Stadtkern ist weitgehend erhalten geblieben, daneben hat sich der moderne Stadtkern, der *Central Business District (CBD)*, nach europäischem oder amerikanischem Vorbild entwickelt.
- Hier liegt das zweite, wichtigere Zentrum mit modernen Geschäften, Banken und Dienstleistungen.
- Die alte Kernstadt hat zum Teil ihre Funktion behalten, könnte aber zur Touristenattraktion verkommen.
- Außen herum lagern sich die Wohn- und Industriegebiete mit ihrer Differenzierung an, wie aus der Graphik erkennbar ist.

Abb. 17: Modell der lateinamerikanischen Stadt

a) Idealplan der spanischen Kolonialstadt

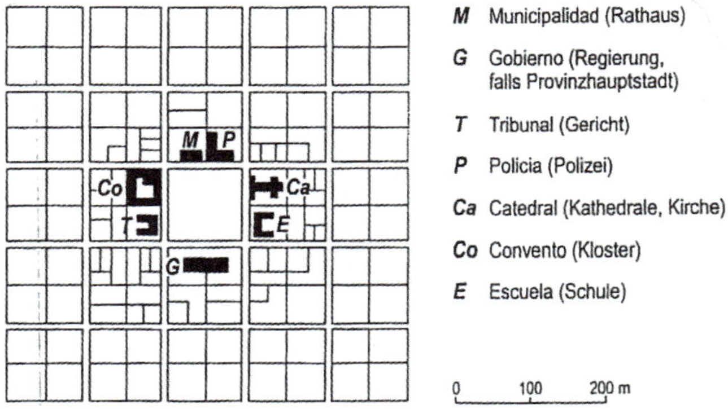

b) Modell der Großstadt des 20. Jahrhunderts

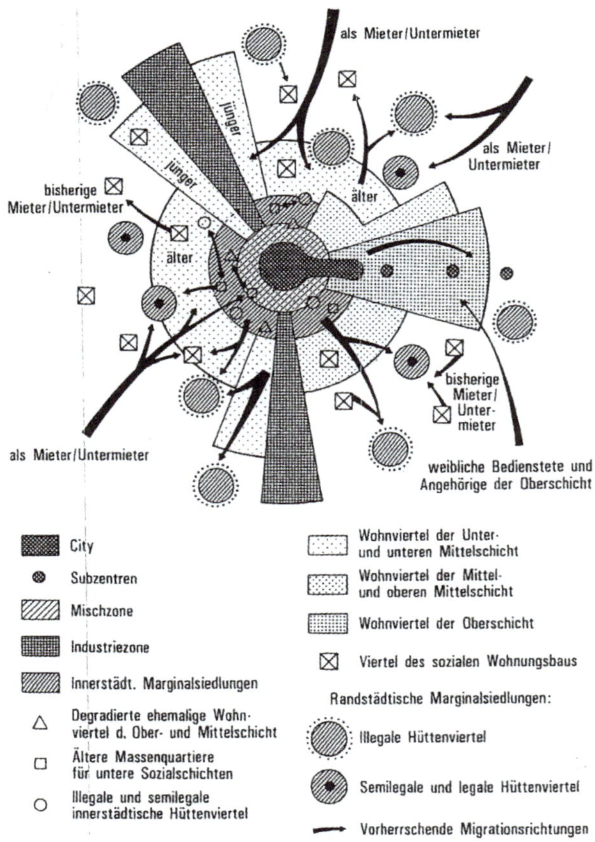

Die lateinamerikanische Stadt

- In den Klein- und Mittelstädten ist das alte spanische Kolonialstadtmuster mit dem schachbrettartigen Grundriss und der Anordnung der damals wichtigsten Funktionen um den zentralen Platz noch häufig erhalten.
- In den modernen Großstädten ist von diesen alten Mustern nicht mehr viel da.
- Die City hat sich wie in allen Großstädten der Welt ausgeprägt: Einkaufsbereich, Banken, Versicherungen, Verwaltungsfunktion.
- Typisch ist der Ring aus innerstädtischen Marginalsiedlungen (Slums); hier haben im 19. und beginnenden 20. Jahrhundert die Mittel- und Oberschicht gewohnt.
- Nach außen folgen, nach Gesellschaftsschichten differenziert, die Wohngebiete.
- Die legalisierten oder noch illegalen Hüttenviertel liegen inselförmig, ungleichmäßig verteilt, dazwischen. Industriezonen durchbrechen das ringförmige System. Sie sind häufig entlang der großen Einfallstraßen und Eisenbahnlinien entstanden.

Die nordamerikanische Stadt

- Im Grundriss ist meist ein Schachbrettmuster erkennbar. Weil alte, historische Bausubstanz wie in Europa fehlt, werden Gebäude, die den veränderten Bedürfnissen nicht mehr genügen, abgerissen und durch neue ersetzt.
- Der Aufriss zeigt Hochhausbebauung (Wolkenkratzer) im Zentrum, dagegen sind die Wohnhäuser der Außenbezirke niedrige Einfamilienhäuser, die sich über sehr große Flächen erstrecken.
- In der *Downtown* (Innenstadt) sind die Funktionen des tertiären Sektors konzentriert. Sie besteht aus zwei Teilen:
  - Dem *Central Business District*: geringe Flächenausdehnung, Hochhäuser, sehr gepflegtes Erscheinungsbild, Handel, Banken, Versicherungen, Geschäfte, Öffentliche Verwaltung, Konzernzentralen.
  - *Downtown* außerhalb des CBD: Gemisch aus Hochhäusern, alter, heruntergekommener Bausubstanz, als Parkplätze genutzte Freiflächen, teilweise sanierte Bereiche mit Zuwanderung von Bevölkerung mit gehobenerem sozialem Status (Gentrifizierung), Hotels.
- Die Wohngegenden im Übergangsbereich und im Umland sind sehr stark differenziert nach sozialem Status, Hautfarbe, Ethnie (Segregation). Es gibt *Gated Communities* der Oberschicht und Gettos der Ärmeren.
- Weil öffentlicher Nahverkehr schwach ausgeprägt ist, spielt der Individualverkehr die entscheidende Rolle. Die Suburbanisierung ist weit fortgeschritten.
- In peripherer Lage bilden sich Randstädte *(edge cities)* mit Arbeitsplätzen, Wohnbauten und Einkaufsmöglichkeiten in großen *Malls*. Das erspart allzu lange Pendlerwege in den CBD. Der Einzelhandel macht hier höhere Umsätze als in der *Downtown*. *Industrial parks* sind geplante, optimal angelegte Industriekomplexe für Mittel- und Kleinbetriebe.
- Typisch für die Entwicklung amerikanischer Städte der Gegenwart ist die **Zurückdrängung der kommunalen Planung**. An ihre Stelle treten private Immobiliengesellschaften, die Wohnsiedlungen, Gewerbegebiete, Einkaufszentren, sogar ganze Stadtteile planen und errichten.

Abb. 18: Modell der modernen US-amerikanischen Stadt

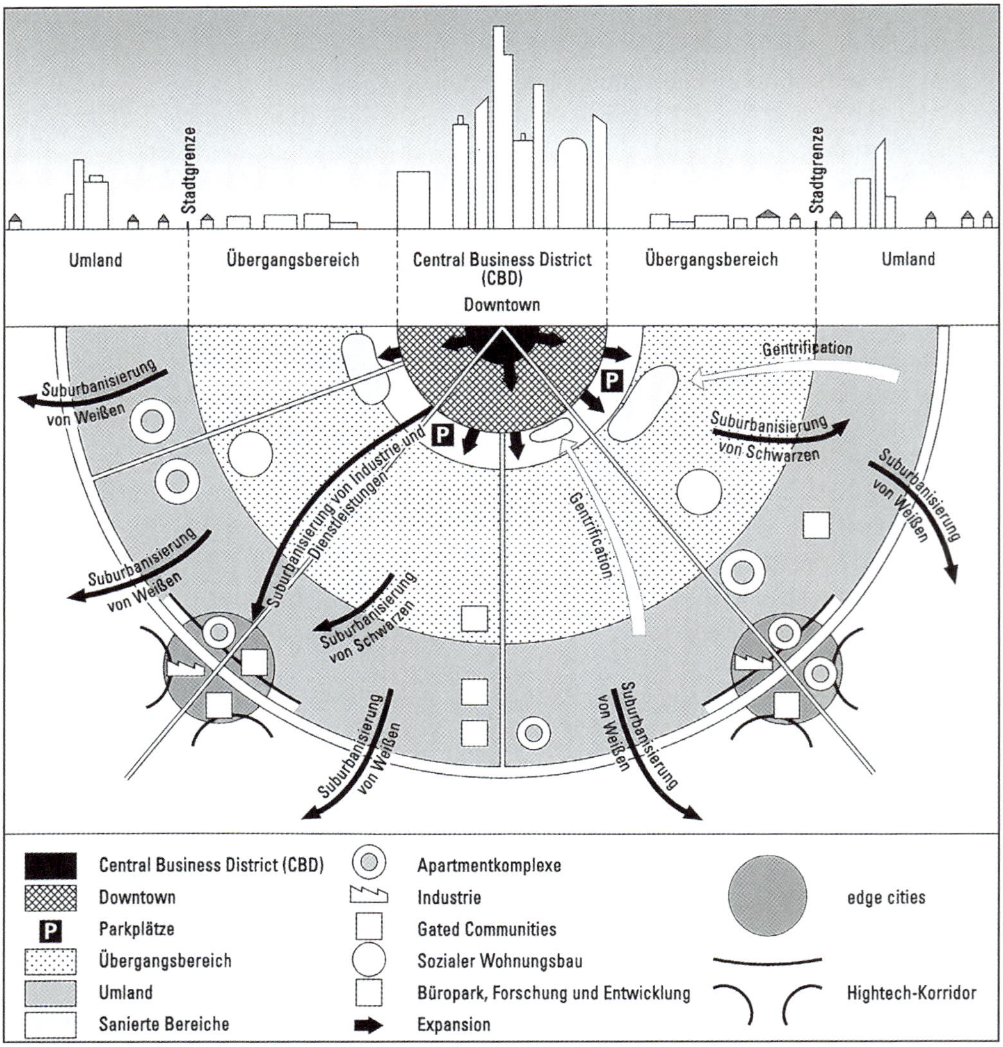

6.3 Metropolisierung in Industrie- und Entwicklungsländern

- Der Vorgang der Bildung einer Metropole wird als Metropolisierung bezeichnet.
- In Industrieländern hat sich der Prozess in der Vergangenheit vollzogen und ist in der Regel abgeschlossen, er kann sich allenfalls noch etwas verstärken.
- In EL ist die Entwicklung voll im Gang.

- Zu der Hauptstadtfunktion kommt ein starker Bedeutungszuwachs der Wirtschaft. Wegen der Hoffnung auf Teilhabe an dieser Entwicklung wächst der Zuzug und viele Metropolen sind deswegen zu Megastädten herangewachsen.

7 Megastädte und ihre Probleme

7.1 Begriff

- Mit Megastadt meint man die größten Stadtagglomerationen der Erde.
- Sie haben eine Mindestgröße von 5 Mio. E (UN verlangen 10 Mio. E.) und besitzen ein Zentrum. Das Ruhrgebiet mit seinen vielen Städten ist nach dieser Definition also keine Megastadt.
- Ihre Dichte beträgt mehr als 2000 E./km^2.
- Die Zuordnung erfolgt ausschließlich nach der Größe (Quantität), nicht nach der Funktion (und Qualität). Eine Megastadt ist daher oft keine Weltstadt, sondern hat oft nur nationale Bedeutung.
- 1950 gab es 2 Magastädte mit mindest 10 Mio. E., 1975 kam Mexiko-Stadt dazu, 2005 waren es 20, davon 15 in EL oder Schwellenländern.

Abb. 19: Die Megastädte von morgen

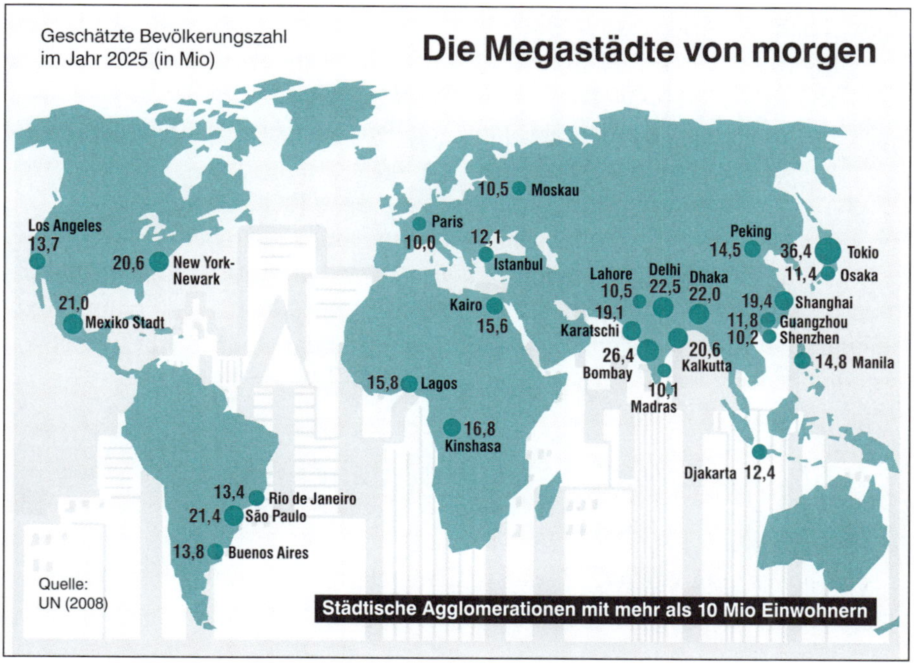

- Megastädte sind durchaus in das globale Wirtschaftgeschehen einbezogen, aber weniger als Entscheidungsträger, eher als Standorte für Produktion und Dienstleistungen.
- Megastädte mit ihren wirtschaftlichen, ökologischen und sozialen Problemen sind heute das auffälligste Merkmal von Entwicklungsländern, nach Aussagen der UN eines der größten Probleme des 21. Jahrhunderts.

7.2 Slumbildung und Marginalisierung

- **Slum:** Städtisches Elendsviertel, im Gegensatz zu den illegal errichteten Hüttensiedlungen am Stadtrand handelt es sich um innerstädtische Wohngebiete, früher von Ober-, Mittel- oder Unterschicht bewohnt, die stark heruntergekommen sind. Die Wohnungen wurden meist in Zimmer aufgeteilt und einzeln vermietet. Weil der Standard extrem niedrig ist, entsteht eine einseitige Sozialstruktur. Meist sind diese Slums die erste Anlaufstelle für Zuwanderer. Hohe Kriminalität.
- **Marginalsiedlung:** Am Stadtrand gelegene Hüttensiedlungen, die auf halb- oder illegal angeeigneten Flächen entstanden sind, in aufgelassenen Steinbrüchen, an steilen Hanglagen, in Nassgebieten, an Bahndämmen; die behelfsmäßigen Behausungen wurden in Eigentätigkeit errichtet, ursprünglich fehlen Wasser-, Kanal- und Stromanschlüsse und Müllabfuhr. Gelegentlich wurde solche Infrastruktur nachträglich erreicht. Die Bewohner leben am Rand des Existenzminimums und sind selbst marginalisiert, d.h. sie sind als Randgruppen weder wirtschaftlich noch gesellschaftlich integriert. Sie müssen sich mit Gelegenheitsjobs oder Tätigkeit im Informellen Sektor durchschlagen.
- Die Anzahl der in Slums oder Marginalsiedlungen lebenden Menschen in Entwicklungsländern liegt bei 40 bis 50 %.
- Trotz aller Anstrengungen können die Städte mit dem Ausbau der Infrastruktur nicht nachkommen. Es fehlen außer den angemessenen Wohnungen und Arbeitsplätzen auch noch die Einrichtungen für Bildung und das Gesundheitswesen.
- Die Folge ist eine gewaltige **Disparitätenbildung**: Nirgends treffen die wirtschaftlichen, sozialen und infrastrukturellen Gegensätze so hart aufeinander wie in Megastädten der Entwicklungsländer: hochmoderne Stadtzentren neben Slums, luxuriöse, eingezäunte Wohnbereiche *(Gated Communities)* der Oberschicht unweit von Hüttensiedlungen der Armen.

7.3 Bedeutungszuwachs des informellen Sektors

- Begriffserklärung siehe E 1.1
- Wegen des übermäßig raschen Zuzugs und der hohen Geburtenraten bleibt die Schaffung von Arbeitsplätzen weit hinter dem Bedarf zurück.

Abb. 20: Megastädte 1950 und 2015 nach Statistiken und Prognosen der UN

Rang	Einwohner in Millionen (1950)	
1	New York	12,338
2	Tokio	11,275
3	London	8,361
4	Paris	5,424
5	Moskau	5,356
6	Shanghai	5,333
7	Rhein-Ruhr	5,295
8	Buenos Aires	5,041
9	Chicago	4,999
10	Kalkutta (Kolkata)	4,446
11	Osaka-Kobe	4,147
12	Los Angeles	4,046
13	Peking	3,913
14	Mailand	3,633
15	Berlin	3,337

Einwohner in Millionen (2015)	
Tokio	36,214
Bombay (Mumbai)	22,645
Delhi	20,946
Mexico City	20,647
São Paulo	19,963
New York	19,717
Dhaka	17,907
Jakarta	17,498
Lagos	17,036
Kalkutta	16,798
Karatschi	16,155
Buenos Aires	14,563
Kairo	13,123
Los Angeles	12,904
Shanghai	12,666

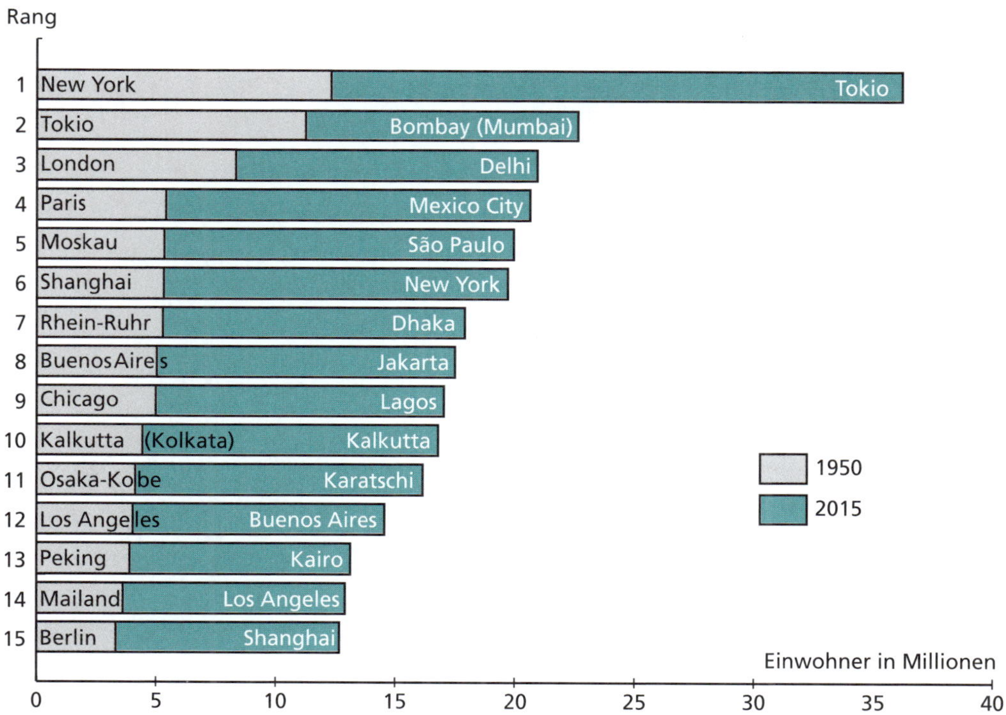

- Der größte Teil der in Slums oder in Marginalsiedlung lebenden Menschen ist daher auf Tätigkeiten im informellen Sektor angewiesen.
- Auch Frauen und Kinder sind einbezogen, müssen sich teilweise selbst ernähren.
- Nach Schätzungen werden in Mexiko-City zwischen 25 % und 38 % der Wirtschaftsleistung im informellen Sektor erbracht.

7.4 Umweltbelastungen

- Flächenverbrauch zu groß;
- Schadstoffanreicherung in der Luft durch Hausbrand, Autoabgase verbunden mit häufiger Bildung einer Dunstglocke;
- Fehlende oder überlastete Abwasserentsorgung; mangelhafte Müllentsorgung, kaum Mülltrennung, Lagerung auch von Giftmüll auf Deponien; sehr selten moderne Müllverbrennung mit Schadstofffiltern.
- Bodenverschmutzung und Grundwasserverseuchung;
- Absinken des Grundwasserspiegels;
- Potenzielle ökologische Ausgleichsflächen sind entweder von Hüttensiedlungen belegt worden oder von den Grundbesitzern in die reguläre Bebauung einbezogen worden.
- Wälder in der Umgebung wegen Brennholzbedarf abgeholzt.

7.5 Steuerungsprobleme

- Versorgungsprobleme wegen Übergröße;
- Katastrophenanfälligkeit;
- Desorganisation und Destabilisierung;
- Mangelnde Partizipation der Betroffenen – Unregierbarkeit

7.6 Maßnahmen zur Bewältigung des Wachstums

- Reduzierung der Geburtenrate durch Ausbildung, besonders der Frauen;
- Entwicklung der ländlichen Räume, damit der Wanderungsdruck auf die Städte nachlässt;
- Förderung mittelgroßer Städte, die noch „regierbar“ sind;
- Aufstellung und Durchsetzung von Flächennutzungsplänen.

G Globalisierung

1 Zum Begriff Globalisierung

1.1 Voraussetzungen und Beschleuniger

Neoliberale Wirtschaftspolitik

Noch während des Zweiten Weltkriegs einigten sich die Alliierten 1941 in der „Atlantik-Charta“ auf die politische und wirtschaftliche Nachkriegsordnung. Die Weltwirtschaft sollte wiederbelebt werden durch stärkere internationale Arbeitsteilung und freien Kapital- und Güterverkehr. Die ersten konkreten Schritte waren:

Zollsenkungen

- 1947 haben sich 23 Länder auf ein Zoll- und Handelsabkommen geeinigt, **GATT**. Diesem Abkommen sind immer mehr Staaten beigetreten, jetzt sind es über 150, und es wurden in verschiedenen Welthandelsrunden immer mehr Zölle abgebaut.
- 1994 wurde eine Dachorganisation für die internationalen Handelsbeziehungen gegründet, die **WTO** *(World Trade Organization)* = Welthandelsorganisation. Sie löste das GATT ab. Seine Inhalte leben aber unter der WTO weiter. Für Entwicklungsländer und einzelne Sektoren z. B. die Landwirtschaft gibt es Ausnahmen.
- **Erfolg:** Für nichtlandwirtschaftliche Produkte spielen Zölle im Handel zwischen den Mitgliedsstaaten praktisch keine Rolle mehr.

Dienstleistungsabkommen GATS

- Darin werden die grenzüberschreitenden Tätigkeiten von Banken, Versicherungen, Telekommunikation und Luftverkehr geregelt.
- Infolge der Liberalisierung der Finanzmärkte ist Kapital weltweit verfügbar.
- Die Wertschöpfung im Dienstleistungssektor übertrifft manchmal schon den Handel mit Gütern.

Abkommen zum Schutz geistiger Eigentumsrechte

- Patente, Urheberrechte, Markennamen;
- Damit werden Firmen, die Geld in die Forschung und Entwicklung gesteckt haben, vor Raubkopien geschützt.

Innerstaatliche Deregulierung und Privatisierung

- Der Liberalisierungsvorgang auf internationaler Ebene ist parallel dazu auch innerhalb vieler Nationalstaaten abgelaufen, im Westen wie im ehemaligen Ostblock.
- Beispiele in Deutschland sind Post, Telekom und die geplante Bahnprivatisierung.

Weltweit werben Staaten um Investitionen

- Dadurch sollen Arbeitsplätze geschaffen und Steuereinnahmen erzielt werden; Außenhandel und Binnenkonjunktur werden angekurbelt.
- Weniger entwickelte Staaten begünstigen Joint Ventures, um Zugang zu moderner Technologie und Managementwissen zu bekommen.

Neue Kommunikationstechnologie

- Neben die alten Informationsträger Presse, Rundfunk, Fernsehen, Telefon und Fax treten Internet mit E-Mail und Datenbanken; Firmen nutzen auch interne Netze: Intranet.
- **Ergebnis:** Informationsaustausch erfolgt immer rascher und sehr zeitnah. Kosten sind minimal. Unternehmerisches Handeln ist unabhängig von jeder räumlichen Distanz möglich.
- Allerdings fehlt in manchen EL die Basisinfrastruktur für eine richtige Vernetzung.

Transportwesen

- Größere **Ladekapazität**
  - Öltanker 1960: Tragfähigkeit 70 000 tdw, Länge 250 m Tiefgang 14 m
  - Öltanker 2002: Tragfähigkeit 450 000 tdw, Länge 380 m Tiefgang 24 m
  - Es gibt noch größere Tanker, sie können aber nur noch wenige Häfen anlaufen und nicht mehr alle Großkanäle passieren.
  - Containerschiffe 1965: Tragfähigkeit 15 000 twd, Länge 180 m
  - Containerschiffe 2006: Tragfähigkeit 156 900 twd, Länge 397 m
  - Massengutfrachter 1960: Tragfähigkeit 15 000 twd, Länge 250 m
  - Massengutfrachter 1986: Tragfähigkeit 364 000 twd, Länge 343 m
  - Durch die großen Ladekapazitäten sinkt der Frachtpreis.
- Organisation des Gütertransports über neue **Logistiksysteme**: Durch elektronische Steuerungssysteme wird der gesamte Transportweg vom Versender bis zum Empfänger über alle Zwischenschritte (Lkw, Zug, Binnenschiff, Hochseeschiff, Zollabfertigung usw.) durchgeplant und überwacht. Integrierte Transportketten erlauben die Zusammenfassung mancher Sendungen. Das Transportgut bleibt in der Obhut einer internationalen Spedition. Liegezeiten in Häfen werden weitgehend vermieden. Alle Beteiligten wissen jederzeit über den aktuellen Aufenthaltsort einer Sendung Bescheid.

- Wichtig sind schnelle Containerbrücken mit langen Auslegern in den Häfen für das Löschen der Containerladungen.
- **Ergebnis:** Transportkosten werden radikal gesenkt; Transportzeiten ebenso;
- Der Transportkostenanteil an den Produktionskosten liegt zwischen ½% und 6%.
- Auch bei Fracht- und Passagierflugzeugen nimmt die Kapazität zu. Die Logistik ist ebenfalls verbessert worden.

1.2 Akteure

Weltbank
- Fördert die wirtschaftliche Entwicklung in EL.
- Das geschieht besonders durch Kredite und die Teilfinanzierung von Infrastrukturmaßnahmen (Straßen, Schulen, Energieversorgung, Telekommunikation).
- Diese können von EL teilweise nicht geleistet werden, und die großen Firmen wollen sie nicht erbringen, weil sie keine Rendite abwerfen.
- Die Gelder werden mit Auflagen vergeben, was in EL oft kritisiert wird.

IWF
- Der Internationale Währungsfonds hilft bei Überschuldung von EL.
- Er kann auch Kredite geben, wenn Schwierigkeiten bei der Zahlungsbilanz in EL auftreten.

UNCTAD *(United Nations Conference on Trade and Development)*
- Fördert den Handel zwischen IL und EL, aber auch den Handel zwischen den EL.
- Auch der Technologie- und Finanztransfer gehört zu den Aufgaben.

Hauptakteure sind Transnationale Unternehmen *TNU/Global Player*
- 1. Vorstufe: Das **internationale Unternehmen**: Ein Unternehmen, das in einem einzigen Land die Produktion plant und durchführt und das fertige Produkt dann auf internationale Märkte bringt.
- 2. Vorstufe: Das **multinationale Unternehmen**: Die Produktion erfolgt in verschiedenen Ländern. Vom Heimatland aus wird alles zentral organisiert und gesteuert. Übergänge zu transnationalen Unternehmen fließend.
- Das **transnationale Unternehmen**: Die internationalen Standorte des Unternehmens (teilweise Tochtergesellschaften) haben mehr Selbständigkeit erreicht, sind manchmal auf bestimmte Aufgaben spezialisiert, können eigene Entwicklungsabteilungen haben. Mehr Eigenverantwortlichkeit innerhalb der zentralen Vorgaben von der Konzernleitung. Intensive Vernetzung aller einzelnen Standorte. Es werden auch Allianzen gebildet, um Entwicklungskosten zu sparen, Zugang zu Technologien und hochqualifiziertem Personal zu bekommen.

Abb. 1: Vom nationalen zum transnationalen Unternehmen

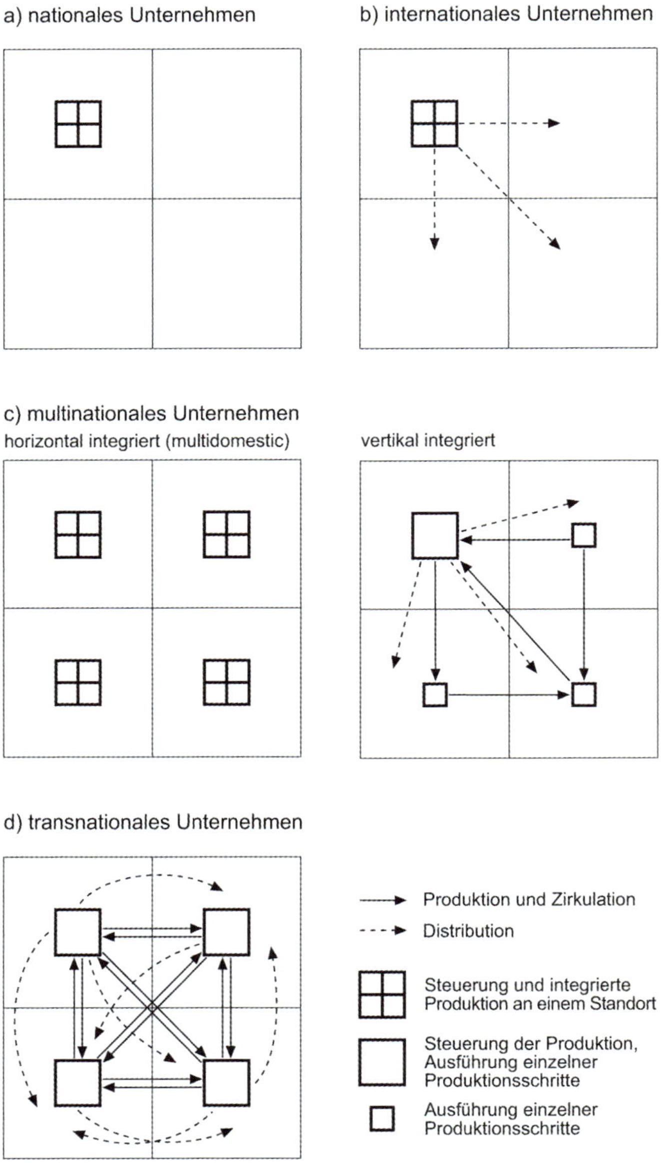

Beispiel für den Wandel eines Unternehmens: Siemens

- 1847 Firmengründung in Berlin; 1855 Auslandsniederlassung in Russland; 1857 Geschäftsverbindungen nach Argentinien; 1858 Niederlassung in England; 1887 Büro in Tokio;
- Die erste Entwicklungsphase ist durch Gründung von Niederlassungen gekennzeichnet, die in Deutschland produzierte Waren vertreiben sollten.

- Der zweite Schritt bestand im Aufbau von Produktionsstätten im Ausland. Dadurch konnten die damals hohen Zölle und Handelshemmnisse umgangen werden.
- Nach 1950 folgte die Expansion in allen Erdteilen, besonders in den USA. Die Zahl der Produktionsstandorte ist enorm angewachsen.
- In den letzten Jahren war die Ausweitung besonders in Asien stark: China, Philippinen, Thailand. Gegenwärtig Produktionsstätten in über 50 Ländern.
- Von den 427 000 Mitarbeitern im Jahr 2008 waren noch 31 % in Deutschland beschäftigt.
- Heute werden Forschungseinrichtungen weltweit betrieben. Dadurch wird das jeweils vorhandene Humankapital genutzt, andererseits lassen sich leichter Produkte entwickeln, die den örtlichen Bedürfnissen entsprechen.
- **Wissensmanagement:** In einem eigenen Netzwerk sind alle Fachleute mit ihrem Spezialwissen zu allen Technikproblemen gespeichert. So hat jeder Berechtigte den Zugang zu technischen Informationen, die weltweit in der „Siemensfamilie“ vorhanden sind.
- Auffällig ist das **Anpassungsvermögen**: Man hat sich von Sparten getrennt, mit denen man früher zwar Erfolg hatte, bei denen man aber keine große Zukunftsperspektive mehr sah: Kommunikationsbereich (Telefon und Handy), Chipherstellung, Computerproduktion. Andererseits werden neue Arbeitsfelder ausgebaut: Medizintechnik, Windkraftanlagen, Gas- und Dampfkraftwerke, Verkehrsmanagement.

2 Globalisierung von Produktion und Absatz

2.1 Zur Rolle eines Unternehmens

- Unternehmerische Tätigkeit ist gewinnorientiert und häufig transnational eingestellt. (Im Gegensatz dazu ist eine Regierung in der Regel auf das nationale Territorium beschränkt und dem Gemeinwohl verpflichtet.)
- Das Betätigungsfeld hat sich vom nationalen Markt auf den Weltmarkt ausgeweitet. Daher werden mehr und öfter Güter, Menschen, Kapital und Ideen über die Grenzen eines Nationalstaates hinweg ausgetauscht.
- Die Identifizierung mit einem Nationalstaat lässt nach. „Wir sind kein deutsches Unternehmen, sondern ein internationales Unternehmen mit Firmensitz in Deutschland.“ (ehemaliger Vorstandsvorsitzender eines *Global Players*)

2.2 Standortfaktoren werden neu bestimmt

- Die **Produktionsfaktoren** sind ungleich auf der Erde verteilt: Ressourcen, Arbeitskräfte unterschiedlicher Qualifikation, Wissen und Kapital. Daher ist eine räumliche Arbeitsteilung durchaus normal.
- Weltweit werden die günstigsten Standortbedingungen genutzt; dies gilt auch für Unternehmen mittlerer Größe:
  - Arbeitskosten,
  - Umweltkosten (hohe oder niedrige Auflagen),
  - Forschungsbedingungen,
  - und Steuervorteile sind dabei am wichtigsten.
  - Auch der Zugang zu neuen Märkten spielt eine Rolle.
- An keinem Standort sind alle Bedingungen optimal. Früher hat man nach einem Kompromiss für den Produktionsstandort gesucht.

Abb. 2: Beispiel für einen arbeitsteiligen Produktionsvorgang: Jeans der Marke Lee Cooper, entworfen in den USA

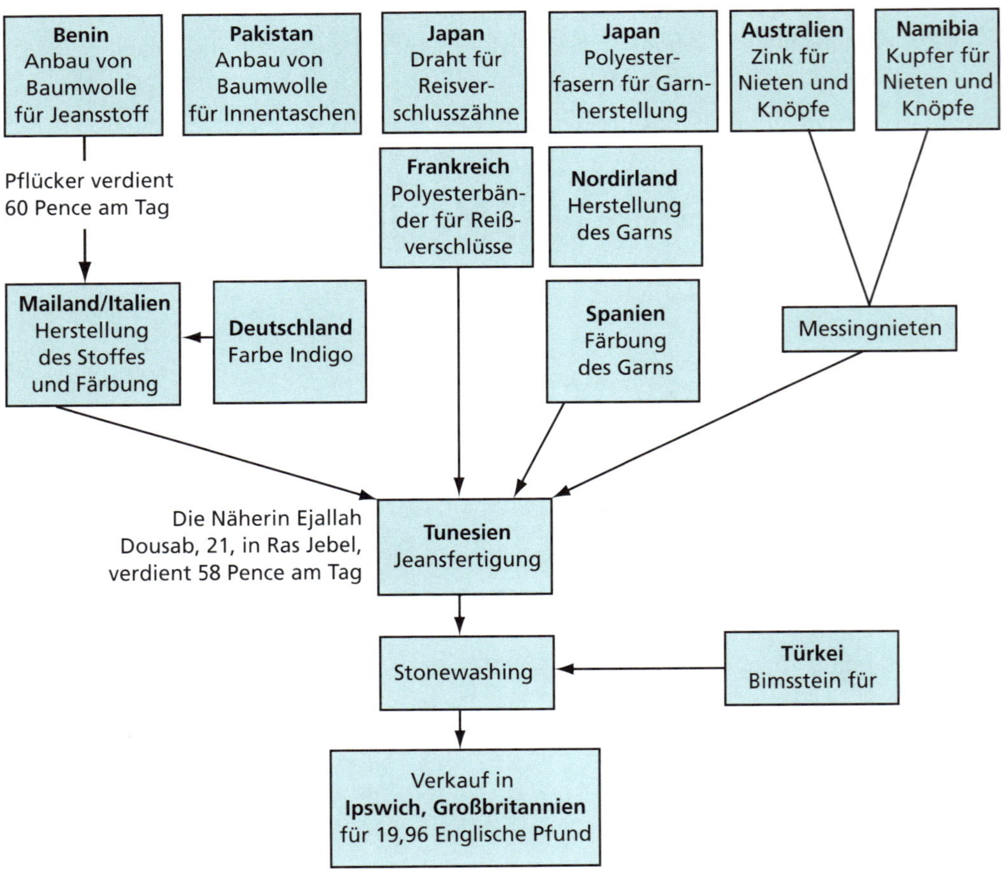

- Heute werden die Produktionsprozesse manchmal zerlegt und einzelne Teile daraus verlagert an weltweite Standorte. → Es entstehen Produktketten.

Das Beispiel zeigt einen sehr einfachen Vorgang, viel komplexer sind die Produktionsverflechtungen bei hochtechnischen Produkten wie einem Auto, das aus Tausenden von Komponenten besteht.

Typische Merkmale:

- Entwicklung des Produkts meist in einem Land der Triade;
- Rohstoffe werden weltweit nach Vorkommen und Preis (Rohstoffbörse) bezogen.
- **Produktionsverteilung:** arbeitsintensive Produktion wird in Niedriglohnländer ausgelagert *(offshoring)*. Die Textilindustrie braucht Niedriglohnarbeiter und sucht deswegen ihre Standorte weltweit unter diesem Aspekt.
- Dadurch verlieren auch alte Produktionsstandorte ihre bisherige Ortsgebundenheit, sie werden „entkoppelt“ oder „entankert“.
- Produkte, bei denen technisches Know-how und Design sehr wichtig sind, beharren eher auf ihren angestammten Produktionsorten oder verstärken sich dort sogar: Filmindustrie in Hollywood und Bollywood (Bombay, Indien), Computerindustrie im Silicon Valley. Für die Firma bedeutet Arbeitsteilung aber Existenzsicherung. Diese wird auch durch eine geringere Fertigungstiefe erreicht (*lean production*; mehr Zulieferer werden eingesetzt).
- Der Wettbewerb zwischen den in- und ausländischen Standorten wird immer schärfer.
- Die Investitionen werden mobiler.
- Auch Dienstleistungen sind in die Globalisierung einbezogen: Elektronische Buchungen, Reservierungen, Lohn- und Gehaltsabrechnungen werden in China oder Indien mit geringeren Kosten durchgeführt. Großrechner lassen sich durch die Zeitverschiebung zwischen Asien, Europa und Amerika optimaler nutzen.

2.3 Auswirkungen

- Die Welt hat sich in einen einzigen homogenen Markt für Finanzen und Güterverkehr verwandelt, sie ist entgrenzt worden. Traditionelle Standorte werden hinterfragt.
- Früher wurden Rohstoffe und Endprodukte transferiert, heute immer mehr Zwischenprodukte.
- Globalisierung schafft **weltumspannende Netzwerke**: eigene Auslandsniederlassungen, Zusammenarbeit mit Zulieferern, grenzüberschreitende Firmenkäufe, Megafusionen.
- Die Summe der Direktinvestitionen im Ausland steigt.
- Die 100 größten Unternehmen weltweit beschäftigen die Hälfte ihrer Mitarbeiter außerhalb des Landes mit ihrem Hauptsitz.
- Verhaltensweisen und der Lebenskultur gleichen sich an: „McDonaldisierung“

2.4 Absatz

- Schon seit 1990 steigt der Index für das Exportvolumen von Waren stärker als der für die Produktion. Also: Immer mehr Waren werden nicht mehr dort konsumiert, wo sie hergestellt werden. Außerdem: Der firmeninterne Handel von Zwischenprodukten über Landesgrenzen hinweg nimmt zu.
- Die Produktionsverlagerung erfolgt teilweise auch, um neue Märkte zu erschließen oder besser bedienen zu können, Beispiele: von IL nach China, von Schwellenländern oder anderen IL nach USA oder in die EU.
- Es gibt nur wenige Produkte, die sich weltweit in der gleichen Form verkaufen lassen, etwa Coca Cola, Produkte von McDonalds und mit Einschränkungen auch Jeans. Meistens gibt es länderverschiedene Vorlieben, denen durch angepasste Produktgestaltung Rechnung getragen werden muss. Deswegen ist es der Firma Ford trotz mehrmaligem Anlauf immer noch nicht gelungen, ein „Weltauto" zu bauen.

2.5 Wirtschaftliche und soziale Rückwirkungen auf Deutschland

- Das Bruttosozialprodukt in Deutschland wird zu einem Drittel durch den Export erzielt.
- Jedes dritte deutsche Auto wird im Ausland hergestellt.
- Deutsche Firmen investieren mehr im Ausland als ausländische Firmen in Deutschland.
- Arbeitsplätze wandern in Länder mit niedrigeren Produktionskosten ab: Herstellung von einfachen Werkzeugen und Elektrogeräten, Kinderspielzeug, Textilien, Speicherchips; fast alle Waren in den Non-Food-Abteilungen der großen Lebensmittelhändler werden außerhalb Deutschlands hergestellt.
- Die sozialen Folgelasten bleiben.

3 Chancen und Risiken der internationalen Arbeitsteilung

3.1 Auswirkungen allgemein

- Die Weltwirtschaft hat durch die Internationalisierung starke Wachstumsimpulse bekommen, Innovationen haben deutlich zugenommen und Ressourcen werden effizienter genutzt.

- Billige Importgüter erhöhen als Konsumgüter den Lebensstandard der Bevölkerung, als Vorprodukte stärken sie die Wettbewerbsfähigkeit des eigenen Standorts.
- Wie die Finanzmarktkrise ab 2008 zeigt, ist aber auch das Gefährdungspotenzial weltweit enorm gestiegen.
- Das wirtschaftliche Handeln wird immer mehr entankert und entgrenzt.
- Nationalstaaten spielen zwar noch eine wichtige Rolle, aber ihr Handlungsspielraum wird eingeschränkt.
- *Global Player* sind für die Staaten zu bedeutenden Wirtschaftsfaktoren geworden durch Steuereinnahmen, durch Direktinvestitionen. Sie besitzen gegenüber Nationalstaaten ein bedeutendes Drohpotenzial: Produktionsverlagerung oder Firmensitzverlagerung.
- Es entstehen Netzwerke und Machtverhältnisse, die nicht mehr demokratisch gesteuert werden können.
- Durch die Globalisierung verbreiten sich Produktionsstätten, Waren und Wissen immer mehr in neuen Räumen, zum Teil auch in Entwicklungsländern, aber es entsteht keine Gleichheit auf der Welt, sondern es bilden sich neue Konzentrationsorte. Der chinesische Petrochemie-Konzern Sinopec Corp hat Boeing überflügelt; der südkoreanische Elektronikkonzern Samsung ist größer als Toshiba und BMW.
- Die Vernetzung erfolgt nicht gleichmäßig in der Welt, sondern konzentriert sich immer mehr auf die Triade (Europa, Nordamerika, Japan mit aufstrebenden Regionen Ostasiens). Die Triade beherrscht die Weltwirtschaft.
- Innerhalb der Triade konzentrieren sich die Firmensitze der *Global Player* auf die *global cities*, die „Schalt- und Kontrollzentren länderübergreifender Wirtschaftsräume."
- Die **Ausländischen Direktinvestitionen** (ADI) konzentrieren sich zu über zwei Dritteln in den Ländern der Triade. Weil ADI nicht so schnell getätigt und abgezogen werden können wie Portfolioinvestitionen, sind *Global Player* vorsichtiger mit ADI in Entwicklungsländern.

Abb. 3: Verbindungen der Triadekerne

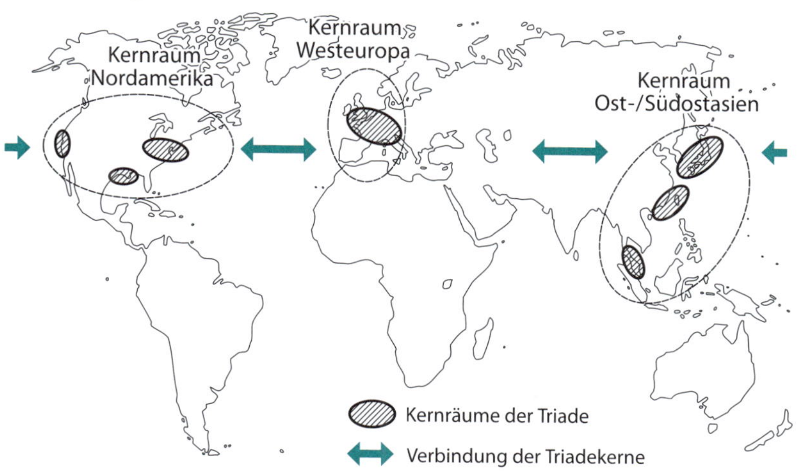

Abb. 4: Verflechtung des Welthandels

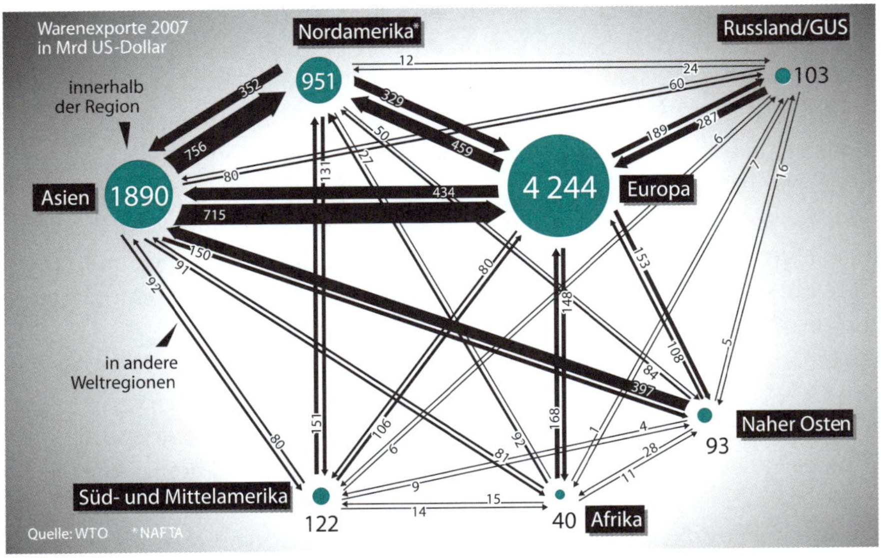

3.2 Chancen und Nachteile für IL

Investitionen verfolgen zwei Ziele: sie dienen der Effizienzsteigerung und sollen einen neuen Markt erschließen oder einen bestehenden Markt erhalten.
Standorte treten weltweit in stärkeren Wettbewerb untereinander.
In IL durch Rationalisierung und Produktionsverlagerung → steigende sektorale Arbeitslosigkeit.

3.3 Chancen für EL

- Länder, die sich der Weltwirtschaft nicht verschlossen haben, wie die asiatischen Tigerstaaten Südkorea, Taiwan, Hongkong und Singapur, aber auch China seit 1978, Mexiko, Chile, Brasilien und viele weitere Länder, haben ihren wirtschaftlichen Fortschritt wesentlich der Globalisierung zu verdanken.
- Länder, die sich abgeschottet haben und keine marktwirtschaftliche Politik betreiben, haben nicht profitiert (Nordkorea).
- Voraussetzung für erfolgreiche Nutzung der Globalisierung in EL sind:
  - Stabilität: niedrige Inflation; geringes Haushaltsdefizit;
  - Offenheit: geringe Zölle, wenig nicht-tarifäre Handelshemmnisse;
  - politische Stabilität und Rechtssicherheit; wenig Korruption;
  - Daneben spielen natürlich weiterhin andere Faktoren eine Rolle: Rohstoffausstattung, Fruchtbarkeit der Böden, Bevölkerungsentwicklung, eine gewisse Infrastruktur.

3.4 Probleme für EL

- Die Anfangsphase der Marktöffnung ist extrem schwierig, weil durch die ins Land strömenden Waren heimische Produkte oft nicht mehr abgesetzt werden können und somit viele Arbeitsplätze verloren gehen. → Der Vorsprung der IL ist dadurch kaum aufzuholen.
- Die IL verlagern mit der Produktion auch ihre sozialen und ökologischen Kosten in andere Länder, ohne die Gewinne ebenso zu verteilen.
- Die Einkommensentwicklung zwischen IL und EL klafft immer weiter auseinander, es entstehen zwar neue Verbindungen, aber auch neue Trennlinien.
- Die Globalisierung hat die Polarisierung zwischen den erfolgreichen und erfolglosen EL verstärkt.
- Die Masse der Menschen in den EL ist von den neuen Strömen ausgegrenzt oder hat nichts von den Gewinnen, die sich meistens auf die Zentren und auf die Ober- und Mittelschicht konzentrieren.
- Diese investieren ihre Gewinne oft nicht im eigenen Land, sondern legen sie teilweise in Industrieländern an.
- In EL entstehen zwar neue Arbeitsplätze durch die Globalisierung, wegen des Bevölkerungswachstums reicht aber ihre Anzahl bei weitem nicht.

3.5 Das Beispiel Bangalore (Bengaluru)

(Teilweise nach Christoph Dittrich, Handbuch des Geographieunterrichts, Bd. 8/II Entwicklungsländer II)

Der Aufstieg zur Hightech-Metropole

- Bangalore in Südindien hat sich zu einem weltweit wichtigen Zentrum für Software-Entwicklung hochgearbeitet.
- Der Regierungschef Nehru wollte schon bald nach der Staatsgründung hier die Stadt der Zukunft bauen. Es wurden in den folgenden Jahrzehnten Forschungsinstitute eingerichtet und Staatsunternehmen für Maschinen- und Werkzeugbau, Luft- und Raumfahrt, Rüstungstechnik, Elektronik und Biotechnologie. Daneben existiert eine umfangreiche Textilindustrie.
- Seit Anfang der 90er Jahre die staatliche Planwirtschaft von einer liberalen, weltmarktorientierten Wirtschaftspolitik abgelöst wurde, beschleunigte sich die Entwicklung.
- Die vielen Weltunternehmen, die sich hier angesiedelt haben, fanden qualifizierte Arbeitskräfte und Absatzmärkte vor.
- Es gibt in der Stadt, die 2010 mit Region etwa 8 Mio. Einwohner hat, sehr viele naturwissenschaftlich ausgebildete, englischsprachige, relativ preiswerte Arbeitskräfte. In der IT- und Elektronikbranche sind 150 000 Menschen beschäftigt.

- In der Stadt existieren mehr als 400 Niederlassungen und Joint Ventures von ausländischen Konzernen.
- Die Standorte der IT-Branche liegen teilweise im modernen Geschäftszentrum, teils in neuen Stadtvierteln oder in zwei Technologieparks vor der Stadt.

Zwei Gesichter der Stadt

- Die Verkehrsinfrastruktur ist schlecht – es gibt weder Straßenbahn noch S-Bahn, nur Busse. – Staus und Luftverschmutzung sind an der Tagesordnung. Eine U-Bahn ist geplant.
- Strom- und Wasserversorgung fallen regelmäßig aus, die Abfallentsorgung klappt nicht, die Straßen sind schlecht und der Wohnraum äußerst knapp; 1,5 Mio. Menschen leben in Marginalsiedlungen.
- Um Platz für Neubauten zu schaffen, wurden Marginalsiedlungen zerstört, ihre Bewohner an den Stadtrand abgedrängt.
- Kriminalität ist weit verbreitet.
- In der Kernstadt und in einigen Neubauvierteln finden sich hypermoderne Dienstleistungszentren nach westlichem Vorbild mit Einrichtungen, wie wir sie aus den Zentren unserer Städte kennen. Hier bewegen sich Angehörige der Ober- und Mittelschicht.
- Ihre Wohnungen liegen in abgeschirmten Wohnparks und Apartmenthäusern: eigene Strom- und Wasserversorgung und Sicherheitspersonal.

Die gesellschaftliche Polarisierung

- Die Oberschicht und ein Teil der Mittelschicht hat einen westlichen Lebenszuschnitt und verdient für indische Verhältnisse gut (mittleres Management umgerechnet 880 bis 1750 € im Monat).
- Im informellen Sektor liegen die Verdienste teilweise unter dem Existenzminimum (Bauhilfsarbeiter 26 bis 35 €/Monat; Hausangestellte (5 bis 17 €/Monat).
- Wegen des starken Zuzugs und beginnender Immobilienspekulation steigen die Mietpreise in allen Wohnvierteln. Das trifft besonders die Armen.
- Korruption ist weit verbreitet; für einen Bezugsschein, um verbilligte Lebensmittel zu bekommen, oder für den Besuch höherer Schulen werden Schmiergelder erwartet. Aufstiegsmöglichkeit für Arme minimal.
- An der überwiegenden Mehrheit der Bevölkerung ist die Globalisierungschance nicht nur vorbeigegangen, sondern für sie ist das Risiko gewachsen. Immer mehr von ihnen werden in den informellen Erwerbssektor abgedrängt. Ihre Lebenshaltungskosten steigen.

Ergebnis

- Eine kleine Bevölkerungsschicht, weitgehend den höheren Kasten zugehörig, kann von der Globalisierung profitieren und ihre Lebenssituation sogar deutlich verbessern, wenn sie auch nicht ohne wirtschaftliches Risiko lebt.

- Ein weiterer Teil profitiert vom Konsumverhalten der Reichen, aber der Sickereffekt ist nicht sehr groß.
- Der Mehrheit geht es eher schlechter. Sie ist in ihren Hoffnungen auf die Teilnahme an den Früchten der Globalisierung enttäuscht. Es gibt „sehr häufig gewaltsam ausgetragene Auseinandersetzungen zwischen Gegnern und Anhängern des Globalisierungsprojekts" (Dittrich).
- In der Stadt hat eine Fragmentierung stattgefunden zwischen einigen global integrierten Inseln, einigen binnenmarktorientierten Einheiten und dem Meer von Problemballungsgebieten.

4 Ferntourismus: Chancen und Risiken

4.1 Die Bedeutung des Tourismus

Siehe dazu die Graphiken: Die Entwicklung internationaler Touristenankünfte und Der Anteil der Weltregionen am Welttourismus im Abschnitt Arbeitstechniken I.3

- Der Tourismus ist in den vergangenen Jahren, von kleinen Rückschritten abgesehen, weltweit schneller gewachsen als die Güterproduktion. Über 50 % der Touristenankünfte entfallen auf Europa, das aber stagniert, während der Mittlere Osten und Afrika stärker zulegen.
- Nur 3,5 % der Weltbevölkerung macht jährlich eine Auslandsreise, Geschäftsreisen eingeschlossen. Die Reisenden kommen größtenteils aus entwickelten Ländern. Ihre Zielgebiete sind in der Hauptsache ebenfalls entwickelte Länder.
- Die wirtschaftliche Bedeutung ist trotzdem groß: Weltweit hängen 8,3 % aller Arbeitsplätze mit der Reisebranche zusammen, 9,5 % aller Investitionen gehen in diesen Sektor und 10,4 % des Bruttoinlandsprodukts werden hier erwirtschaftet (2007). Der Tourismus ist also ein wesentliches Element und ein Motor der Globalisierung.
- In touristisch wichtigen EL mit Monostruktur liegen diese Anteile noch höher, besonders auf den Bahamas, Barbados und den Malediven.
- Die Tourismusbranche nutzt mit Erfolg die „westliche Sehnsucht nach Exotik" (Backes) und „unberührter Natur und archaischer Kultur" (Vorlaufer).

4.2 Grundlagen des Wachstums

- Verfügbares Einkommen wurde höher.
- Abnehmende Lebensarbeitszeit, längere Urlaubszeit;
- Zunehmende Sprachkenntnisse;
- Leicht zugängliche Informationen über Reisemöglichkeiten;

- Verringerung der Reisekosten durch billige Flugreisen und Pauschalangebote;
- Verkürzung der Reisezeiten;
- Bequemere Reisemöglichkeiten.

4.3 Einfluss auf Quell- und Zielgebiete

- Der Ressourcenverbrauch ist überall spürbar.
- Der CO_2-Ausstoß und damit eine Schädigung der Atmosphäre und des Klimas ist bei Fernreisen von niemand zu leugnen. Insofern kann es eigentlich keinen sanften Fernreisetourismus geben.

Quellgebiete

- Devisenabfluss, negative Devisenbilanz;
- Heimischer Fremdenverkehr nicht ausgelastet;

Zielgebiete

- Devisenzuflüsse;
- Sonderfall Entwicklungsländer: Der Tourismus konzentriert sich zwar auf eine relativ geringe Zahl von EL, kann dort aber bis maximal 95 % zum BIP beitragen (Malediven).
- Aber nicht alle Ausgaben der Touristen für Fernreisen in EL kommen ins Land oder bleiben im Land. Folgende Ausgaben müssen abgezogen werden:
  - Kosten für die Fluggesellschaft und das ausländische Touristikunternehmen: meist mehr als die Hälfte des Reisepreises;
  - Falls ein ausländischer Investor das Hotel gebaut hat, auch wesentliche Hotelkosten;
  - Kosten für Konsumgüter, die importiert werden müssen; Touristen verlangen oft nach gewohnten Speisen und Getränken.
  - Kosten für Tourismuswerbung;
  - Gehälter der ausländischen Kräfte (Reisebegleiter; Hotelmanager)
- Die abzuziehenden Kosten werden Sickerraten genannt. Sie können bei Kleinstaaten, die wenig entwickelt sind, bis auf 70 % steigen (Seychellen).

4.4 Chancen und Risiken in Entwicklungsländern

Chancen

- Die bisherigen Zuwachsraten und die Prognosen verheißen gute Gewinne.
- Manche Länder verfügen über **Attraktionen**, die ihnen eine gute Marktstellung sichern:
  - Warmes, sonniges Wetter;
  - Landschaftliche Schönheit: Berge, Seen, Strände, spektakuläre Wasserfälle (Victoria-Fälle), Vulkane, Geysire;
  - Scheinbar unberührte Natur: Urwälder, Wüsten, Naturreservate, Nationalparks;
  - Exotische Flora und Fauna (Costa Rica);
  - Einmalige Bauwerke: Tempel in Kambodscha, Thailand, Mexiko; Heiligtümer in Mekka; Taj Mahal in Indien; archäologische Fundstätten; Museen;
  - Faszinierende Kultur: Bräuche; exotische Tänze; Feste;
- Es fallen keine „Exportkosten“ an wie bei Handelsgütern; auf veränderte Ansprüche der Touristen kann man leicht reagieren durch den direkten Kontakt.
- Außer bei den Unterkünften sind nur relativ geringe Investitionen nötig.
- Die Branche ist eher arbeits- als kapitalintensiv, auch können Menschen mit geringerer Ausbildung Beschäftigung finden: Hotel- und Gaststättenbereich; Herstellung und Verkauf von Souvenirs;
- Tourismus kann auch helfen, periphere Gegenden zu erschließen.
- Natur wird als Wirtschaftsfaktor erkannt und vielleicht geschützt, Reservate werden eingerichtet und erhalten; so trägt der Tourismus indirekt zum Naturschutz bei.
- Heimische Sitten und Gebräuche werden weitergepflegt, Baudenkmäler erhalten.
- Beitrag zur Völkerverständigung ist möglich.

Risiken

- Der Tourismusstrom reagiert sehr empfindlich auf **Störfaktoren** und geht dann vorübergehend zurück:
  - Terroranschläge in Ägypten, Tunesien, Kenia, USA und Bali;
  - Spektakuläre Entführung von Touristen;
  - Seuchengefahr;
  - Große Naturkatastrophen: Vulkanausbrüche, Erdbeben, Tsunami, tropische Wirbelstürme;
  - Wirtschaftskrisen in den Quellgebieten der Touristen.
- Die **Infrastrukturkosten** muss der Zielstaat als Vorleistung erbringen, weil aber die meisten Einnahmen in private Kassen fließen, bleibt oft wenig Geld für diesen Zweck.

4.5 Probleme der ökonomischen, ökologischen und sozialen Tragfähigkeit

Wirtschaft

- Die ärmsten Länder können keine Touristen anlocken, weil sie nicht über die nötige Infrastruktur verfügen. Hier können also auch keine Entwicklungsimpulse erfolgen.
- Der Tourismus ist selten Impulsgeber für periphere Regionen und kann kaum zu flächendeckender Erschließung beitragen.
- Vielmehr entstehen oft Monostrukturen, meist in Küstengebieten.
- **Saisonalität:** Außerhalb der Reisezeit fehlen für die Beschäftigten die Einkünfte.
- Räumliche Disparität nimmt manchmal zu.
- Preissteigerung, weil viele hochwertige Lebensmittel zur Versorgung der Touristen verwendet werden und am heimischen Markt fehlen.
- Die neue Infrastruktur bleibt den Einheimischen weitgehend verschlossen, hat also keinen Nutzen für die Allgemeinheit.

Natur

- Schäden an Flora und Fauna sind fast unvermeidlich, außer beim sanften Tourismus. Korallenriffe werden durch Taucher geschädigt.
- Naturverbrauch durch Zersiedelung, Bau von Straßen, Flughäfen, Golfplätzen;
- Wasserverbrauch für Duschen und Swimmingpools ist in ariden Gebieten ein ernstes Problem und kann zu Verknappung führen.
- Auch sonstige Ressourcen werden verbraucht.
- Geld für Kläranlagen fehlt oft → ungereinigte Ableitung in Flüsse oder das Meer; in der Karibik sind die Mangrovewälder durch Abwässer aus den Hotels geschädigt.
- Unsachgemäße Müllentsorgung, meist auf Deponien.

Gesellschaft

- Soziale Disparität nimmt zu zwischen denen, die am Tourismus verdienen und denen, die davon ausgeschlossen sind. Ein Angestellter im Tourismusbereich oder ein Taxifahrer verdient inklusive Trinkgelder unter Umständen mehr als ein ausgebildeter Techniker oder Ingenieur.
- Überkommene Sozialordnung und Wertesysteme können sich auflösen.
- Die angestammte Kultur kann zur Folklore für Touristen verkommen. Sie wird vermarktet.
- Sextourismus und Kinderprostitution werden als besonders demütigend empfunden.
- Anstieg der Kriminalität

Wertung des Tourismus in Entwicklungsländer

- Die Fachleute streiten nach wie vor, ob die Vorteile oder die Nachteile überwiegen.
- In der Praxis muss es darum gehen, die negativen Auswirkungen zu begrenzen und die positiven zu verstärken.

5 Lässt sich Globalisierung steuern?

5.1 Vorteile der Globalisierung

- Ökonomen bewerten die Globalisierung positiv, weil sie die **Effizienz der Märkte** steigert. Die Zunahme des Handels hat den Wohlstand gehoben.
- Die Finanzmärkte verfügen weltweit über ausreichend Kapital, um die Unternehmen mit Krediten zu versorgen.
- Die Konsumenten weltweit profitieren von preiswerten Waren und Lebensmitteln. Gleichmäßige Versorgung mit Obst und Gemüse über das ganze Jahr;
- Die Hauptprofiteure der Globalisierung sitzen in den IL.

5.2 Nachteile der Globalisierung

- **Machtverlust der Politik:** In IL können die *Global Player* mit Verlagerung der Arbeitsplätze drohen. Regierungen geraten eher in die Rolle der Bittsteller. In EL konkurrieren die Regierungen um Ansiedlung von Betrieben.
- Der Umsatz an den Devisenmärkten ist in einer Woche höher als der weltweite Güterhandel eines ganzen Jahres; der Tagesumsatz an den Devisenmärkten ist höher als die Devisenreserven aller Regierungen der Welt (Jagd nach Spekulationsgewinnen). Fehlende Kontrolle beim grenzüberschreitenden Kapitalverkehr → Stabilität der Weltwirtschaft in Gefahr;
- Disparitäten zwischen IL und EL wachsen.
- **Einkommensungleichgewichte:** Die Fragmentierung bewirkt, dass in den EL nur wenige globalisierte Orte profitieren, und selbst dort nur ein Teil der Ober- und Mittelschicht.
- LDC sind uninteressant für Investitionen, weil sie weder qualifizierte Arbeitskräfte, noch Infrastruktur, noch Absatzmarkt bieten können.
- Die Internationale Arbeitsorganisation (ILO) schätzt, dass weltweit vier (!) Mrd. Menschen in der informellen und kriminellen Ökonomie (Schattenwirtschaft, Drogenhandel u. s. w.) leben. Sie werden also bisher nicht von der Globalisierung in der Wei-

se erfasst, dass sie einen Arbeitsplatz mit regelmäßigem Einkommen und sozialer Absicherung gefunden haben.

- Nachhaltiges Wirtschaften ist im Rahmen der Globalisierung bisher noch kaum gelungen, es fehlt an Rücksicht auf Ökologie und Klima.

5.3 Steuermöglichkeit?

- **Gipfel in Rio de Janeiro 1992** hat Forderung erhoben nach weltweit
  - sozialer Gerechtigkeit,
  - wirtschaftlicher Leistungsfähigkeit,
  - ökologischer Nachhaltigkeit,
  - politischer Stabilität; aber die Wirklichkeit ist davon noch weit entfernt.
- Mangel an Institutionen zur Regelung globaler Aufgaben;
- Internationale Handelsabkommen sind im Allgemeinen durchaus wirksam beim Abbau von Zöllen, es gibt aber noch viele nicht-tarifäre Handelshemmnisse wie nationale Normen und Vorschriften, mit denen sich Länder gegen den Import abschotten.
- In einigen Wirtschaftssektoren (z. B. Landwirtschaft; Werften) gibt es Subventionen von Einzelstaaten oder Staatengruppen (EU), die den freien Wettbewerb mit Rücksicht auf die eigene Wirtschaft behindern.

H Raumstrukturen und Prozesse in Deutschland

1 Raumwirksamkeit des demographischen Wandels

(zum Teil nach Wolkersdorfer und Gebhard in Geographie Deutschlands, WBG 2007)

1.1 Auswanderung und Einwanderung im historischen Kontext

Glaubensflüchtlinge der frühen Neuzeit

- Niederländer, Hugenotten und Waldenser fanden besonders in Hessen und Preußen Zuflucht.
- Sie waren sehr willkommen, weil sie handwerkliche Fähigkeiten mitbrachten oder bereit waren, abgelegene Gegenden zu besiedeln.
- Französische Orts- und Familiennamen in Brandenburg und Berlin oder in Erlangen erinnern heute noch an diese Zuwanderer.

Polen ins Ruhrgebiet

- Mit Beginn der Industrialisierung stieg der Arbeitskräftebedarf im Ruhrgebiet so an, dass deutsche Zuwanderer aus ländlichen Gegenden nicht mehr ausreichten.
- Die Lücken wurden durch Polen geschlossen. Ihre Nachfahren im Ruhrgebiet sind heute noch an ihren polnischen Namen zu erkennen.

Drei Auswanderungswellen im 19. Jahrhundert

- In den 40er und 50er Jahren wanderten mehr als 1,3 Mio. Menschen aus Deutschland aus. Sie kamen hauptsächlich aus den Erbteilungsgebieten im Südwesten, wo die Erträge nicht mehr ausreichten. Zielgebiet waren fast immer die Vereinigten Staaten von Amerika. Nach der gescheiterten Revolution von 1848 kamen noch politisch Motivierte hinzu.
- In den 60er und 70er Jahren kam die zweite Welle aus Ostpreußen mit ca. 1 Mio. Auswanderern.
- Bis Anfang der 90er Jahre wanderten Kleinbauern, Tagelöhner und Handwerker aus den Gebieten östliche der Elbe ab, vorwiegend nach Amerika.

Wirtschaftsblüte vor dem Ersten Weltkrieg

- Jetzt setzt die Binnenwanderung ein. Aus den ländlichen Räumen wandern viele ab in die Industriegebiete und in die Großstädte; dorthin kommen auch Wanderarbeiter aus Polen.

Auswanderung in der Weimarer Zeit und in der NS-Zeit

- Die Notsituation nach dem Ersten Weltkrieg und die Wirtschaftskrisen trieben wieder viele Menschen dazu, das Land zu verlassen.
- Während der NS-Diktatur verließen noch einmal 300 000 Menschen Deutschland, vorwiegend deutsche Juden. Weitere 200 000 flohen aus den von Deutschland besetzten Gebieten.

Tod vieler Menschen

- Die Verluste der deutschen militärischen Verbände werden auf 3,8 Mio. geschätzt; dazu kommen 2 Mio. zivile Opfer und 1,2 Mio. Opfer unter den Flüchtlingen und Vertriebenen.
- Dazu kommen die ermordeten europäischen Juden, Sinti und Roma und die im Rahmen des Euthanasieprogramms getöteten körperlich und geistig Behinderten.

Die riesigen Zwangswanderungen im und nach dem Zweiten Weltkrieg

- Während des Krieges wurden **Zwangsarbeiter** aus Osteuropa für Arbeit in der Rüstungsindustrie und in der Landwirtschaft deportiert. Dazu kamen Kriegsgefangene und ausländische KZ-Häftlinge. Insgesamt lebten bei Kriegsende über 10 Mio. Ausländer im Land, viele aus der damaligen Sowjetunion, aus Polen und Frankreich. Sie schlugen sich nach Kriegsende als *displaced persons* wieder in Ihre Heimat durch.
- In der Zeit der Bombenangriffe auf deutsche Städte wurden 5,6 Mio. Menschen in ländliche Gebiete evakuiert, andere flohen selbst dorthin. Die Städte des Ruhrgebietes hatten nur noch 50 % ihrer Vorkriegsbevölkerung.
- Andererseits setzte gegen Kriegsende und danach ein riesiger Strom von Flüchtlingen und Heimatvertriebenen ein: 11 bis 12 Mio. Menschen. Sie kamen aus den ehemaligen deutschen Ostgebieten (Schlesien, Pommern, Ostpreußen) und aus dem Sudetenland, Ungarn, Rumänien. Dazu kamen noch Umsiedler in den Folgejahren.
- Sie wurden zunächst in ländlichen Gebieten untergebracht, weil die Städte durch Bombenangriffe weitgehend zerstört waren.

Die Umschichtungen seit den fünfziger Jahren

- In den fünfziger Jahren zogen viele dann, wie andere Landbewohner auch, in die Städte (Land-Stadt-Wanderung), wo im Zuge des „Wirtschaftswunders" viele Arbeitsplätze entstanden.
- Etwa von 1955 bis zur ersten Ölkrise 1973 wurden viele **Gastarbeiter** angeworben aus Italien, Griechenland, Spanien und später besonders aus der Türkei, um bei Hochkonjunktur die Nachfrage nach Arbeitskräften decken zu können. 600 000 kamen jährlich ins Land.

- Es handelte sich zunächst um jüngere, meist alleinstehende Männer, die sich mit sehr bescheidenen Unterkünften zufrieden gaben und einen Teil ihres Verdienstes an Angehörige in ihrer Heimat transferierten.
- Später zogen teilweise deren Familienangehörige nach, so dass der Ausländeranteil trotz Anwerbestopp nach der Ölkrise weiter anstieg. Aus dem zeitlich befristeten Aufenthaltsrecht wurde ein Daueraufenthaltsrecht. Damit wurden viele Gastarbeiter faktisch zu Einwanderern.
- In den 90er Jahren kamen viele **Flüchtlinge und Asylbewerber** ins Land. 1986 stammten noch drei Viertel aus Entwicklungsländern, 1993 kam der gleiche Anteil aus Ländern des ehemaligen Ostblocks. Asylanträge 1992: 438 000. Nach Änderung des Asylrechts 1993 gingen die Zahlen wieder deutlich zurück.
- Die **Aussiedlerzuwanderung** war nach den deutschen Flüchtlingen und Heimatvertriebenen und den Arbeitsmigranten die drittgrößte Zuwanderbewegung.
  - Es handelt sich um Personen, deren Vorfahren vor Generationen, zum Teil schon vor Jahrhunderten aus Deutschland in den Osten oder Südosten ausgewandert waren, und die wieder zurückkehren. Sie haben einen Rechtsanspruch auf die deutsche Staatsangehörigkeit.
  - Ihre Gesamtzahl zwischen 1950 und 2006 betrug rund 4,5 Mio.
  - Den Höhepunkt erreichte ihre Zuwanderung 1990 mit 400 000.
- 2005 lebten 7,3 Mio. Menschen ohne deutsche Staatsbürgerschaft in Deutschland, das sind 9 % der Einwohner. Sie leben hauptsächlich in den alten Bundesländern.

Die Bundesrepublik als ein Einwanderungsland

- Seit etwa 30 Jahren trifft diese Aussage zu.
- Diese Tatsache wird aber nur zögerlich zur Kenntnis genommen.
- Die Einwohnerzahl Deutschlands stieg zwischen 1950 und 2000 von 69 Mio. auf 82 Mio. Der größte Teil des Zuwachses, nämlich 9,5 Mio. ist auf die Zuwanderung von Ausländern zurückzuführen. Auch deren höhere Geburtenraten spielen eine Rolle.

1.2 Die Veränderung der Altersstruktur

- Der Altenquotient steigt:
  - 2001 kamen auf 100 Menschen von 20 bis 60 Jahren 44 über 60 Jahre;
  - 2050 kommen auf 100 Menschen von 20 bis 60 Jahren 78 über 60 Jahre;
- Auch das Medianalter rückt nach oben.
- Der Anteil der über 60-Jährigen wird in den neuen Bundesländern bis zum Jahr 2020 besonders hoch sein, am allerstärksten wird er in den dortigen ländlichen Gebieten wachsen, wo viele jüngere Menschen wegen Arbeitsmangel weggezogen sind.
- Auch in den alten Bundesländern wird der Anteil der über 60-Jährigen ziemlich hoch sein im Raum Kiel, Hamburg, Bremen, Ruhrgebiet, Nordhessen, Rhein-Main-Gebiet, Saarland, in den bayerischen Großstädten, in den Grenzgebieten zu Tschechien und teilweise auch zu Österreich.

1.3 Die Bevölkerung schrumpft

- Seit 1973 ist die Geburtenrate unter die Sterberate gefallen.
- Die Aussicht, dass sich dies ändert, ist extrem unwahrscheinlich, denn es kommen immer weniger Frauen ins gebärfähige Alter. Selbst bei einer deutlichen Steigerung der Fertilität der Frauen in Deutschland wird der Schrumpfungsprozess noch lange anhalten. Siehe Alterspyramiden von Deutschland im Kapitel F 2.6.
- Die totale Fruchtbarkeitsrate je Frau lag zwischen 1956 und 1969 bei 2,5 Kindern, 1970 wurden noch 2,1 erreicht, der Wert, bei dem die natürliche Bevölkerungsbewegung stagniert. Seit 1975 liegt der Wert bei ungefähr 1,4.
- Die Generation der künftigen Mütter ist um ein Drittel kleiner als heute.
- **Folge des Bevölkerungsrückgangs:** Von einigen besonders boomenden Städten abgesehen wird die städtische Bevölkerung zurückgehen. → sinkende Mieten in weniger begehrten Wohngegenden → führt zu sozialer Entmischung → es bilden sich Gettos von sozial benachteiligten und leistungsschwächeren Bevölkerungsgruppen.

1.4 Die räumliche Veränderung

- In den neuen Bundesländern geht die Bevölkerungszahl zurück. Dies ist teilweise auf die Abwanderung in die alten Bundesländer zurückzuführen, weil dort mehr Arbeitsplätze zur Verfügung stehen, teilweise, weil die Geburtenraten dort noch kräftiger abnimmt. Weil unter den Wegziehenden auch viele junge Frauen sind, verschlechtern sich die Aussichten auf ein Wiederansteigen der Geburtenrate.
- Dies gilt auch für ländliche Räume im Westen: südliches Niedersachsen, Nordhessen, Pfälzer Wald.
- Das Ruhrgebiet verliert ebenfalls an Bevölkerung.
- Zunahme gibt es in den Großstädten und Mittelstädten der alten Bundesländer: Raum Hamburg, Köln/Bonn, Rhein-Main-Gebiet, Stuttgart, München.
- Nach der Prognose hält diese Tendenz bis 2020 an. Einige Gebiete mit Bevölkerungsabnahme kommen noch hinzu, beispielsweise Hannover, Gießen, Karlsruhe und Nürnberg.

1.5 Der Ausländeranteil

- In den neuen Bundesländern ist er besonders niedrig, außer im Großraum Berlin. Ursache: In der DDR gab es sehr wenige Ausländer.
- In den alten Bundesländern ist der Ausländeranteil in den wirtschaftlichen Ballungsräumen wegen der dortigen Verdienstmöglichkeiten besonders hoch.

2 Entwicklung in städtischen Räumen

2.1 Tertiärisierung

- Wirtschaft und Gesellschaft haben sich seit der Industrialisierung grundlegend geändert.

Abb. 1: Grundmodell des sektoralen Wandels

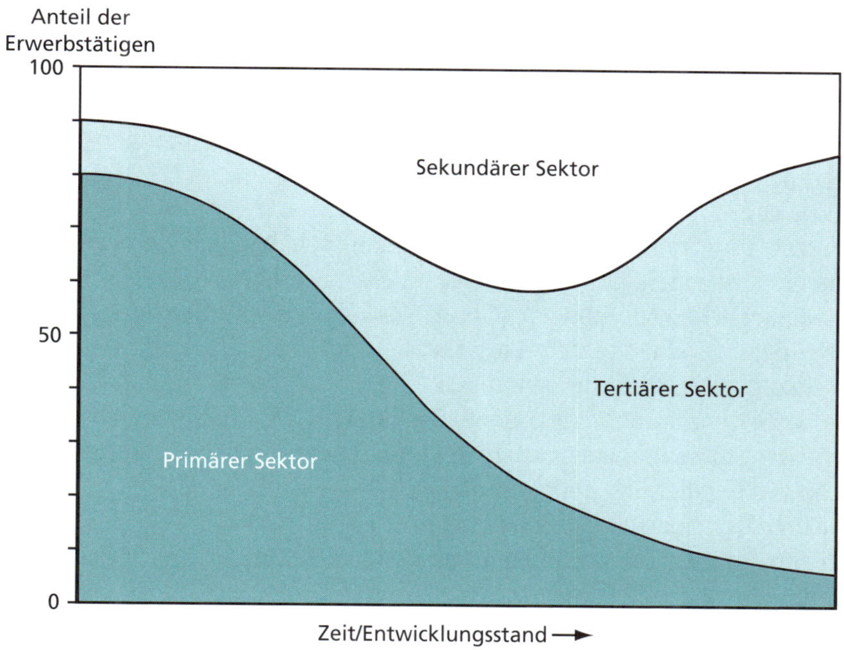

- In der **vorindustriellen Zeit** waren um die 80 % der Erwerbstätigen in der Landwirtschaft beschäftigt; nur ein sehr geringer Teil von ihnen lebte als Ackerbürger in Landstädten. Dem produzierenden Gewerbe (Sekundärer Sektor) waren die Handwerker zugeordnet, die teilweise auf den Dörfern, teilweise in den Städten lebten. Zum Tertiären Sektor gehörten die übrigen Berufstätigen, hauptsächlich die Händler.
- Mit der **Industrialisierung** wuchs der Sekundäre Sektor an. Die Fabriken entwickelten sich zunächst aus Handwerksbetrieben oder Manufakturen in den Städten, wanderten aus Platzgründen dann an die Ränder. Gleichzeitig wuchs der Tertiäre Sektor, ebenfalls bevorzugt in den Städten an. Das große Wachstum der Städte hatte begonnen.
- Durch Rationalisierung und Automatisierung setzte der Sekundäre Sektor in der postindustriellen Phase Arbeitskräfte frei, die im Tertiären Sektor Beschäftigung fanden.

- Gleichzeitig lief auch in der Landwirtschaft eine Rationalisierung und Mechanisierung ab, verbunden mit einem Anwachsen der Betriebsgrößen. Die freigesetzten Arbeitskräfte fanden in den Städten Beschäftigung.
- So ist das Wachstum der Städte vor dem Hintergrund des wirtschaftlichen Wandels zu verstehen.

2.2 Citybildung

- Bezeichnung für einen Funktionswandel, der in der *City of London* erstmals beobachtet wurde und daher seinen Namen bekommen hat.
- Im zentral gelegenen Kern einer Stadt, das kann, muss aber nicht, die historische Altstadt sein, konzentrieren sich immer mehr zentrale Dienstleistungsfunktionen des Tertiären Sektors. Die Folge ist eine Abwanderung oder Verdrängung der Wohnbevölkerung.
- **Funktionen:**
  - Einzelhandel mit Kaufhäusern und Spezialgeschäften, die einen großen Einzugsbereich brauchen; hohe Schaufensterdichte; Passagen; Arkaden;
  - öffentliche Dienstleistungen (Obere Verwaltungsbehörden) und private Dienstleistungen (Fachärzte, Anwälte); Kultureinrichtungen;
  - Banken und Versicherungen; Büros;
  - höchste Konzentration des öffentlichen und privaten Personennahverkehrsnetzes (Busse, Straßenbahnen, U-Bahnen, S-Bahnen); Parkhäuser; Berufspendler, Ausbildungspendler und Einkaufspendler;
  - Sekundärer Sektor fast nicht vertreten;
- hohe Arbeitsplatzdichte verbunden mit den vielen Kunden ergibt eine hohe Tagbevölkerung;
- dagegen sehr geringe Nachtbevölkerung;
- räumliche Gliederung: meist Hauptgeschäftsstraße, Bankenviertel;
- Folge der hohen Verdienstmöglichkeiten: sehr hohe Bodenpreise, sehr hohe Mietpreise für Geschäfte;
- dichte Bebauung, falls durch Planungsbehörden erlaubt auch hohe Bebauung (Frankfurt/Main);
- Fußgängerbereiche schaffen bessere Bedingungen für den Einkauf.

2.3 Suburbanisierung

Beachten Sie die Grundinformationen in Kapitel F 5.3. Ergänzende Informationen für Städte in Deutschland:

Rückwirkungen auf die Kernstadt

- Der Wegzug meist junger Familien bedeutet zunächst Verlust von Steuereinnahmen.
- Andererseits werden die Verpflichtungen für den Sachaufwand bei Kindergärten und Schulen gemindert.
- Wohnraum in der Kernstadt wird frei; Entlastung für den angespannten Wohnungsmarkt;
- Problematischer ist die Suburbanisation von Industriebetrieben und Dienstleistungsunternehmen, weil dadurch die wichtigen Gewerbesteuereinnahmen wegfallen.

Wirkungen in den Umlandgemeinden

- Dort ist die Ansiedlung von Betrieben, die Gewerbesteuer entrichten, hoch willkommen. Teilweise halten die Gemeinden den Hebesatz für die Gewerbesteuer bewusst niedrig, um Betriebe anzulocken.
- An den Infrastrukturkosten werden die Betriebe zum Teil beteiligt. Sie schätzen aber die neuen Standorte, weil sie ausreichend Platz bieten, vielleicht auch für Betriebserweiterungen.
- Zulieferung und der Versand von Fertigprodukten erfolgen am Stadtrand meist rascher und damit kostengünstiger.
- Kleinbetriebe können manchmal im ehemaligen Dorfkern leichter einen günstigen Standort finden, weil nicht mehr genutzte landwirtschaftliche Betriebsgebäude und Bauernhäuser zur Verfügung stehen, die nach geringen Umbaumaßnahmen genutzt werden können.
- Die ehemaligen Dörfer erleben eine Umformung. Es entstehen neue Wohnhäuser, vom Einfamilienhaus über Reihenhäuser bis zu Wohnblöcken. Es werden Kindergärten, Schulen errichtet und neue Einkaufsmöglichkeiten gebaut.
- **Problem:** Meist erfolgen der Grundstücksverkauf und die Bebauung in Einzelentscheidungen und die Gemeinden verzichten, zumindest in der Anfangsphase, auf eine Gesamtplanung, was zur Zersiedelung führt.
- Weil die meisten Arbeitsplätze in der Kernstadt bleiben, werden viele neue Bewohner zu Pendlern.
- Die Geschäftsstruktur in solchen Umlandgemeinden ist stark auf den täglichen Bedarf ausgerichtet, Spezialgeschäfte bleiben in den Kernstädten.

Suburbanisierung in den alten Bundesländern

- Beginn in den 60er Jahren mit der Bevölkerung, dann folgte die Industrie und schließlich in den 80er Jahren der Dienstleistungsbereich.
- Grund für den Nachzug von Einzelhandel, Großhandel, Verwaltungen und Bankfilialen war, dass sich im so genannten Speckgürtel eine Bevölkerung mit großer Kaufkraft angesammelt hatte.

Suburbanisierung in den neuen Bundesländern

- In Zeiten der DDR gab es fast keine Suburbanisierung.
- Die Wohnbedingungen waren weder in den heruntergewirtschafteten Altbausiedlungen noch in den Plattenbauten besonders gut. Der Wunsch nach größeren und besser ausgestatteten Wohnungen und einem besseren Umfeld war sehr groß.
- Nach der Wiedervereinigung löste sich 1992 der Stau plötzlich und sehr heftig.
- Weil zunächst weder die Kommunen noch die Privathaushalte über ausreichend Kapital verfügten, traten viele Kapitalanleger aus dem Westen auf. Die Durchführung der Baumaßnahmen lag meist in der Hand von Bauträgergesellschaften.
- Vor den Stadtgrenzen gab es ausreichend Platz, die Eigentumsverhältnisse waren nicht strittig, es wurde rasch gebaut.
- So heftig der Neubeginn war, die Suburbanisierung der Wohnbevölkerung war nicht so umfangreich wie im Westen und flaute bald wieder ab, weil angesichts der Arbeitsplatzkrise viele Menschen in den Westen abwanderten und von den Dagebliebenen zu wenige über ausreichendes Einkommen verfügten.
- Unmittelbare Folge war, dass viele moderne Neubauten nicht verkauft oder vermietet werden konnten und manche Anleger einen Teil ihres Kapitals verloren.
- Anders lief die Suburbanisierung beim Einzelhandel und beim Gewerbe.
- In den Innenstädten reichten die Verkaufsflächen bei weitem nicht aus. Die Eigentumsverhältnisse waren zunächst ungeklärt, weil die Rückgabe der Häuser an die Alteigentümer Vorrang haben sollte vor finanzieller Entschädigung. Der Denkmalschutz verhinderte zu rasche Veränderungen.
- Der erste Schritt noch vor der Suburbanisierung der Wohnbevölkerung war die Ansiedlung von Einzelhandelsunternehmen auf der „grünen Wiese“. Das waren meist nicht aus dem Zentrum abgewanderte Betriebe, sondern Einzelhandelsketten aus dem Lebensmittelbereich und Baumärkte von außerhalb der Stadtregion, meist aus den alten Bundesländern. Dazu gesellten sich dann noch Lager- und Transportfirmen, die Bauwirtschaft und Freizeiteinrichtungen. Die Infrastruktur folgte oft erst hinterher.
- Häufig entwickelten sich Einkaufszentren in der Nähe von Autobahnausfahrten oder Autobahnkreuzen, oft größer als in den alten Bundesländern und manchmal überdimensioniert. Im Gegensatz zu den alten Bundesländern liegt in den neuen Ländern über 50 % der Verkaufsfläche im Außenbereich der Städte.
- Der Einzelhandel in den Zentren der Kernstädte hat unter der neuen Konkurrenz zu leiden.

2.4 Soziale und ethnische Segregation; Integration

Beachten Sie die Grundinformationen in Kapitel F 5.4

- In den deutschen Städten ist im **Mittelalter** eine gewisse Gruppierung nach Berufsgruppen zu erkennen, etwa eine Gerbergasse, ein Färbergraben, Ledererstraße, Schäfflerstraße.
- Im **19. Jahrhundert** haben sich ausgeprägte Arbeiterviertel entwickelt, oft erkennbar an uniformen vierstöckigen Wohnquartieren. Daneben bildeten sich Wohnquartiere der Wohlhabenderen aus (Villenviertel).
- Diese Segregation hat sich im **20. Jahrhundert** fortgesetzt. Neben die soziale Differenzierung ist ab den 60er Jahren noch eine ethnische getreten. So haben sich türkische Gastarbeiter häufig in bestimmten Vierteln niedergelassen, in denen sich auch türkische Geschäfte etablierten: Lebensmittelläden, Dönerbuden, Änderungsschneidereien, Friseure, Elektrogeschäfte, später sogar Banken. In Düsseldorf gibt es eine besondere Konzentration von Japanern.
- Als altersmäßige Differenzierung lässt sich in größeren Städten eine Konzentration von jungen Erwerbstätigen am Rand der City beobachten.
- Verglichen mit den USA und Städten wie London und Paris ist in Deutschland die Segregation nicht so weit fortgeschritten.
- Die Integration unterschiedlicher Gruppen in einer Stadt ist in Deutschland meist ein Ziel der Stadtentwicklung. Am besten gelungen ist in der Nachkriegszeit die Integration der deutschen Flüchtlinge und Heimatvertriebenen, was als große Leistung der Nachkriegszeit angesehen wird.
- Schwierig war der Umgang mit Asylbewerbern, die zuerst in Wohncontainern untergebracht waren, weil der normale Wohnraum nicht ausreichte.
- Allgemein lässt sich feststellen, dass die Beibehaltung der Lebensform und der Sprache die Integration erschwert. Deutsche Bevölkerungsgruppen, die den geringsten persönlichen Kontakt zu Ausländern haben, zeigen die größte Reserviertheit.

2.5 Leitbilder für die Entwicklung der Städte

Als Grundansatz gilt in ganz Europa das Leitbild der kompakten und durchmischten Stadt (Charta von Aalborg, 1994). Dazu gehören folgende Ziele:

- **Hohe Baudichte:** Statt der immer weiter ausufernden und flächenfressenden Suburbanisierung soll in den Kernräumen eine Nachverdichtung erfolgen, besonders an den Haltepunkten der Verkehrslinien.
- **Nutzungsmischung:** Statt die Funktionen Wohnen, Arbeiten und Erholung zu trennen, was große Verkehrsströme hervorruft, sollten alle Stadtteile diese und weitere Grundfunktionen möglichst kleinräumig durchmischen. In unmittelbarer Wohnumgebung sollten also Arbeitsstätten und Erholungsräume liegen.

- **Öffentliche Räume schaffen** und erhalten: Gegenwärtig nehmen die von Privatfirmen betriebenen und kontrollierten großen Einkaufszentren und die Erlebniszentren immer mehr zu. Stattdessen sollen alle Straßenräume und Plätze wieder öffentlich zugänglich werden.
- **Ökologische Verbesserung:** Reduzierung des Individualverkehrs und Schaffung von Grünflächen zur Erholung sollen die Lebensqualität verbessern.

2.6 Maßnahmen zur nachhaltigen Entwicklung

Eine nachhaltige Stadtentwicklung versucht die wirtschaftlichen, sozialen, ökologischen und kulturellen Interessen in Einklang zu bringen. Dabei soll durch einen verantwortungsvollen Umgang mit den vorhandenen Ressourcen die Lebensgrundlage für die gegenwärtigen und künftigen Bewohner erhalten werden.

Soziale und ökologische Nachhaltigkeit

- Abwärtsentwicklung in schwierigen Stadtteilen verhindern;
- Gebäude sanieren, dabei Wärmedämmung beachten;
- Beschäftigungsförderung, z. B. bei den lokalen Wirtschaftsbetrieben;
- Projekte für Jugendliche und Langzeitarbeitslose durchführen;
- Soziale Durchmischung, um einer Gettobildung entgegen zu wirken;
- Integration von Zuwanderern;
- Alte Stadtkerne werden erhalten, damit die sozialen Strukturen und kulturellen Traditionen nicht zerstört werden.
- Mehr Grünanlagen und Spielplätze;
- Stadtentwickler und Umweltbehörden müssen zusammenarbeiten und dabei die betroffenen Bewohner mit einbeziehen.

Stadtsanierung und Erneuerung

- Damit soll eine bestehende alte Substanz erhalten und modernisiert werden.
- Kann ein ganzes Quartier betreffen oder auch nur einen Straßenzug.
- In Regensburg wurde in einem Musterprojekt ein mittelalterliches Viertel mit maroder Bausubstanz saniert.
  - Ziel war es, die Bausubstanz zu verbessern und gleichzeitig in den Wohnungen Toiletten, Bäder oder Duschen einzubauen.
  - Gleichzeitig sollte in dem extrem dicht bebauten Viertel eine Entkernung und stellenweise eine Begrünung durchgeführt werden.
  - Schließlich galt es, eine behutsame soziale Durchmischung vorzunehmen, weil die ursprüngliche Bevölkerung fast ausschließlich der Unterschicht angehörte.

Die bisherige Bevölkerung sollte weitgehend bleiben können, man hat aber bewusst einige hochpreisige Mietobjekte eingefügt.

Stadtumbau

- Stadtumbaumaßnahmen sind radikaler und ändern die Nutzung qualitativ und quantitativ.
- Sie werden notwendig, wenn ein markanter wirtschaftlicher Strukturwandel erfolgt ist, wenn die Bevölkerungszahl rückläufig ist und viele Wohnungen leer stehen oder wenn sich die Altersstruktur der Bevölkerung wesentlich verändert.
- Weil die Grundprobleme in Ostdeutschland völlig anders sind als in Westdeutschland, wurden verschiedene Pläne aufgestellt, die später zusammengeführt werden sollen.

Stadtumbau West

- Die Wohngebiete der 50er bis 70er Jahre sollen angepasst werden; Leerstand ist zu vermeiden.
- Familiengerechte und generationenübergreifende Wohnformen sind zu finden;
- Freiräume für Kinder und Jugendliche sind zu schaffen.
- Mehr Grün und Naturnähe soll die Wohnqualität erhöhen.

Stadtumbau Ost

- Weil in der DDR in den Innenstädte kaum investiert wurde und in den Randbereichen Plattenbauten errichtet wurden, die den heutigen Wohnbedürfnissen nicht entsprechen, sehen die dortigen Umbaupläne anders aus:
- **Stärkung der Innenstädte:** Altbauten, die das Stadtbild prägen, sollen erhalten und saniert werden. Durch Verbesserung der Infrastruktur sollen die Innenstädte wieder belebt werden, damit die Zersiedelung des Umlands gebremst wird.
- Reduzierung von leerstehendem Wohnraum; denn er stellt eine hohe finanzielle Belastung für die meist kommunalen oder genossenschaftlichen Eigentümer dar (Instandhaltung der häuslichen Infrastruktur, Beheizung im Winter). Das Geld fehlt für Sanierungsmaßnahmen.
- Abriss von Wohngebäuden, bei denen keine Chance auf Vermietung mehr besteht und deren Sanierung zu teuer kommt.
- Gewonnene Freiflächen für Grünflächen, Spielplätze, Biergärten und Räume für Kunst- und Kulturaktionen nutzen.
- Einzelhandel in seiner Vielfalt erhalten.

Instrumente für die Entwicklung

- **Stadtentwicklungsplan:** gibt die Gesamtlinien vor und legt die Nutzung der Stadträume fest.
- **Fachpläne** zum Beispiel zur klimatischen Verbesserung, Verkehrserschließung oder zum Wasserbau;
- **Flächennutzungsplan:** legt die Flächen für Wohnbebauung, Gewerbegebiete, Mischgebiete, Grünanlagen, Verkehrsflächen fest.
- **Bebauungsplan:** Hier wird für alle Bürger und Behörden verbindlich im Detail festgelegt die Art, Höhe und Dichte der Bebauung.

3 Wirtschaftliche Disparitäten in Deutschland

3.1 Neuorientierung altindustrieller Gebiete/Ruhrgebiet

Kohleförderung schrumpft

- 1837 begann die Kohleförderung im Ruhrgebiet und wuchs rasch an.
- Kohle diente als Heizmaterial in Gebäuden und Lokomotiven, bald auch der Erzverhüttung und später der Stromerzeugung in großen Kraftwerken. Die Ruhrkohle gehört zu den besten Kokskohlen. Koks ist unentbehrlich bei der Verhüttung von Eisenerz. Die dabei entstehenden „Kohlewertstoffe“ bilden die Basis für die Kohlechemie.
- 1957/1958 begann die **Krise im Kohlebergbau**; Gründe:
  - Bei der Wärmeerzeugung wurde die Konkurrenz durch Erdöl, später durch Erdgas und Kernenergie immer größer.
  - Auch bei der Stromerzeugung machte sich das bemerkbar.
  - In der Eisenerzverhüttung im Hochofen wurde je Tonne Roheisen immer weniger Kohle gebraucht.
  - Die Stahlerzeugung ging außerdem noch zurück.
  - Die Importkohle wurde immer billiger: 1993 kostete 1 t Importkohle 100 DM, dagegen 1 t Ruhrkohle 270 DM. Der Abbau war also nur noch durch hohe Subventionen rentabel.
  - Diese wurden gegeben, um den Schrumpfungsprozess sozial verträglich zu halten, um ein gewisses Maß an Eigenversorgung im Energiesektor sicherzustellen (strategisches Argument) und um in der Abbautechnik auf dem Spitzenplatz zu bleiben, denn Abbaumaschinen konnte man exportieren.

- Weil die Kohleflöze nach Norden immer tiefer abtauchen und die südlichen Bereiche schon erschöpft sind, muss die Kohle aus sehr großer Tiefe gefördert werden.

Jahr	Anzahl der Zechen	Beschäftigte	Förderung in Mio. t
1957	141	490000	120
1995	13	70000	40
	4 (2009)	30000 (2009)	24 (2007)

- Um die Reduzierung des Kohlebergbaus zu bremsen und in geordneten Bahnen ablaufen zu lassen, wurde 1969 die Ruhrkohle AG gegründet. Es wurden Absatzabkommen mit der Strom- und Stahlindustrie geschlossen. Außerdem wurden staatliche Importbeschränkungen verfügt.

Abb. 2: Kohleförderung und Beschäftigte im Ruhrgebiet

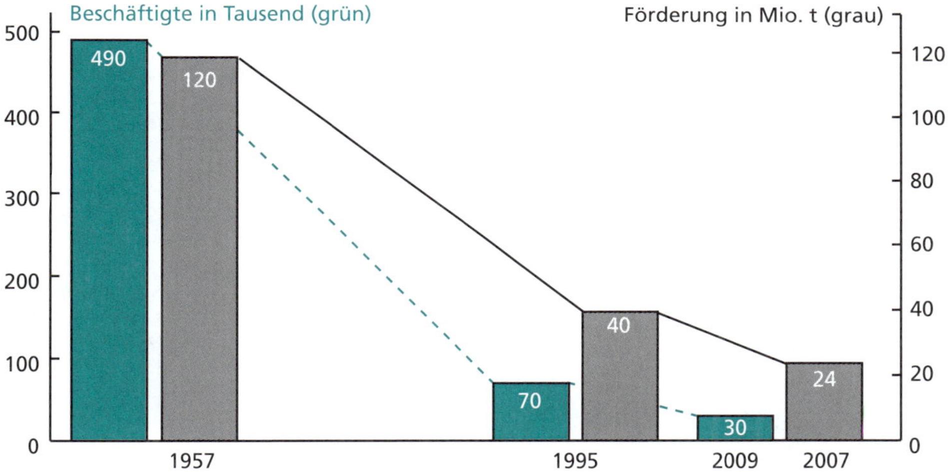

Durch die Erhöhung der Produktivität ist die Förderung je Beschäftigten gestiegen.

Eisen- und Stahlindustrie in der Krise

- Die Eisen- und Stahlerzeugung war der zweite große Eckpfeiler der Industrie im Ruhrgebiet. Sie hatte im 19. Jahrhundert ihre größten Impulse durch den Eisenbahnbau und bis in das 20. Jahrhundert hinein durch die Rüstungsindustrie erhalten.
- In der Stahlindustrie begann die Krise Mitte der 70er Jahre. **Gründe:**
  - Die Konkurrenz auf dem Weltmarkt ist gewachsen, Massenstahl kam zu niedrigen Preisen aus Osteuropa und einigen Schwellenländern.
  - Teilweise wurde Stahl durch Kunststoffe und Keramik ersetzt.
  - Die Automobilindustrie ging z.T. zur stahlsparenden Leichtbauweise über.

  - Das neue Elektrolichtbogenverfahren bei der Stahlherstellung erlaubte die Verwendung von großen Mengen Schrott. Außerdem brauchte man zum Schmelzen keine Kohle mehr, sondern Strom. Die neuen „Ministahlwerke" produzierten zwar oft nur ein Zehntel der Stahlmenge wie ein großer herkömmlicher Hochofen, die Investitionskosten waren aber sehr gering → Stahlproduktion konnte sich vom Kohlenstandort lösen und zu den Erzvorkommen oder auch zu großen Stromkraftwerken weltweit wandern.
  - Im Ruhrgebiet und in ganz Deutschland bestanden nun Überkapazitäten.
  - Die Stahlindustrie bekommt keine Subventionen.
  - Allerdings haben andere Staaten ihre Stahlindustrie subventioniert und ihr dadurch Vorteile verschafft.
- Die Krise im Ruhrgebiet führte zwischen 1974 und 1988 zu einem Rückgang der Hüttenwerke von 20 auf 8. Die Rohstahlerzeugung im Ruhrgebiet lag 1970 bei 28,5 Mio. t und sank bis 2000 auf 18,5 Mio. t bei europa- und weltweit deutlich steigender Produktion. Die Beschäftigtenzahl ist um etwa 50 % zurückgegangen.
- Was im Ruhrgebiet als Krise erschien, war weltweit nur ein kleiner Produktionsrückgang, der längst wieder zu einem Boom geführt hat wegen der großen Nachfrage in Schwellenländern, besonders China und Indien.
- Ein Überleben im Ruhrgebiet sicherte die Produktion von Spezialstählen und andererseits die besonders hohe Qualität der Erzeugnisse.
- Innerhalb Deutschlands bleibt das Ruhrgebiet mit über 50 % der Stahlproduktion weiterhin bedeutsam.

Abb. 3: Rohstahlerzeugung im Ruhrgebiet in Mio. t

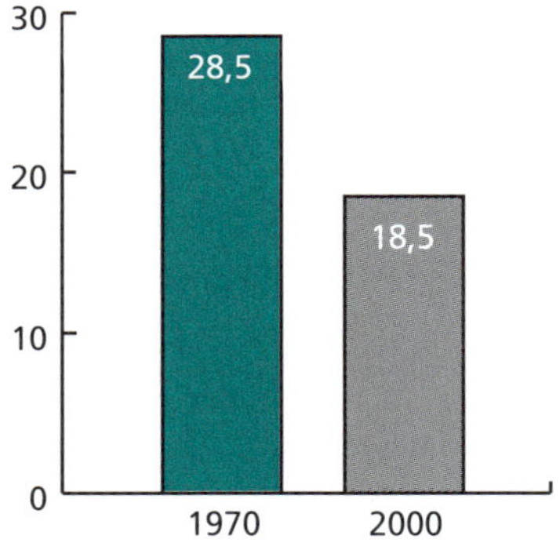

Weitere Industriebereiche

- Neben Kohle und Stahl erlangte die Eisen- und Stahlverarbeitende Industrie schon in der 2. Hälfte des 19. Jahrhunderts große Bedeutung, der Maschinenbau etablierte sich und gegen Ende des 19. Jahrhunderts kamen noch die Kohlechemie und die

Energiewirtschaft dazu. Elektrotechnik und Fahrzeugbau haben das Spektrum im 20. Jahrhundert erweitert.

- Das Ruhrgebiet wurde zur größten Industrielandschaft Europas. Alle Industriezweige bildeten ein enges Geflecht.
- Die oben beschriebenen Krisen und die höheren Anforderungen im Umweltschutz zwangen zu Rationalisierungen und zur Erhöhung der Produktivität.
- Folge von allen diesen Entwicklungen war die Freisetzung von Arbeitskräften.

Umbau des Ruhrgebietes

Grundprobleme

- Die einseitige Ausrichtung der ganzen Agglomeration auf die Industrie und noch dazu größtenteils auf die Schwerindustrie machte den Raum krisenanfällig.
- Es gab relativ wenige Klein- und Mittelbetriebe, die normalerweise als flexibel und innovativ gelten.
- Der Strukturwandel vom Altindustriegebiet zur Dienstleistungsgesellschaft wurde lange gebremst. 1981 waren noch 51 % der Erwerbstätigen im Sekundären Sektor beschäftigt.
- Auf allen politischen Ebenen, von den Kommunen über das Land NRW bis zur Bundesrepublik und der EU wurden Pläne erarbeitet und zum Teil auch umgesetzt. Nicht alle Maßnahmen waren gut koordiniert.

Erneuerung der Infrastruktur hat große Fortschritte gemacht

- Das **Verkehrsnetz** ist gut ausgebaut, ein dichtes Geflecht von Autobahnen und Eisenbahnlinien, besonders S-Bahnlinien durchzieht das ganze Revier.
- Der Öffentliche Personennahverkehr ist koordiniert.
- Die Wasserstraßenverbindung zu den Häfen Amsterdam, Rotterdam und Antwerpen ist gut, im Revier selbst gibt es ausgebaute Kanäle mit leistungsfähigen Häfen wie Dortmund und Duisburg.
- Eine große Zahl von Universitäten und Fachhochschulen ist errichtet und über das Revier verteilt worden. Forschungseinrichtungen der Fraunhofergesellschaft und Max-Planck-Institute wurden angesiedelt. Das Kulturangebot ist vielfältig.
- Das Ruhrgebiet hat von allen Industriegebieten die meisten Grünflächen. Zwischen den Städten liegen ausgedehnte Wälder und Ackerflächen, Wasserflächen bieten Sportmöglichkeiten. Es wurden in Nord-Süd-Richtung verlaufende regionale Grünzüge angelegt und der in Ost-West-Richtung verlaufende Emscher Landschaftspark mit Radwegenetz und Ökologieparks.
- Das Bild von vielen qualmenden Schloten und verrußten Hausfassaden gehört längst der Vergangenheit an. Wenn die Luft heute noch nicht ganz einwandfrei ist, kommt das eher vom Lastwagen- und Individualverkehr.

Umbau Wirtschaft

- Der anfängliche Versuch, die Montanindustrie durch Fördermaßnahmen wieder wettbewerbsfähig zu machen, war eher konservierend und führte nicht zum Strukturwandel. Er ist gescheitert.
- Einzelne Unternehmen haben von sich aus neue Betätigungsfelder gesucht, so der wegen seines Stahlrohrexports weltbekannte Mannesmann-Konzern; er hat das Mobilfunkgeschäft als zweites Standbein entwickelt.
- **Technologie- und Gründerzentren** wurden angelegt. Sie helfen Jungunternehmern, zeitlich begrenzt, neue Ideen bis zur Marktreife zu entwickeln. Dafür erhalten sie entsprechende Räume, Serviceeinrichtungen und sie werden unterstützt bei Kontakten zu Behörden und Forschungseinrichtungen. Wenn das Projekt weit genug gediehen ist, erhalten die Jungunternehmer Informationen über Förder- und Finanzierungshilfen, über geeignete Gewerbeflächen und Unterstützung beim Einholen einer Baugenehmigung.
- Besonders erfolgreich war das **Beispiel Dortmund**, wo man an das Technologiezentrum einen Technologiepark angeschlossen hat, in dem sich junge Firmen nach dem Ausscheiden aus dem TZ niederlassen konnten. Hier sind schon Tausende von neuen Arbeitsplätzen entstanden.
- Im ganzen Ruhrgebiet sind neue **Einkaufszentren** gebaut worden, teils auf der „grünen Wiese", teils auf Freiflächen in den Innenstädten. Das spektakulärste ist das CentrO Oberhausen, das mit Kultur- und Freizeitangeboten ergänzt wurde. Nach der Eigenwerbung mit über 200 Geschäften das größte europäische Shopping- und Freizeitzentrum. Neben solchen Großanlagen ist ein ganzer Flickenteppich von konsum- und freizeitorientierten Angeboten im ganzen Revier entstanden, der die Frage offen lässt, ob das alles Bestand hat.

Musterprojekt: Internationale Bauausstellung Emscherpark

- Bei dem durch den Namen vielleicht irreführenden Plan handelt es sich um die wirtschaftliche, ökologische, soziale und kulturelle Revitalisierung der alten Industrieregion an der Emscher entlang, also eine Gesamtsanierung, nicht eine Einzelmaßnahme.
- Betroffen sind 17 Städte mit insgesamt 2 Mio. Einwohnern; die Gesamtfläche beträgt 800 km^2.
- Es werden mehrere **Leitprojekte** umgesetzt:
  - Die Emscher soll vom Abwasserkanal wieder zu einem natürlichen Fließgewässer zurückverwandelt werden.
  - Der Emscher Landschaftspark soll verwirklicht werden.
  - Bau- und Technikdenkmäler müssen erhalten und einer neuen, sinnvollen Nutzung zugeführt werden.
  - Alte Industriebrachen sollen aufbereitet und zu Gewerbe-, Handwerker- oder Wissenschaftsparks umgewandelt werden.
  - Sanierungsfähige Arbeitersiedlungen werden erhalten und modernisiert.

Zukunftschancen

- Das Ruhrgebiet hat eine optimale Lage innerhalb des europäischen Binnenmarkts.
- Allerdings bringt der Marktanschluss der neuen EU-Mitglieder auch Konkurrenz.
- Es sind große Freiflächen vorhanden für den Stadtumbau und für Neuansiedlung von Einrichtungen aus dem Tertiären Bereich. Allerdings sind manche Grundstücke durch ehemalige, jetzt abgerissene Industriebetriebe kontaminiert und müssen durch den Grundstücksfonds NRW von den Altlasten befreit werden. In manchen Gegenden, die durch den Bergbau unterminiert sind, besteht die Gefahr, dass der Boden nachsackt.
- Einige Experten raten auch zum Rückbau wie in manchen Städten der neuen Bundesländer.
- Eine Reindustrialisierung scheint aussichtslos, daher Tertiärisierung.

3.2 Wirtschaftsdynamik in Wachstumsräumen, Beispiel München

Standortfaktoren

Anknüpfungspunkt

- Im 19. Jahrhundert hat sich ein traditionelles Gewerbe im Fahrzeug-, Eisenbahn- und Maschinenbau als Basis entwickelt. → Grundstock an Facharbeitern.
- Die Technische Universität, 1868 als Polytechnische Schule gegründet, hat von Anfang an eng mit der Wirtschaft kooperiert (Beispiel Linde, Professor und Unternehmer).
- Vorteil: Es fehlte wegen der späten Entwicklung die Schwerindustrie, die schon im Ruhrgebiet fest etabliert war; → später keine Umbauprobleme und Altlasten.
- 1948 verlegte Siemens seinen Hauptsitz von Berlin nach München. Die Firma war als Impulsgeber bedeutsam, hat Elektrotechniksektor geprägt und Zulieferer angezogen sowie später die Softwareanbieter.

Image als Wohnort

- In vielen Umfragen in ganz Deutschland bis in die Gegenwart wird München als bevorzugter Wunschwohnort genannt. Umfragen bei Unternehmern ergeben ähnliches Bild.
- Ein unternehmerfreundliches Klima und politische Stabilität werden von Firmeninhabern als positiv genannt.
- **Bildungswesen:**
  - Sehr breites Angebot an Schulen unterschiedlicher Art;
  - Zwei Universitäten mit gutem Ruf und Fachhochschulen;

- **Freizeit- und Erholungsmöglichkeiten:**
  - Naherholungsmöglichkeit innerhalb und außerhalb der Stadt (Parks und Wälder);
  - Leicht erreichbare Seen im Alpenvorland;
  - Nähe zu den Alpen mit Wintersportmöglichkeit und Sommererholung;
- **Kulturbereich:**
  - 56 Theater, darunter die Oper mit 400 000 Besuchern jährlich;
  - 41 Museen, davon drei von Weltrang;
  - bedeutende Bibliotheken;
  - bekannte Orchester;
- **Sport:**
  - Breitensport mit vielen Angeboten und Leistungssport;
- **Fremdenverkehr:** gutes Image wegen Bausubstanz und Events (Oktoberfest);

Lebenshaltungskosten

- Hohe Mietpreise für Wohn- und Gewerberäume und
- sonstige Lebenshaltungskosten stehen den oben genannten Faktoren entgegen.

Impuls durch Olympische Spiele 1972

- Imageeffekt;
- Bau der U-Bahn und der S-Bahn, die das Umfeld erschlossen hat;
- Finanzzuschüsse durch Land und Bund für weitere Infrastruktur.

Neue Lage nach Ende des Ost- West-Konflikts

- Nach dem Fall des Eisernen Vorhangs rückte München von der Randlage mehr ins Zentrum Europas.
- Der Zugang zu den Ländern im Osten und Südosten Europas war nun möglich.

Infrastruktur

- Modernes Messegelände und Kongresszentrum;
- Schlecht angebundener aber leistungsfähiger moderner Flughafen;
- Endpunkt von sechs Autobahnen;
- Sitz des Deutschen und Europäischen Patentamts; wichtig für Industrie.

Entwicklung des Standorts

- 1961 lag München an 6. Stelle bei den Industriebeschäftigten. Jetzt ist es der zweitwichtigste Industriestandort.
- Es hat die höchste Beschäftigtenzahl in Deutschland im Hightech Bereich.
- Im Bankensektor jetzt an 2. Stelle in Deutschland nach Frankfurt;

- Durch die florierende Wirtschaft hat sich eine bedeutende Kaufkraft entwickelt: Unter den Städten liegt München an der Spitze, unter den Landkreisen liegen die von München und Frankfurt meist gleichauf. Die Landkreise um München haben das höchste Steueraufkommen in Bayern.

Struktur

- Wichtigstes Kennzeichen: sehr vielseitig

Der Sekundäre Sektor
- bringt 24 % des BIP;
- Die Industriesuburbanisierung ist weit fortgeschritten in die Landkreise hinein.
- Es sind solche Sparten vertreten, die einen hohen Anteil an Forschung und Entwicklung haben, also im Hightech Bereich tätig sind. Typische Branchen:
- Elektrotechnik, Microelektronik und Medizintechnik (Siemens und andere);
- Maschinen- und Fahrzeugbau (BMW, MAN);
- Luft- und Raumfahrtindustrie EADS (mit Satellitenbau) eng verbunden mit Rüstungsindustrie.

Der Tertiäre Sektor
- bringt 76 % des BIP;
- auch er hat sich in die Landkreise ausgebreitet.
- **Finanzdienstleistungen:** nicht größter, aber vielseitigster Finanzplatz in Europa;
- **Versicherungen:** Sitz der meisten Gesellschaften in Deutschland;
- **Medien:** Film- und Fernsehen; meiste Verlage in Deutschland; Multimediaunternehmen;
- Unternehmensberatungen;
- Wissenschaft und Forschung; zweitgrößte Hochschulstadt; Hauptsitz der Max-Planck-Gesellschaft und der Fraunhofer-Gesellschaft, beide mit mehreren Forschungsinstituten vertreten; weitere Forschungsgesellschaften;
- Biotechnologie und Gentechnologie; mit ca. 100 Unternehmen die Nr. 1 in Deutschland und der viertwichtigste Standort in Europa.

Krisensicherheit?

- Auch ein vielseitiger Standort ist vor Krisen nicht sicher.
- Die Rüstungsbranche musste nach Ende des Ost-West-Konflikts große Einbußen in Kauf nehmen.
- Infolge der Globalisierung sind auch Hightech-Firmen in Schwierigkeiten gekommen, weil beispielsweise die Produktion von Speicherchips in Schwellenländern billiger ist.

3.3 Bedeutungswandel ländlicher Räume

- Ländliche Räume haben sich stark urbanisiert.
- Aber ihre Infrastruktur ist eher schlechter geworden.
- Das öffentliche Nahverkehrsangebot ist manchmal minimal. Man braucht in der Regel ein Auto.
- Kleine Dörfer haben kein Wirtshaus und kein Lebensmittelgeschäft mehr. Grund- und Hauptschulen sind in den größeren Orten zusammengelegt worden; es verkehren Schulbusse.
- Statt eine kleinen Postfiliale gibt es noch einen Briefkasten.
- Güter des täglichen Bedarfs erhält man nur in den größeren Orten.
- Besonders in strukturarmen Gebieten fehlen Ärzte.
- Höher qualifizierte Arbeitsplätze sind selten, die Pendlerwege lang. Wer Glück hat, kann mit einem Werkbus zu einem Großbetrieb in eine mehr- oder weniger entfernte Stadt fahren.
- DSL-Anschlüsse – in den großen Städten selbstverständlich – gibt es in vielen ländlichen Räumen noch nicht.
- Die Anzahl der Bauern in den Dörfern ist absolut und relativ zurückgegangen.
- Wegen der niedrigen Grundstückspreise können sich manche ein eigenes Haus kaufen oder bauen. Die Mieten sind niedrig, außer im Umfeld der großen Städte.

3.4 Ursachen und Probleme der wirtschaftlichen Entwicklung in Ostdeutschland

Umstellung des Wirtschaftssystems

- Im bisherigen Zentralverwaltungssystem der Wirtschaft war der Absatz auf jeden Fall garantiert.
- Im marktwirtschaftlichen System kommt es darauf an, solche Produkte zu erzeugen, für die man einen Abnehmer finden kann, das gilt für die Art der Produkte und für die Qualität, manchmal auch für bestimmte Modetrends.
- Nach der Wende war die ostdeutsche Wirtschaft ohne jede Schonfrist sofort dem harten Wettbewerb ausgesetzt.

Wegbrechen der alten Absatzmärkte

- Die bisherigen Abnehmerländer waren die COMECON-Staaten. Der Austausch mit dem Weltmarkt war gering.
- Durch die Währungsumstellung in Ostdeutschland auf die DM konnten die bisherigen Abnehmerländer die Waren nicht mehr kaufen, weil ihnen die Devisen fehlten.
- Außerdem waren sie jetzt selbst in der Umstrukturierung.

- Gleichzeitig brach die Binnennachfrage nach ostdeutschen Produkten weitgehend zusammen, teilweise auch in Ostdeutschland selbst, weil ostdeutsche Produkte, unabhängig von der Qualität, nicht mehr modern waren.
- Das führte zu einer Deindustrialisierung großen Ausmaßes. Die Produktion brach von 1990 bis 1992 auf 40 % des Ausgangswertes zusammen. In den Leunawerken bei Merseburg sank die Zahl der Beschäftigten von 10 000 auf 2 000.

Ungünstige Gesamtstruktur
- Großbetriebe (Kombinate) waren in der Industrie dominierend.
- Mittel- und Kleinbetriebe waren ohne große Bedeutung.
- Der Energiesektor war sehr stark von der Braunkohle abhängig. Deren Nutzung wurde aus Gründen des Umweltschutzes wesentlich reduziert.

Mängel in der Infrastruktur
- Verkehrswege entsprachen nicht dem westlichen Standard.
- Die Telekommunikation war völlig unzureichend. Sehr viele Privathaushalte hatten keinen Telefonanschluss.
- Abwasserbeseitigung hatte große Mängel.

Technischer Rückstand in einigen Bereichen
- Die Industrie war in einigen Bereichen weit hinter dem technischen Stand des Westens zurück. (z. B. im Automobilbau; daher musste die Trabbiproduktion eingestellt werden.)
- Nur wenn sich rasch ein Investor fand, der das gut ausgebildete Personal übernahm und ein absatzfähiges Produkt herstellte, konnte ein Betrieb weitergeführt werden.
- Die Produktivität lag wie in allen Ostblockstaaten deutlich unter dem internationalen Niveau. Sie betrug 15 Jahre nach der Wende erst 71 % des Wertes im Westen.

Arbeitslosigkeit
- Folge des Produktionseinbruchs war ein rasches Ansteigen der Arbeitslosigkeit.
- Die Werte liegen immer noch sehr hoch.

Abwanderung junger Fachkräfte
- Weil auch in den Folgejahren Arbeitsplätze fehlten, wanderten besonders junge Fachleute in die alten Bundesländer ab.
- Dieser *brain drain* stellt einen Verlust an Humankapital dar.

Aufbauleistungen
- Neuansiedlungen erfolgten, besonders in den südlichen und westlichen Regionen der neuen Bundesländer, die schon industrialisiert waren, kaum im Norden und Osten.
- Infrastrukturmängel sind weitgehend beseitigt.

- Das Handwerk und einige Dienstleistungsbereiche haben bedeutende Zuwächse erzielt.
- Die Wachstumspole liegen in den Räumen von Leipzig, Dresden, Jena und im Suburbanisierungsraum von Berlin.

4 Bedeutung des regionalen Tourismus

4.1 Veränderungen im Fremdenverkehr und in der Freizeitnutzung

- Die **Funktion des Urlaubs** hat sich für viele Menschen geändert. Statt der Erholung und der Wiederherstellung der Arbeitskraft zu dienen, hat er für viele die Aufgabe, Spaß und Lebensgenuss zu vermitteln. Dabei rückt gleichzeitig der Prestigewert mehr in den Vordergrund: Es ist nicht mehr so wichtig, ob man sich erholt hat, sondern wo man war.
- Folge: Auch der Tourismus wird erlebnisorientiert.
- Eine weitere Folge ist, dass Freizeit und Konsum immer enger verknüpft werden. Freizeit- und Erlebnisparks bieten immer mehr Einkaufsmöglichkeiten und umgekehrt bieten die Einkaufszentren immer mehr Erlebnisangebote. Die Grenzen verschwimmen.
- Im Zentrum stehen Unterhaltung, Gastronomie und Handel, vielleicht noch Sportangebote.
- Der Bedeutungswandel wird an einer Zahlengegenüberstellung sichtbar: Das klassische Freizeitziel Neuschwanstein hat jährlich 1,2 Mio. Besucher; das Einkaufs- und Eventparadies CentrO Oberhausen zieht jährlich 23 Mio. Besucher an.
- Die Kommerzialisierung der Freizeitaktivitäten wird am deutlichsten in den *Brand Lands*. Das sind Themenparks, die mit einem Markenprodukt verbunden sind: Nivea-Kinderland, Ravensburger Spieleland, Playmobil-Fun-Park, Legoland. Hier werden Produktwerbung und Freizeitspaß eng verquickt.
- Die Entwicklung hat einen positiven Effekt: Bei allen Eventparadiesen wird viel Personal gebraucht. Diese Arbeitsplätze können nicht ins Ausland abwandern und auch nicht wegrationalisiert werden.

4.2 Sanfter Tourismus

- Definition nach CIPRA (Internationale Alpenschutzkommission, zitiert nach Rochlitz, S. 15): „ […] ein Gästeverkehr, der gegenseitiges Verständnis des Einheimischen und des Gastes füreinander schafft, die kulturelle Eigenart des besuchten Gebietes nicht beeinträchtigt und der Landschaft mit größtmöglicher Gewaltlosigkeit begegnet. Erholungssuchende im Sinn des sanften Tourismus benutzen vor allem die in einem Raum vorhandenen Einrichtungen der Bevölkerung mit und verzichten auf wesentliche zusätzliche landschaftsbelastende Tourismuseinrichtungen."

- Sanfter Tourismus ist also relativ umwelt- und sozialverträglich.
- **Strategien des sanften Tourismus** (Auswahl, zitiert nach Birkenhauer, S. 36):
  - Erschließung auf Schwerpunkte konzentrieren; übrige Räume schonen;
  - Boden sparen, konzentrierter bauen;
  - Besonders wertvolle Landschaft freihalten;
  - Tourismus nur dort entwickeln, wo Eignung gegeben ist;
  - Landwirtschaft erhalten;
  - Verursacher sollen soziale Kosten tragen;
  - Landesübliche Architektur.
- Auch sanfter Tourismus kann für die Natur eine Gefahr bedeuten, sie ist nur vermindert.
- Die lokalen Ressourcen sollen so genutzt werden, dass sie nicht verfälscht oder zerstört werden.
- Sanfter Tourismus bedeutet geringere Einnahmen, aber auch geringere Schäden.
- Sanfter Tourismus wird sich am ehesten in ländlichen Räumen und strukturschwachen Gebieten verwirklichen lassen.
- Er bedeutet Verzicht auf Freizeiteinrichtungen mit großtechnischer Infrastruktur.

4.3 Neue Freizeitangebote

Sie stehen im krassen Gegensatz zum sanften Tourismus, kommen aber mit der Natur deswegen wenig in Konflikt, weil sie kleinräumig konzentriert sind und der Umwelt oft nur durch die weite Anfahrt mit dem Auto schaden.

Künstliche Erlebniswelten und Freizeitparks

- In Deutschland gibt es schon über 25 Freizeit- und Erlebnisparks.
- Zielgruppe: junge Leute und Familien mit Kindern.
- In einem abgegrenzten Gebiet kann man gegen Eintritt fest installierte Anlagen nutzen. Das können Einrichtungen ähnlich wie auf Volksfesten sein oder sie können zusätzlich bestimmte Themenangebote beinhalten: Märchenwald, Film, Historie, technische Attraktionen, Tierwelt; Shows, Shops und Gastronomie gehören dazu.
- Wegen des großen Flächenbedarfs werden die Standorte auf billigem Gelände gewählt, zum Teil in einem ehemaligen Tagebaugebiet oder in einer aufgelassenen Militäranlage.
- Das Einzugsgebiet ist sehr groß, z. B. der ganze süddeutsche Raum oder von Lübeck bis Berlin.

- Der größte deutsche Erlebnispark hat jährlich über 4 Mio. Besucher, bietet Veranstaltungen, Kino, 4-Sterne-Hotels mit sehr guter Auslastung, Tagungsräume, Erlebnisgastronomie an.

Erlebnisbäder
- Einzugsbereich im Vergleich zu Freizeitparks viel kleiner;
- Finanzielle Umsätze viel geringer;
- Manchmal in Kombination mit medizinischen Bädern;
- Standort entweder an eine Thermalquelle gebunden oder in der Nähe eines größeren Ortes, damit die Auslastung gewährleistet ist.

5 Auswirkung wirtschaftlicher Aktivitäten auf die Landschaft

Rohstoffentnahme

- Die Ausbeutung von Kies, Schotter, Sand, Felsgestein schafft deutlich sichtbare Hohlräume, Aufschlüsse oder Baggerseen. Dabei wird die Bodendecke entfernt. Die natürliche Wiederherstellung ist ein langer oder sogar nicht mehr möglicher Prozess.
- Die größten Eingriffe geschehen durch den Tagebau, etwa von Braunkohle. Eine Rekultivierung ist zeitaufwendig, mit sehr hohen Kosten verbunden und schafft ein völlig verändertes Landschaftsbild.

Anlage von Siedlungen, Wirtschaftsflächen, Verkehrswegen, Flughäfen

- Dadurch treten die größten Verluste an Naturlandschaft auf.
- Der Boden wird versiegelt, Niederschlagswasser dringt nicht mehr ein, sondern fließt oberflächlich ab.
- Ökologische Einheiten werden entweder zerstört oder zerschnitten und verlieren dadurch ihre notwendige Vernetzung. Besonders für die Tierwelt ist ein unzerschnittener Lebensraum von Bedeutung.

Veränderungen des Reliefs

- Einschnitte entstehen durch Eisenbahntrassen und Straßenbauten an den Kammlagen von Hügeln oder Bergen.
- Hangterrassierungen entstehen gelegentlich durch die landwirtschaftliche Nutzung.

Veränderung von Flussläufen

- Im 19. Jahrhundert und auch noch am Anfang des 20. Jahrhunderts wurden viele Flüsse begradigt (Siehe Beispiel Oberrhein im Atlas), teils um sie schiffbar zu machen, teils um Wirtschaftsflächen zu gewinnen.
- Durch die Begradigung wurde die Abflussgeschwindigkeit erhöht, das Flussbett hat sich eingetieft und der Grundwasserspiegel in der Flussaue abgesenkt; → ökologische Folgen.
- Auch Kanalbauten stellen große Eingriffe in den Naturhaushalt dar.
- Durch den Bau von Staudämmen zur Stromgewinnung oder zur Wasserstandsregulierung für den Schiffsverkehr ist der Wasserhaushalt ebenfalls stark verändert worden.
- Gleiches gilt für die Trockenlegung von Feuchtgebieten (Donaumoos, Donauried, Marschen in Norddeutschland).

Landwirtschaftliche Nutzung

Land- und Forstwirtschaft haben flächenmäßig die größten Landschaftsveränderungen hervorgerufen.

- Durch die Anlage von Äckern, Wiesen, Weiden und Forsten ist zunächst eine optische Änderung der Naturlandschaft erfolgt.
- Die Böden wurden durch Nähstoffentnahme, aber auch durch Einbringen von Dünger und Pestiziden und durch die Bearbeitung verändert; siehe B 2.
- Die Erosionsgefahr hat zugenommen.
- Durch die menschliche Nutzung entsteht eine neu zusammengesetzte, teilweise künstliche Vegetation, die sehr viel artenärmer ist und vielfach Pflanzen enthält, die aus einer anderen Erdregion stammen.

Wertung

- Die menschlichen Eingriffe in die Naturlandschaft stellen sicher problematische Veränderungen dar.
- Allerdings ist auch klar, dass menschliche Existenz ohne Eingriffe in die Natur nicht möglich ist. Der Mensch lebt von und in der Natur.
- Wenn er sie nachhaltig nutzt, wird die natürliche Basis auch für die nachfolgenden Generationen bestehen bleiben.

I Geographische Arbeitstechniken

1 Beschaffung und Auswertung von Fachliteratur

Wenn Sie ein Referat oder eine Facharbeit anfertigen, gehen Sie systematisch vor.

1.1 Klären im Vorfeld

- Welche Begriffe kommen in meinem Thema vor?
- Was bedeuten diese Begriffe im fachwissenschaftlichen Sprachgebrauch? Der kann nämlich von der Bedeutung in der Alltagssprache abweichen.
- Was verlangt die Aufgabenstellung im Thema genau? (Abgrenzung)

1.2 Die ersten Schritte

Wo und wie speichere ich die Informationen, die ich finden werde? Die folgenden Hinweise brauchen Sie nicht unbedingt für ein einfaches Referat, wohl aber für eine Facharbeit. Sie sind vor allem wichtig, wenn Sie sich im Hinblick auf ein späteres Studium viel chaotisches Durcheinander und unendliche Sucharbeiten ersparen wollen. Grundfrage am Anfang: Entscheidung für eine Computerdatenbank oder für ein Karteisystem.

Computerdatenbank

Vorteile
- Recherche ist extrem schnell und sehr komfortabel.
- Wenn Sie einen Laptop haben, können Sie ihn auch in jede Bibliothek mitnehmen und Informationen sofort eingeben.

Nachteile
- Sie binden sich an ein bestimmtes System, von dem Sie nicht sicher wissen, ob es in der schnelllebigen Computerwelt dauerhaft besteht.
- Sie brauchen immer wieder Updates, die eventuell weitere Kosten verursachen.
- Störanfälligkeit; unbedingt doppelte, regelmäßige Sicherung notwendig.

232

Tipp

- Sollten Sie sich für ein EDV-Literaturverwaltungsprogramm entscheiden, haben Sie große Auswahl.
- Viele Universitätsbibliotheken empfehlen den Studenten das Programm Citavi. Davon sollten Sie sich eine Probeversion mit begrenztem Umfang kostenlos herunterladen zum kennen lernen.
- Damit können Sie sich in einige große Bibliothekskataloge einloggen und einen ausgewählten Titel mit allen wichtigen Daten, einschließlich der Bibliothekssignatur herunterladen und speichern. So haben Sie für ein später anzufertigendes Literaturverzeichnis oder für Zitate alle Daten in fast absoluter Zuverlässigkeit zur Verfügung.
- Sie können sich wörtliche Zitate auf der gleichen „Karte" aufschreiben. Bitte ganz exakt ohne jede Veränderung abschreiben und in Anführungszeichen setzen. Seitenzahl nicht vergessen!
- Ebenso lassen sich persönliche wertende Notizen einfügen.

Kartei

Vorteile

- Kann man überallhin mitnehmen;
- Jederzeit nach Bedürfnissen neu sortierbar; etwa nach der Gliederung für eine bestimmte Arbeit;
- preiswert;
- Man kann Fotokopien von Inhaltsverzeichnissen oder sonst wichtigen Informationen nach einmaligem Falten problemlos in das empfohlene Format DIN A5 einfügen.
- Auf Karteikarten kann man in Farbe oder mit Markerstiften Wichtiges gut hervorheben.

Nachteile

- Suche dauert länger als in der EDV-Datei.
- Eigene Handschrift nicht immer so klar lesbar; Geschwindigkeitsproblem.

Tipp

- Format DIN A5 wählen;
- Auf die Vorderseite der Karteikarte schreiben Sie: Autor mit Vornamen, Buch- oder Aufsatztitel, Untertitel, Erscheinungsjahr, Verlagsort, Verlag, Auflage, Reihentitel, Band. Bei einem Zeitschriftenaufsatz: Name der Zeitschrift, Heft Nr., Jahrgang, Seite (von bis);
- Am besten oben rechts vermerken Sie die Bibliothek und die dortige genaue Buchsignatur.
- Wichtig: diese Informationen konsequent immer in der gleichen Art aufschreiben;
- Der untere Teil und die Rückseite der Karteikarte dienen für alle weiteren Informationen: wörtliche Zitate, Inhalte, wertende Notizen.

1.3 Fundorte für Informationen

Unterrichtsbuch

- Im Anhang finden Sie meist knappe Hinweise zu weiterführender Literatur.

Bibliotheken

- Schulbibliothek,
- Gemeinde- oder Stadtbücherei,
- Große Bibliotheken, Universitätsbibliotheken, Staatsbibliotheken, Verbundkataloge;
- Deutsche Nationalbibliothek (www.d-nb.de); enthält auch neueste Erscheinungen, die in Uni- und Staatsbibliotheken oft noch nicht zur Verfügung stehen. Ist wichtig beim Recherchieren; wenn man einen geeigneten Titel gefunden hat, kann man anschließend nachsehen, in welcher erreichbaren Bibliothek er vorhanden ist.
- Sehr frühzeitig mit der Suche beginnen, manchmal sind Bücher ausgeliehen und nicht sofort verfügbar.

Internet

- Es gibt viele Suchmaschinen und Metasuchmaschinen, nicht nur die des Marktführers.
- Die Informationsfülle ist bekanntlich riesig; entscheidend ist, wie man aus der Fülle die richtigen und zuverlässigen Informationen herausfindet.
- Für Online-Lexika, die keine wissenschaftliche Redaktion haben, in denen also jeder Beiträge schreiben und ändern kann, gilt:
  - Hier können gute und sehr aktuelle Artikel enthalten sein.
  - Sie können aber auch völlig Wertloses, Irreführendes und Unbrauchbares finden; gilt besonders für geographische Themen.

Tipp

- Achten Sie auf den Betreiber der Homepage. Wenn daraus eine Universität oder ein sonstiges wissenschaftliches Institut zu erkennen ist, erhalten Sie fundierte Informationen.
- Auch Bildungsserver wie: www.hamburger-bildungsserver.de können, wenn auch ein wenig versteckt, gute geographische Informationen enthalten.
- Auf Schüler zugeschnittene Angebote, die fertige Referate, möglicherweise mit Note, enthalten, sind in den meisten Fällen von minderer Qualität.

1.4 Bücher und Zeitschriften

Allgemeine Informationen

- Große Nachschlagewerke wie **Brockhaus**; dienen einer ersten Orientierung;
- **Fischer Weltalmanach;** enthält ziemlich aktuelle Zahlen über alle Länder und Datenmaterial über Bevölkerung, Wirtschaft, Umwelt;

- **Schulatlas** enthält eine Fülle von Informationen, die Ihnen bei Schulaufgaben und Abitur zur Verfügung stehen. Üben Sie das schnelle Auffinden von Karten! Am Anfang steht meist eine Kartenübersicht, auch für die thematischen Karten; dann ein Kartenverzeichnis mit den speziellen Themen. Am Ende findet sich ein Ortsregister. Bei den thematischen Karten ist es notwendig, die Legende genau zu studieren. Ziehen Sie immer, wenn erforderlich, die Übersichtskarten für Klima, Vegetation, Bevölkerung und Wirtschaft mit heran.
- Das Sichten von Büchern am Regal einer Bibliothek hat den Vorteil, dass Sie schnell feststellen können, ob ein Buch für Ihren Zweck geeignete Informationen enthält. Suchen Sie aber unbedingt auch noch im Katalog, am Regal kann man leicht ein Werk übersehen, manche sind auch gerade ausgeliehen.
- Oft empfiehlt es sich, einen Zeitschriftenartikel oder wichtige Buchseiten zu kopieren. In den Kopien kann man dann anstreichen, markieren, Ergänzungen vornehmen.

Fachzeitschriften

- Geographische Rundschau; in den meisten Schulen vorhanden;
- Praxis Geographie

Fachbücher und Fachbuchreihen (kleine Auswahl)

- Geographie. Physische Geographie und Humangeographie. 2007; am Ende von jedem Kapitel findet sich eine ausführliche Literaturangabe.
- Diercke-Wörterbuch Allgemeine Geographie;
- Lexikon der Geographie; 3 Bde. + Registerband;
- Perthes Geographie Kolleg (verschiedene Bände);
- Perthes Geographie Kompakt (verschiedene Bände);
- Studienbücher der Geographie (verschiedene Bände);
- Geowissen kompakt (verschiedene Bände);
- Diese Liste der Fachlehrbücher ist natürlich lange nicht vollständig, kann aber für die Literatursuche hilfreich sein, denn am Ende eines wissenschaftlichen Buches finden Sie immer ein Literaturverzeichnis, das weiterhelfen kann.

Internetadressen

- www.geodok.uni-erlangen.de (eine Literaturdatenbank, in der man geographische Zeitschriftenaufsätze finden kann);
- www.bgr.bund.de (Bundesanstalt für Geowissenschaften und Rohstoffe, Hannover); Informationen über Böden, Energierohstoffe, Georisiko, Meeres- und Polarforschung, mineralische Rohstoffe;
- http://umweltbundesamt.de Themen, die mit Umweltschutz zu tun haben.
- www.destatis.de (Statistisches Bundesamt Deutschland)
- Über die Links des Statistischen Bundesamtes finden Sie rasch auch zu europäischen und internationalen Statistiken.

1.5 Auswertung von Literatur

- Inhaltsverzeichnis studieren; wo steht etwas über mein Thema?
- Exzerpieren; dabei genau die Fundstelle vermerken;
- Was sind die Kernaussagen?
- Wichtige Begriffe im Exzerpt unterstreichen oder farbig markieren;
- Gliederung anfertigen und die Exzerpte den einzelnen Kapiteln zuordnen.
- Den Inhalt in eigene Worte fassen, aber geographische Fachausdrücke verwenden.
- Fachausdrücke überprüfen auf ihre richtige Verwendung z. B. durch das Fachwörterbuch Geographie.
- Bilder, statistische Tabellen, Graphiken und Karten als Anschauungsmaterial besorgen.

2 Interpretation von geographischen Karten und Satellitenbildern

2.1 Allgemeine Tipps

- Studieren Sie zunächst die der Karte beigegebene Legende!
- Was bedeuten die einzelnen Kartenelemente: Farben, Kreise, Sektoren, Pfeile, Rechtecke, Punkte, Säulen, Balken und Schraffierungen?
- Versuchen Sie dann die zentrale Aussage der Karte zu erfassen und die wichtigen Details zu beschreiben und erläutern.

2.2 Beispiel Verdichtungsraum Stuttgart

Was ist in der Karte dargestellt?

1. Die Wanderungsintensität 1990–1995
2. Die Wanderungsbilanz
3. Die Größe der Wohnbevölkerung der Orte
4. Die soziologische Prägung der Stadträume in Stuttgart (dieser Teil bleibt wegen der fehlenden Farbe ausgeklammert).

- Die Kreisgrößen zeigen, dass Stuttgart die dominierende Stadt im dargestellten Raum ist. Daneben gibt es eine Reihe von Städten im Umfeld von beachtlicher Größe: Ludwigsburg, Esslingen, Backnang, Waiblingen, Filderstadt, Sindelfingen, Böblingen und außerhalb des Verkehrsverbundes Heilbronn, Göppingen, Reutlingen und Tübingen.

- Die Farbe (in der Grauwiedergabe etwas schwer erkennbar) gibt die Summe der Zu- und Abwanderungen pro 1000 Einwohner wieder.
- Die Orte mit der größten Wanderbewegung liegen in unmittelbarer Umgebung Stuttgarts: Waiblingen, Fellbach, Ostfildern, Filderstadt, Leinfelden-Echterdingen, Leonberg.

Abb. 1: Verdichtungsraum Stuttgart

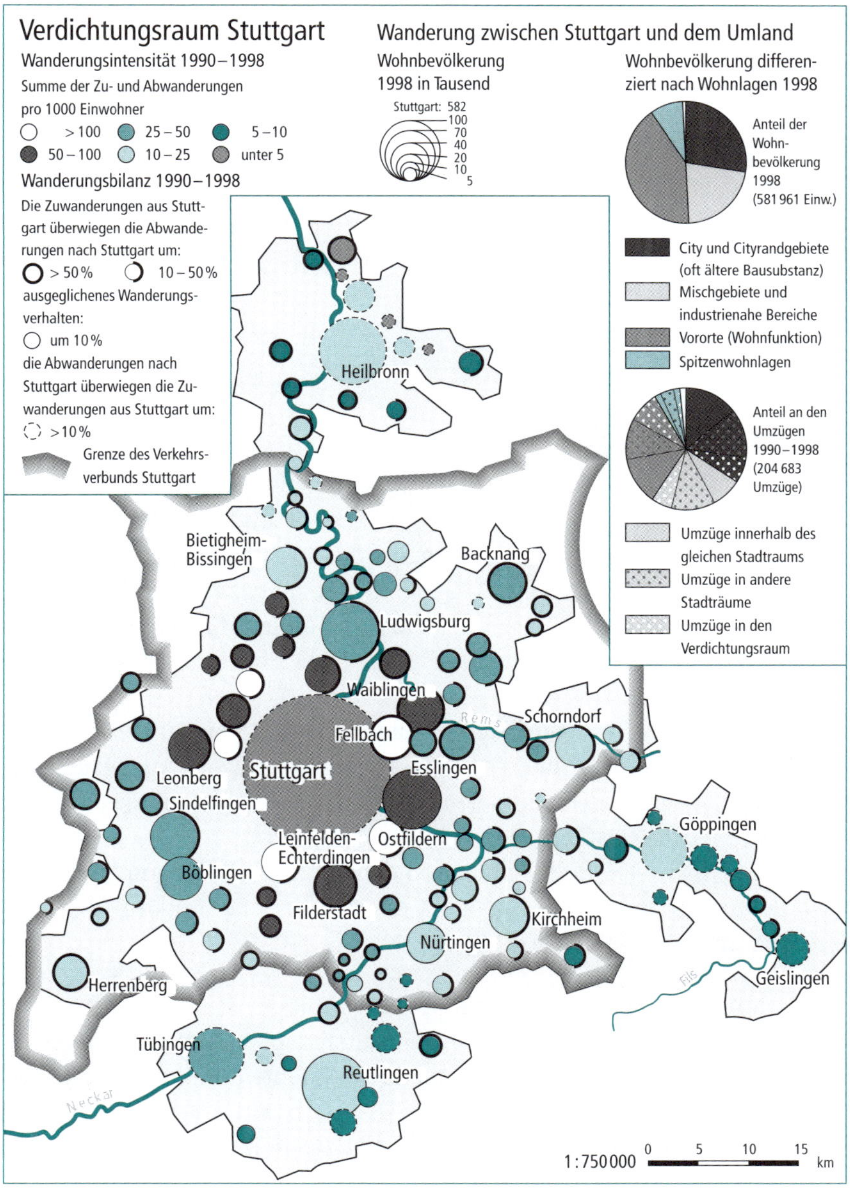

- Etwas weniger von der Wanderung betroffene Orte liegen etwas weiter weg: Böblingen, Sindelfingen, Ludwigsburg, Backnang.
- Noch geringere Wanderung haben Orte erlebt, die noch weiter außerhalb liegen: Bietigheim-Bissingen, Schorndorf, Kirchheim, Nürtingen, Herrenberg und außerhalb des Verbundnetzes Heilbronn, Göppingen und Reutlingen.
- Orte mit sehr geringen Wanderungen liegen fast alle außerhalb des Verbundnetzes.
- Die Wanderungsbilanz wird durch die Kreisränder verdeutlicht: Somit wird die Suburbanisierung erkennbar: Die Zuwanderung aus Stuttgart ist am Größten in Waiblingen, Fellbach, Filderstadt, also in der unmittelbaren Umgebung von Stuttgart. Beträchtlich ist sie auch noch in Backnang, Ludwigsburg, Leonberg, Sindelfingen, Leinfelden-Echterdingen, Ostfildern.
- Bescheiden bleibt die Wanderungsbewegung in Böblingen, Reutlingen, Nürtingen.
- Tübingen, Heilbronn und Göppingen haben so viel eigene Zentralität, dass die Abwanderung nach Stuttgart die Zuwanderung nur knapp übersteigt.
- Wenn die S-Bahnlinien noch eingetragen wären, könnte man den Zusammenhang zwischen den oben beschriebenen Entwicklungen und der Verkehrsanbindung genauer untersuchen.

2.3 Satellitenbild

Beschreiben der Strukturen

- Am linken und am oberen linken Bildrand einheitliche schwarze Flächen.
- Auf der rechten unteren Seite ebenfalls; etwa in der Bildmitte verläuft eine diagonale hellere Linie, die diese schwarze Fläche im Nordwesten abschließt.
- Zwischen den beiden schwarzen Flächen liegt ein etwas hellerer Teil, der von unregelmäßigen, astförmig verzweigten, schwarzen Linien durchzogen ist. Diese haben alle eine Verbindung zur schwarzen Fläche im Nordwesten, aber keine Verbindung zur schwarzen Fläche im Südosten.
- Das dritte Bildelement zeigt Flächen, die Feinstrukturen aufweisen und an manchen Stellen von feinen, manchmal gerade verlaufenden Linien durchzogen sind. Stellenweise ist dieses dritte Bildelement auch mit unregelmäßig geformten, kleinen schwarzen Flecken bestückt.
- Zwischen dem zweiten Bildelement und den schwarzen Flächen im Nordwesten liegen drei länglich gestreckte Gebilde, die eine ähnliche Struktur wie das dritte Bildelement aufweisen.

Identifizierung der dargestellten Elemente

- Die exakte Identifizierung ist nicht die entscheidende Leistung bei der Interpretation.
- Sie sollen vielmehr zeigen, dass Sie genau beobachten und typische geographische Elemente erkennen können.
- Die glatten, schwarzen Flächen können Sie leicht als Wasserflächen identifizieren.

- Jetzt fällt die Deutung der übrigen Erscheinungen leichter. Den vorher drittes Bildelement genannten Raum kann man nun als Festland und als Inseln erkennen. Die schwarzen Flecken sind dann Seen (rechter mittlerer Bildrand).

Abb. 2: Satellitenbild

- Der hellere Teil mit den astförmigen schwarzen Gebilden lässt sich unschwer als Wattenmeer erkennen. Das Bild wurde während der Ebbe gemacht, wo der größte Teil wasserfrei ist, nur die Abflussrinnen (Priele) enthalten Wasser. Von den Prielen ausgehend füllt sich das Wattenmeer bei Flut wieder mit Wasser.
- Die vorgelagerten Gebilde, jetzt langgestreckte Inseln, stellen die frühere Küste dar; erst später hat sich bei großen Sturmfluten das Meer einen erheblichen Teil des Festlandes erobert.

Interpretation weiterer Elemente

- Jetzt kann man das Bild als die „Kampfzone“ zwischen dem Meer und dem Menschen deuten, der versucht, einen Teil der Fläche wieder zurückzugewinnen. Dem dient der große Abschlussdamm in der Bildmitte zwischen Wattenmeer und der im Landesinneren liegenden Meeresfläche. Es handelt sich dabei um das Ijsselmeer in den Niederlanden.
- Mit diesem Hintergrund kann man jetzt Weiteres erkennen. Am südlichen Ende des Abschlussdeichs liegt eine etwa briefmarkengroße Fläche, deren Ostrand zwei geradlinige Grenzen zum Ijsselmeer hin aufweist. Das kann keine durch die Natur gebildete Grenze sein. Es handelt sich um einen durch den Menschen gezogenen Deich.
- Die westlich davon gelegene Fläche ist etwas heller als die anderen Landflächen. Es handelt sich um einen Polder, also um einen eingedeichten, früheren Meeresbereich, der mittlerweile trocken gelegt wurde.

3 Umgang mit Statistiken und graphischen Darstellungen

3.1 Wie werte ich eine Statistik sinnvoll aus?

- Manche Zahlenwerte bekommen erst dann eine Aussagekraft, wenn man sie mit anderen Größen vergleichen kann.
- Gibt mir die Vorlage selbst einen Vergleichswert, dann ist die Auswertung sehr erleichtert. Oft muss ich auf Vergleichswerte zurückgreifen, die als bekannt vorausgesetzt werden oder ich brauche grobe Orientierungswerte.
- Sehr häufig soll in Abituraufgaben eine **Entwicklung** erkannt werden. Deswegen sind Angaben über ein bestimmtes Phänomen in verschiedenen Zeiten gemacht. In diesem Fall kann es nützlich sein, die prozentuale Veränderung auszurechnen.
- Bedenken Sie: Im Alltag werden wir oft mit prozentualen Steigerungswerten manipuliert. Wenn der Ausgangswert in einer Krisenzeit oder am Anfang einer Entwicklung liegt, erscheint die Steigerung besonders groß.

- Auch in der Geographie muss man aufpassen: Schwellenländer weisen ungeheuere Steigungsraten auf, wenn man einen Ausgangswert wählt, der in einer Zeit liegt, bevor das Wachstum richtig eingesetzt hat.
- Bei Zeitreihen ist zu beachten: Ist der zeitliche Abstand gleich gewählt oder sind Zeitsprünge in der Abfolge gegeben?
- Fertigt man in diesem Fall ein Diagramm an, so wird man das auf der x-Achse bei den Abständen berücksichtigen, das heißt, man wird bei einem Säulendiagramm die einzelnen Säulen nicht in gleichen Abständen nebeneinander setzen, sondern größere Abstände auch als solche durch entsprechende Distanzen in der Graphik sichtbar machen.

3.2 Auswertung umfangreicheren statistischen Materials

- Alle Stellen, bei denen eine Veränderung im zeitlichen Verlauf sichtbar wird, kann man mit dem Bleistift in der Weise kennzeichnen, dass eine Aufwärtstendenz mit einem Pfeil nach oben und eine Abwärtstendenz mit einem Pfeil nach unten markiert wird.
- Dort, wo es geraten erscheint, berechnet man in der oben beschriebenen Weise die Veränderung in Prozenten. Dies ist unerlässlich, wenn mehrere Entwicklungen nebeneinander verfolgt werden sollen, z. B. die Steigerung der gesamtwirtschaftlichen Entwicklung und die einzelner Wirtschaftszweige. Das bedeutet nicht, dass man alle errechneten Veränderungen unbedingt in den Lösungstext übernehmen sollte. Oft genügt ein Hinweis auf eine stärkere oder schwächere Entwicklung in einem bestimmten Bereich.
- Nach der Vorarbeit kommt der beschreibende Teil. Man fasst alle aus den Zahlen zu ersehenden Entwicklungen in Worte.
- Das Schwergewicht liegt aber immer in der Erklärung oder der Begründung einer Entwicklung. Darauf sollte man die meiste Mühe verwenden.

3.3 Graphische Darstellungen

Graphik zeichnen

- In Schulaufgaben/Klausuren und im Abitur werden von Ihnen, schon aus Zeitgründen, keine allzu umfangreichen und komplizierten Graphiken verlangt.
- Eine Graphik muss in jedem Fall exakt beschriftet werden. Dazu gehört die Überschrift, die Zeitleiste auf der x-Achse und die Wertangabe auf der y-Achse.

Möglich ist die Darstellung eines Entwicklungsprozesses. Dann bietet sich eine Liniengraphik oder ein Säulendiagramm an.

- Bei der **Liniengraphik** trägt man auf die x-Achse die Zeitwerte auf. Beachten Sie, dass der Maßstab exakt eingehalten wird. Auf der y-Achse werden die darzustellenden Zahlenwerte eingetragen. Wählen Sie den Maßstab so, dass die Entwicklung deutlich zu erkennen ist; weder ein zu flacher Verlauf noch eine extreme Überhöhung ist sinnvoll. Verbinden Sie die gewonnen Punkte mit einer Linie. Die Teillinien zwischen den Punkten werden mit Lineal gezogen. Wenn ein zweiter Wert zum Vergleich einzutragen ist, dann verwenden Sie für die Verbindungslinien eine Farbe.
- Beim **Säulendiagramm** gilt das für den Maßstab Gesagte in gleicher Weise. Wenn zusätzlich ein zweiter Wert dargestellt werden soll, setzt man jeweils eine Doppelsäule an den entsprechenden Zeitpunkt und schraffiert oder bemalt die linke Säule in der gleichen Farbe, die rechte Säule für den zweiten Wert in einer anderen Farbe.
- Bei einem **gestapelten Säulendiagramm** kann man die Oberkanten der einzelnen Zwischenwerte miteinander verbinden, das verdeutlicht die Veränderungen. Beispiel für ein gestapeltes Säulendiagramm bei „Graphik interpretieren“: Anteil der Weltregionen am Welttourismus 1981 und 2006 (Abb. 5, S. 246).

Wenn Sie einen Zustand darstellen sollen, bei dem sich Einzelwerte zu einer Gesamtheit mit hundert Prozent addieren, dann ist neben einem gestapelten Säulendiagramm auch ein **Kreisdiagramm** möglich.

- Absolute Zahlen müssen Sie dann zuerst in Prozentangaben umrechnen. Weil der Gesamtwert dem vollen Kreis entspricht, bedeutet 1 % soviel wie 3,6°.
- Die einzelnen Sektoren werden farbig markiert oder mit verschiedenen Schraffuren versehen. In jedem Fall müssen, am besten außerhalb des Kreises, die Zahlenwerte dazugeschrieben werden.
- Wenn Werte mit anderen verglichen werden sollen, sind zwei gestapelte Säulendiagramme nebeneinander sinnvoller.

Profil zeichnen

Vorüberlegung

- Zur Arbeitserleichterung verwende ich kariertes Papier.
- Falls ich nicht schon eine Profillinie vorgegeben habe, zeichne ich mit Bleistift in die vorliegende Karte die gewünschte Profillinie ein und markiere den Anfangs- und Endpunkt mit A und B. In der Regel wird nur eine gerade, keine geknickte Profillinie verlangt.
- Eine Profillinie ist eine Linie auf der Karte, an der entlang ein senkrechter Geländeschnitt gezeichnet werden soll.

Abb. 3: Profil durch den Westen der USA

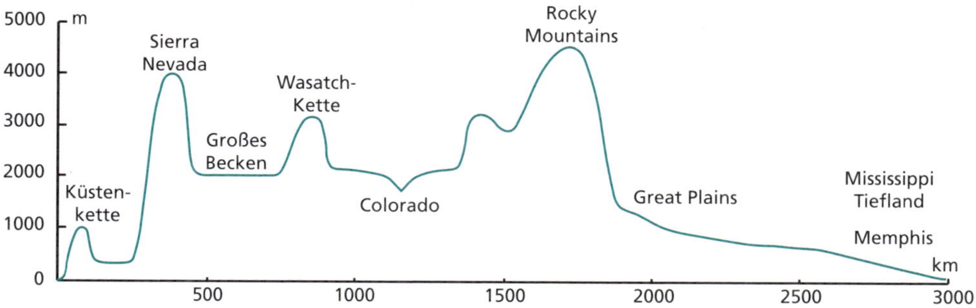

Anlage des Maßstabs

- Diese Strecke übertrage ich auf meinem Zeichenblatt auf die x-Achse. Falls diese Strecke mein Zeichenblatt zufällig fast ausfüllt, ist mir die Arbeit erleichtert. Meistens bin ich gezwungen, die Strecke AB verkürzt oder verlängert abzubilden.
- Die Länge der Strecke auf meiner Zeichnung wähle ich so, dass sie mein zur Verfügung stehendes Zeichenblatt füllt, aber zu beiden Seiten noch etwas Platz für die Beschriftung bleibt.
- Ein Profil, das seitlich zu sehr gestaucht ist, wirkt oft unübersichtlich oder verhindert das Eintragen weiterer Informationen. Nun trage ich die Entfernungseinheiten zwischen A und B auf.
- Etwas Überlegung fordert die Wahl des Maßstabs für die y-Achse (Höhe).
- Der gleiche Maßstab wie für die x-Achse ist fast nie sinnvoll, meistens wird man überhöhen müssen. Für das Maß der Überhöhung sollte man bedenken, dass die abzubildende Landschaft nicht zu flach, aber auch nicht völlig unnatürlich steil aussehen sollte: Ein Tal sollte nicht als Klamm und ein Gebirge nicht wie eine aufragende Bleistiftspitze erscheinen.
- Am besten sucht man in der Vorlage die auf der Profillinie liegende höchste Erhebung und legt nach ihr den Höhenmaßstab fest.
- Eine weitere Überlegung ist es wert, ob man beim Höhenmaßstab vom Meeresspiegel (NN) ausgehen soll (Darstellung der absoluten Höhe), oder ob die relative Höhendarstellung genügt. Der Höhenmaßstab ist exakt auf der y-Achse einzutragen.

Umsetzung

- Nun werden alle markanten Punkte, die sich auf der Vorlage entlang meiner eingezeichneten Profillinie befinden, maßstäblich genau übertragen. Die Zeichenpunkte werden schließlich durch eine Linie miteinander verbunden.
- Zur genauen Beschriftung gehört es, dass markante Berge, Flussläufe, Städte oder Teillandschaften mit Namen und gegebenenfalls mit der exakten Höhenangabe eingetragen werden.
- Meist ist gefordert, dass in die soweit fertiggestellte Darstellung weitere Inhalte eingefügt werden, z. B. Vegetationsformen oder die landwirtschaftliche Nutzung, eventuell

auch klimatische Angaben. In diesen Fällen sollte man sinnvolle Symbole auswählen und sie unbedingt in einer Legende aufzeichnen. Bei der Symbolwahl kann man im Atlas Anleihen machen. Die Verwendung von Farbstiften kann ein Profil sehr attraktiv machen.

- Zusammenfassung: Ein Profil muss maßstabsgetreu, übersichtlich und exakt beschriftet sein. Die geforderte Hauptaussage muss klar herauskommen.

Beispiel für ein Landschaftsprofil aus einer Abituraufgabe

Aufgabenstellung: Skizzieren Sie mit Hilfe von Atlaskarten ein von San Francisco bis Memphis/Mississippi reichendes West-Ost-Profil des Reliefs. Tragen Sie in dieses Profil die Großlandschaften ein.

Was ist in der Graphik dargestellt?

- Welttourismus von 1981 bis 2006;
- Einteilung nach Ländergruppen;
- Die Werte der Ländergruppen sind übereinander gestapelt.
- Es sind links die absoluten Werte dargestellt.
- Rechts sind zwei Säulendiagramme angefügt, die Touristenankünfte und Einnahmen aus dem Tourismus sowohl in der absoluten Gesamtzahl, wie auch in der prozentualen Verteilung wiedergeben.

Abb. 4: Die Entwicklung internationaler Touristenankünfte von 1981 bis 2006

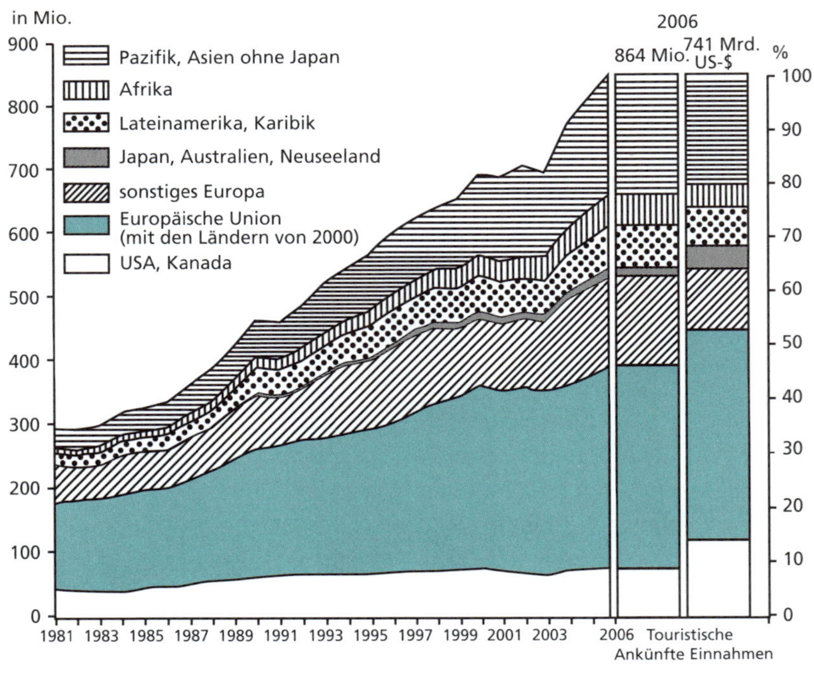

Auswertung:

- Die Zahl der Touristenankünfte ist weltweit zwischen 1981 und 2006 von knapp 300 Mio. auf 864 Mio. gestiegen.
- Besonders hohe Steigerungsraten weisen Europa und der Raum Asien ohne Japan, aber mit Pazifik auf.
- Der Tourismus ist ziemlich stetig angestiegen, aber nach 1989 gab es vorübergehend einen leichten Rückgang im „sonstigen Europa", das sind im Wesentlichen die ehemaligen Ostblockstaaten, in die wegen der politischen Umgestaltung weniger Touristen gekommen sind. Einen kurzen Einbruch gab es auch nach dem Terroranschlag von 2001 in New York. Davon war besonders der asiatische und pazifische Raum betroffen.
- Der Unterschied zwischen den Touristenankünften in Europa und Nordamerika beruht darauf, dass in den USA viele Urlaubsreisen innerhalb des Landes gemacht werden, etwa nach Florida, in die Rocky Mountains oder nach Kalifornien, und solche Reisen nicht in der Statistik erscheinen, während eine kurze Reise in Europa in ein Nachbarland bereits als grenzüberschreitende Reise erscheint.
- **Ansteigen des Tourismus in Asien:** Einige Teile der ehemaligen Sowjetunion sind selbständige Staaten geworden und Südkorea, Thailand, China und Indien haben mehr Touristen angelockt.
- Graphik auf der rechten Seite: Vergleich der Ankünfte und der Einnahmen aus dem Tourismus:
- Touristen müssen in USA und Kanada relativ viel Geld hinlegen, das Gleiche gilt für Japan, Australien und Neuseeland.
- Ein Urlaub in Europa außerhalb der EU ist dagegen ziemlich preiswert, ebenso in Afrika, während in Lateinamerika und in der Karibik die Preise schon fast so hoch wie in Europa sind.

Was ist in der Graphik dargestellt?

- Die Touristenankünfte 1981 und 2006 sowie die Reisedeviseneinnahmen 1981 und 2006.
- Alle Angaben stellen Prozentangaben dar, beziehen sich also auf die jeweiligen Anteile am gesamten Welttourismus.

Auswertung:

- Touristenankünfte: USA, Kanada, die Europäische Union und das sonstige Europa bei den Touristenankünften relativ verloren, während der pazifische Raum, Asien ohne Japan, Afrika, Lateinamerika, Karibik und Japan, Australien und Neuseeland ihren relativen Anteil am Welttourismus steigern konnten. Das gilt am meisten für den Pazifik und Asien ohne Japan.
- Bewertung der Reisedeviseneinnahmen: USA und Kanada konnten ihren relativen Anteil an den Einnahmen halten; das bedeutet angesichts des relativen Verlustes an Touristen: Es sind die relativen Kosten für einen USA-Urlaub gestiegen.

- Die Deviseneinnahmen aus dem Reiseverkehr der Europäischen Union sind relativ gesunken. Ebenso die von Lateinamerika und der Karibik.
- Gewinner am Reisedevisenmarkt der Welt waren Japan, Australien und Neuseeland; die Nicht-EU-Staaten Europas und vor allem Asien ohne Japan mit dem pazifischen Raum.
- Grundsätzlich beachten: Auch wenn die Deviseneinnahmen der EU relativ zurückgegangen sind, sind sie doch im gleichen Zeitraum in absoluten Zahlen gestiegen.

Abb. 5: Anteil der Weltregionen am Welttourismus 1981 und 2006

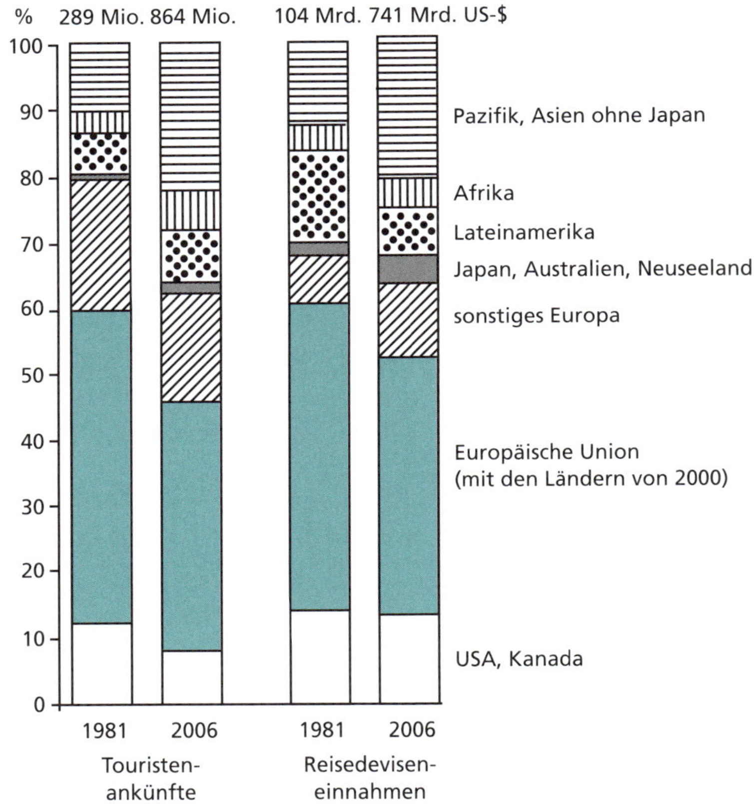

4 Interpretation von klimatischen Informationsträgern

4.1 Wie werte ich Klimaangaben aus und wie ordne ich Klimadaten einem bestimmten Raum zu?

Bewertung der Temperatur

- Zunächst markiere ich die Monate mit der höchsten und der niedrigsten Durchschnittstemperatur.
- Liegt die höchste Durchschnittstemperatur in den Monaten Juni, Juli oder August, so kann ich annehmen, dass sich der Ort auf der Nordhalbkugel befindet. Liegt die höchste Temperatur im Mai, dann habe ich es wohl mit dem indischen Monsunklima zu tun.
- Die Differenz zwischen dem wärmsten und dem kühlsten Monat ist schnell berechnet. Sie sagt etwas über das Ausmaß der Kontinentalität oder über die Breitenlage.
- Die Jahresdurchschnittstemperatur ist wichtig.

Bewertung des Niederschlags

- Sodann markiere ich die Monate mit dem höchsten und dem niedrigsten Niederschlag.
- Die Gesamtniederschlagsmenge ist ebenfalls von Bedeutung. Meistens ist noch die Höhenlage der Station angegeben.

Weitere Faktoren

Für die weitere Auswertung sollte ich mir bewusst machen, dass das Klima von vielen Faktoren abhängig ist. Die wichtigsten sind:
- die geographische Breite,
- die Nähe oder Ferne zum Meer,
- die Höhenlage,
- die Lage an der Luv- oder Leeseite eines Gebirges,
- die Möglichkeit eines weiträumigen Luftaustausches.

Wenn die für einen Raum typischen Werte durch die besondere Höhenlage einer Station verfälscht sind, kann ich versuchen, die Temperatur auf die Meereshöhe herunterzurechnen. Dabei muss man die angegebene Temperatur um 0,5 °C je 100 m Höhenlage erhöhen. Das ist aber nur ein ganz grober Anhaltspunkt.

- Weil die Temperatur hauptsächlich vom Einstrahlungswinkel anhängt, weisen die niedrigen Breiten in Äquatornähe höhere Werte auf als die Breitenlagen in Polnähe.
- Wenn nur die Breitenlage bestimmend wäre, würden (nach einer Zusammenstellung bei Wolfgang Weischet: Einführung in die Allgemeine Klimatologie) für die Nordhalbkugel folgende Temperaturmittel in °C gelten (auf den Meeresspiegel reduziert):

Breite	**Januar**	**Juli**	**Jahr**
70	−26	7	−9
60	−16	14	−1
50	−7	18	6
40	5	24	14
30	14,5	27	20
20	21,8	28	25
10	25,8	26,9	27
Äquator	26,4	25,6	26

- Die Differenz zwischen Sommer und Winter nimmt also mit steigender Breitenlage zu.
- Die Zuordnung einer Station zu einem Klimatypus ist deswegen schwierig, weil es in der Wissenschaft der Klimatologie kein einheitlich anerkanntes Klimaklassifikationssystem gibt. Die Klimakarten im Atlas bieten aber Hilfen.

4.2 Temperaturkarten

- In der erdkundlichen Arbeit sind uns Temperaturkarten vertraut. In ihnen sind Isothermen, also Linien gleicher Temperaturhöhe, eingezeichnet. Der Nachteil liegt darin, dass man immer nur einen bestimmten Zeitpunkt darstellen kann. Meistens liegen Temperaturkarten für den Januar oder für den Juli vor.
- Für die Beschreibung des Klimas eines Raumes muss ich die Januar- und Julidarstellung miteinander vergleichen. Ein weiterer Nachteil liegt darin, dass nur Durchschnittswerte für den dargestellten Monat zu sehen sind. Der Vorzug ist die übersichtliche räumliche Überschaubarkeit.

4.3 Klimadiagramm

- Andere Vorzüge bietet uns das Klimadiagramm. Es ermöglicht uns, Temperatur und Niederschläge im Vergleich miteinander zu sehen und das zusätzlich im Jahresablauf zu betrachten.
- Der Nachteil: Das Klimadiagramm zeigt die Verhältnisse bezogen auf einen einzigen Ort und gibt immer nur Monatsdurchschnitte an.

4.4 Thermoisoplethendiagramm

- Wie das Klimadiagramm ist es auf einen bestimmten Ort beschränkt.
- Es enthält keine Angaben über die Niederschläge.
- Gegenüber dem Klimadiagramm bietet es aber eine beträchtliche Erweiterung: Man kann den Tagesgang der Temperatur verfolgen und zwar für jeden Monat des Jahres.

Erscheinungsbild

- Das Diagramm ist meist rechteckig, seltener quadratisch. Auf der waagrechten x-Achse sind die Monate von Januar bis Dezember aufgetragen, auf der senkrechten y-Achse die Stunden von 0 bis 24 Uhr und zwar in der Regel von oben nach unten.
- Ins Diagrammfeld sind die Mittelwerte der Temperatur für jeden Monat zu jeder Tagesstunde eingetragen, also 288 Werte. Durch Interpolation ist die Lage der Punkte festgelegt, die für bestimmte Gradwerte stehen.
- Sodann werden alle Punkte mit gleichen Gradwerten verbunden, man erhält Isoplethen. Im Unterschied zu den Isothermen der Klimakarte sind sie nicht in ein Kartenbild, sondern in ein Zeitraster eingebettet.
- Wegen besserer Übersichtlichkeit sind manchmal die Abstände in 2- bis 3-Grad-Schritten gewählt.
- Gelegentlich ist ein Gitternetz unterlegt, um die Ablesbarkeit zu erhöhen. Zusätzlich ist oft die Linie des Sonnenauf- und Sonnenuntergangs eingezeichnet.

Abb. 6: Thermoisoplethendiagramm von München

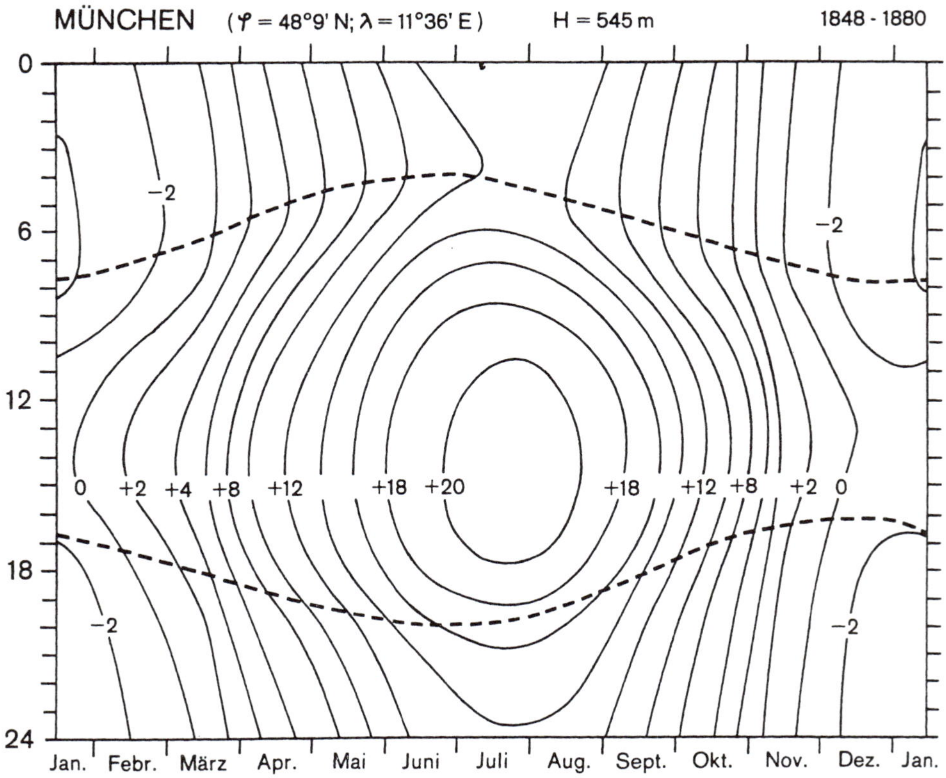

Vorbereitung der Interpretation

Wenn kein Raster vorgegeben ist, kann es nützlich sein, mit Bleistift und Lineal bestimmte Tageszeitenlinien einzutragen, z. B. 6 Uhr, 12 Uhr, 18 Uhr oder, wenn es die Aufgabenstellung erfordert, bestimmte Monatslinien einzufügen.

Interpretation

Verlaufen die Isoplethen waagrecht, also etwa parallel zur x-Achse?

- Dann habe ich mit einem Klima zu tun, in dem die Temperatur im Laufe des Tages stärker schwankt als im Laufe des Jahres.
- Man spricht von einem Tageszeitenklima.

Verlaufen die Isoplethen senkrecht, also parallel zur y-Achse?

- Dann schwankt die Tagestemperatur weniger als die Jahrestemperatur.
- Man spricht vom Jahreszeitenklima. Eine besonders extreme Ausprägung zeigt sich im polaren und subpolaren Bereich.

Wie groß ist der Abstand zwischen den Isoplethen?

- Ein großer Abstand deutet auf geringe Schwankungen hin.
- Er kann auch ein Zeichen für stärkere ozeanische Prägung sein. Enger Abstand deutet auf Kontinentalität hin.

Man kann rasch das **Tagesmaximum** und das **Tagesminimum** ersehen. Im Tiefland der Tropen schwankt die Tagestemperatur meist nur zwischen 24 °C und 30 °C. Im Hochland der Tropen liegen die Isoplethen bei gleichem waagrechtem Verlauf dichter zusammen.

Welche Form haben die Isoplethen, wenn sie nicht überwiegend parallel verlaufen?

- Im Mittelfeld des Diagramms kann man bei Stationen, weder in ganz niedrigen noch in ganz hohen Breiten liegen, häufig eine eiförmige Struktur sehen.
- Eine liegende Eiform mit dominierenden waagrechten Linien findet man in den Randtropen und Subtropen.
- Eine auf der Spitze stehende Eiform ist eher typisch für die Mittelbreiten. Die dominierenden senkrechten Linien deuten auf ein Jahreszeitenklima hin.

Der Tagesgang der Temperatur:

- Die niedrigsten Temperaturen werden fast das ganze Jahr über am Morgen etwa zur Zeit des Sonnenaufgangs erreicht.
- Die Tageshöchsttemperaturen treten meist zwischen 14 Uhr und 15 Uhr auf, also gegenüber dem Sonnenhöchststand etwas verzögert.
- Um den Tagesgang in einem bestimmten Monat gut ablesen zu können, zeichnet man mit Bleistift eine senkrechte Monatslinie z. B. die für den Juli. Ein transparentes Lineal, das man entsprechend anlegt, erfüllt den gleichen Zweck. Der Schnittpunkt zwischen der Monatslinie und den jeweiligen Thermoisoplethen ist nun für das Ablesen entscheidend.
- So lässt sich für jeden Monat der Temperaturgang im Tageslauf feststellen und damit auch die Tagesschwankung.

5 Geographische Informationssysteme (GIS)

In Prüfungen, auch im Abitur, brauchen Sie diese Informationen nicht. Bei Referaten oder Facharbeiten können sie sehr nützlich sein. Man braucht aber etwas Übung.

5.1 Grundprinzip und Anwendungen

- Das Grundprinzip ist einfach: Alle Daten, die einen Raumbezug haben und in einer Datenbank gespeichert sind, können mit einem Raummuster z. B. einer Karte in Bezug gebracht werden.
- Wenn die Datenbank über das Internet zugänglich ist und man sie nicht selbst vor Ort betreibt, spricht man von web-GIS oder von Internet-Mapping.
- Deswegen ist die Anwendung sehr breit gefächert, vom Vermessungswesen über die Anwendung bei allen lokalen Behörden, etwa Katasteramt, Baureferaten bis zur Raumplanung auf allen Ebenen.

5.2 Anwendung in der Geographie

- Weil fast alle Bereiche der Geographie einen räumlichen Bezug haben, kann man auch überall GIS einsetzen. Es lassen sich Informationen über
  - Klima,
  - Bevölkerung,
  - Wirtschaft,
  - Soziales,
  - Umwelt und vieles mehr speichern.
- **Beispiel:** Man kann die Bevölkerung Deutschlands mit verschiedenen Teilaspekten darstellen,
  - die Bevölkerungsdichte der einzelnen Bundesländer;
  - die Wanderbewegung zwischen den einzelnen Bundesländern;
  - die Geburtenraten;
  - die Fruchtbarkeitsraten;
  - die Altersstruktur;
  - den Ausländeranteil;
  - die Kaufkraft der Bewohner, und Beliebiges mehr, was in der Datenbank vorhanden ist.
- Durch die Auswahl verschiedener Jahre lässt sich die Zunahme oder Abnahme der Bevölkerung in bestimmten Zeiträumen farbig im Kartenbild festhalten. Somit werden Prozesse sichtbar.

- Dabei ist es in den meisten Fällen möglich, die Farbgebung oder die Rasterung selbst zu modifizieren.
- Man kann die Karte durch Diagramme und Bilder ergänzen.
- Der Kartenausschnitt ist beliebig wählbar.

J Tipps für die mündliche Prüfung

- Machen Sie sich einen Zeitplan für die Vorbereitung auf die Prüfung! Verteilen Sie die Arbeitszeit gleichmäßig. Zu lange Arbeitszeit pro Tag für das gleiche Fach mindert den Lerneffekt. Kalkulieren Sie die Zeit so, dass Sie acht Tage vor der Prüfung mit dem Soll fertig sind. Dann haben Sie Spielraum, wenn etwas dazwischen kommt.
- Sprechen Sie mit Ihrem Prüfer über die Abgrenzung des Themenbereichs. Ein Missverständnis darüber könnte sehr unangenehm sein.
- Erkundigen Sie sich über den genauen technischen Ablauf der Prüfung!
- Bücher, die zur Vorbereitung notwendig sind, rechtzeitig besorgen!
- Kontrollieren Sie, ob Sie beim Studium der Begleitlektüre die gleiche Auflage benützt haben wie Ihr Prüfer; Seitenverschiebungen können zu Komplikationen führen.
- Wenn Sie sich den Text der Begleitlektüre anschaffen oder kopieren, können Sie unterstreichen, Randbemerkungen machen, eine Gliederung dazuschreiben; dadurch wird der Stoff besser strukturiert.
- Verwenden Sie bei der Vorbereitung immer den Atlas, studieren Sie alle für Ihren Themenbereich einschlägigen Karten. In der Prüfung haben Sie den Atlas zur Verfügung. Die Auswertung der Karten gehört zu den Arbeitstechniken, die neben Ihrem Wissen auch geprüft werden.
- Üben Sie zu Hause die Anfertigung des Referats einmal zur Probe. Halten Sie die Zeitvorgabe ein, auch beim Probevortrag. Es ist nichts peinlicher, als wenn Sie bei vorgegebener Referatszeit von zehn Minuten schon nach fünf Minuten fertig sind.
- Entspannen Sie sich am letzten Tag vor der Prüfung!
- Achten Sie bei Ihrem Referat auf eine sehr klare Gliederung! Lassen Sie diese Gliederung auch beim Vortrag deutlich erkennen. Damit zeigen Sie, dass Sie Ihr Thema beherrschen.
- Fragen Sie zur Klärung nach, wenn Sie bei dem anschließenden Prüfungsgespräch eine Frage nicht richtig verstanden haben!

Stichwortverzeichnis

Quellenverzeichnis

Kapitel A

S. 7, Abb. 1: Schönwiese, Klimatologie, 3. Aufl., Eugen Ulmer KG, Stuttgart, ©2008, S. 19
S. 9, Abb. 3: Schönwiese, a. a. O., S. 112
S. 10, Abb. 4: Schönwiese, a. a. O., S. 113
S. 11, Abb. 5: Weischet, Endlicher, Einführung in die Allgemeine Klimatologie, 7. Aufl., Gebrüder Borntraeger, Berlin Stuttgart, 2008, S. 31
S. 12, Abb. 6: Zahlenmaterial nach Weischet, a. a. O., S. 37
S. 12, Abb. 7: Ott, Meereskunde, Eugen Ulmer KG, Stuttgart, ©1996, S. 47
S. 13, Abb. 8: H. Gebhardt, R. Glaser, U. Radtke, P. Reuber (Hrsg.), Physische Geographie und Humangeographie, Spektrum – Akademischer Verlag, Heidelberg, 2007, S. 504
S. 15, Abb. 9: D. Kelletat, Physische Geographie der Meere und Küsten, 2. Aufl., Teubner Verlag, 2001, S. 25
S. 16, Abb. 10: D. Kelletat, a. a. O., S. 22
S. 21, Abb. 11: D. Kelletat, a. a. O., S. 71
S. 24, Abb.12: Schönwiese, a. a. O., S. 197
S. 26, Abb. 13: J. Marcinek, E. Rosenkranz, Das Wasser der Erde, Klett-Perthes Verlag, Gotha, ©1996, S. 82
S. 27, Abb. 14: H. Gebhardt, R. Glaser, U. Radtke, P. Reuber (Hrsg.); a. a. O., S. 223
S. 29, Abb. 15: Schönwiese, a. a. O., S. 165

Kapitel B

S. 36, Abb. 1: A. Brucker, Erdkunde 11, Gymnasium Bayern, Oldenbourg Schulbuchverlag, 1998, S. 15
S. 41, Abb. 2: Bayerisches Staatsministerium für Umwelt, Gesundheit und Verbraucherschutz/Staatsinstitut für Schulqualität und Bildungsforschung, Lernort Boden, S. 21
S. 43, Abb. 3: Bayerisches Staatsministerium …, Lernort Boden, a. a. O., S. 23
S. 49, Abb. 5: J. Schultz, Die Ökozonen der Erde, Eugen Ulmer KG, Stuttgart, ©2008, S. 330
S. 51, Abb. 6: J. Schultz, a. a. O., S. 73
S. 59, Abb. 7: J. Schultz, a. a. O., S. 130

Kapitel C

S. 66, Abb. 6: A. Goudie, L. King, Physische Geographie, Spektrum – Akademischer Verlag, Heidelberg, Sonderausgabe 2007, S. 77
S. 68; Abb. 7: nach H. Gebhardt, R. Glaser, U. Radtke, P. Reuber (Hrsg.), a. a. O., S. 453
S. 68, Abb. 8: Forum für Verantwortung Stiftung. In: W. Mauser, Wie lange reicht die Ressource Wasser?, Fischer TB, Frankfurt, 2007, S. 110
S. 74, Abb. 9: Forum für Verantwortung Stiftung, a. a. O., S. 83
S. 78, Abb. 10: D. Müller-Mahn, Wasserkonflikte im Nahen Osten – eine Machtfrage (Kartografie: M. Wegener 2005). Nach Daten von IG RAS 1998, MEED 01.03.1996, Allan 1994, Beschorner 1992, CAPMAS 1993. In: Geographische Rundschau, Westermann, Braunschweig, 2006, 58:2, S. 41
S. 80, Abb. 11: H. Kreutzmann, Wasser und Entwicklung. Nach Daten von Cosgrove und Rijsberman 2000. In: Geographische Rundschau, Westermann, Braunschweig, 2006, 58:2, S. 6
S. 82, Abb. 12: Zahlen nach W. Mauser, Wie lange reicht die Ressource Wasser?, Fischer TB, Frankfurt, 2007, S. 177
S. 85, Abb. 13: Zahlen nach W. Mauser, a. a. O. S. 215
S. 95, Abb. 14: Zahlen nach BGR Bundesanstalt für Geowissenschaften und Rohstoffe (www.bgr.bund.de)
S. 96, Abb. 15: Zahlen nach BGR, a. a. O.

S. 97, Abb. 16: Matthew McCulloch, Marlo Raynolds, Rich Wong, Carbon Neutral 2020: A Leadership Opportunity in Canada's Oil Sands; The Pembina Institute, Drayton Valley, Alberta T7A 1S7 Canada, 2006, S. 13. In: Geographische Rundschau, Westermann, Braunschweig, 2008, 60:1, S. 45
S. 99, Abb. 17: BGR Bundesanstalt für Geowissenschaften und Rohstoffe/BP Statistical Review of World Energy June 2008
S. 101, Abb. 18: BGR Bundesanstalt für Geowissenschaften und Rohstoffe/VDKI

Kapitel D

S. 109, Abb. 1: CIPRA Schriften Band 12, Verkehr in den Alpen – Mehr als nur Transit, 1994, CIPRA Turin, S. 15. In: W. Bätzing, Die Alpen, C.H. Beck Verlag, München, S. 207
S. 110; Abb. 2.: CIPRA Schriften, a. a. O., S. 21
S. 114, Abb. 3: Grotzinger, Jordan, Press, Siever; Allgemeine Geologie, Spektrum – Akademischer Verlag, Heidelberg, 2008, S. 412
S. 115, Abb. 4: GFZ Deutsches Geo-Forschungs-Zentrum, Potsdam in: GITEWS Broschüre „Das Tsunami-Frühwarnsystem für den Indischen Ozean"
S. 116, Abb. 5: GFZ, a. a. O.
S. 118, Abb. 6: GFZ, a. a. O.
S. 119, Abb. 7: H.-U. Schmincke, Vulkanismus, Wissenschaftliche Buchgesellschaft Darmstadt, 2000, S. 16
S. 122, Abb. 8: Angaben nach: Spektrum der Wissenschaft, Heidelberg
S. 124, Abb. 9: Weischet, Endlicher, a. a. O., S. 26
S. 126, Tabelle: Moijib Latif, Bringen wir das Klima aus dem Takt?, S. Fischer Verlag, Frankfurt/Main, 2006, S. 52. Stiftung Forum für Verantwortung/www.mut-zur-nachhaltigkeit.de
S. 127, Abb. 10: Moijib Latif, a. a. O., S. 63
S. 129, Abb. 11: Schönwiese, a. a. O., S. 309
S. 131, Abb.12: Schönwiese, a. a. O., S. 311

Kapitel E

S. 141, Abb. 1: Bergmoser + Höller Verlag, Zahlenbild 603656
S. 145, Abb. 2: R. Strahm, Überentwicklung – Unterentwicklung, Laetare Verlag, Stein-Nürnberg, 1975, S. 218
S. 147, Abb.3: F. Scholz, Entwicklungsländer, Westermann Verlag, Braunschweig, 2006, S. 87 ff.

Kapitel F

S. 153, Abb. 1: J. Bähr, Bevölkerungsgeographie, Eugen Ulmer KG, Stuttgart, ©1983, 2004, S. 57
S. 155, Abb. 2: P. Gans, Globales Bevölkerungswachstum – Trends, Strukturen, regionale Unterschiede. In: Geographische Gesellschaft, München, 2008, Bd. 90, S. 5
S. 156, Abb. 3: P. Gans, a. a. O., S. 5
S. 156, Abb. 4: Bergmoser + Höller Verlag, Zahlenbild 603135
S. 158, Abb. 5: J. Bähr, C. Jentsch, W. Kuls, Lehrbuch der Allgemeinen Geographie, Bd. 9, Bevölkerungsgeographie, Walter de Gruyter, Berlin, 1992, S. 481
S. 159, Abb. 6: A. Gelbard, C. Haub, M.M. Kent, Population Bulletin, Vol. 54:1, Population Reference Bureau, Washington DC, March 1999, S. 6. In: D. Böhn, E. Rothfuß (Hrsg.), Entwicklungsländer I (Handbuch des Geographieunterrichts, Bd. 8/I) Aulis Verlag Deubner, Köln, 2007, S. 121)
S. 161, Abb. 7: H. Heineberg, Einführung in die Anthropogeographie/Humangeographie, UTB, Verlag Ferdinand Schöningh, Paderborn, 2006, S. 61
S. 162, Abb. 8: W. Klohn, Strukturen und Probleme der Bevölkerungsentwicklung, ISPA Hochschule Vechta, 2006, Bd. 13, S. 16, 120, 121
S. 164, Abb. 9: A. Gelbard, C. Haub, M.M. Kent, a. a. O., S. 18. In: C. Kerning, Und mehret euch?, Dietz Nachfolger, Bonn, 2006, S. 40
S. 164, Abb. 10: W. Klohn, a. a. O., S. 45
S. 166, Abb. 11: W. Klohn, a. a. O., S. 90
S. 173, Abb. 12: Bergmoser + Höller Verlag, Zahlenbild 603142
S. 177, Abb. 13: R. Paesler, Stadtgeographie, Wissenschaftliche Buchgesellschaft Darmstadt, 2008, S. 66
S. 179, Abb. 14: R. Paesler, a. a. O., S. 112, 113

S. 180, Abb. 15: O. Boustedt, Stadtregionen, 1970. In: Akademie für Raumforschung und Landesplanung (Hrsg.), Handwörterbuch der Raumforschung und Raumordnung, 2. Aufl., Sp. 3207-3237, Gebr. Jänecke. In: R. Paesler, a. a. O., S. 49

S. 181, Abb. 16: K. Zehner, Stadtgeographie, Klett-Perthes Verlag, Gotha, 2001, S. 177

S. 182, Abb. 17: Bähr, Mertens, Die lateinamerikanische Großstadt, Wissenschaftliche Buchgesellschaft Darmstadt, 1995. In: R. Paesler, a. a. O., S. 120

S. 184, Abb. 18: R. Paesler, a. a. O., S. 119

S. 185, Abb. 19: Bergmoser + Höller Verlag, Zahlenbild 603140

S. 187, Abb. 20: R. Paesler, a. a. O., S. 109

Kapitel G

S. 192, Abb. 1: H. Barthelt, Wirtschaftsgeographie, Eugen Ulmer KG, Stuttgart, ©2002, 2004, S. 276

S. 194, Abb. 2: A. Highes, S. Reimer (Hrsg.), Geographies of Commodity Chains, London, 2004; S. 201. In: P. Knox u. a., H. Gebhardt (Hrsg.), Humangeographie, Spektrum – Akademischer Verlag Heidelberg, 2008

S. 197, Abb. 3: Nach Ritter & Ruppert 1996. In: W. Schenk , K. Schliephake (Hrsg.), Allgemeine Anthropogeographie, Klett-Perthes Verlag, Gotha, 2005, S. 458

S. 198, Abb. 4: Bergmoser + Höller Verlag, Zahlenbild 681133

Kapitel H

S. 211, Abb. 1: E. Kulke, Wirtschaftsgeographie, UTB, Verlag Ferdinand Schöningh, Paderborn, 2008, S. 24

Kapitel I

S. 237, Abb. 1: A. Pro, Thematischer Atlas, Klett-Perthes Verlag, Gotha, 1996, S. 49

S. 239, Abb. 2: Credit: ESA 1976. In: A. Brucker, Arbeitsheft Satelliten Geographie, Westermann, Braunschweig, 1982/1983, S. 9

S. 244, Abb. 4: E.W. Schamp, Handbuch des Geographieunterrichts, Band 9, Aulis Verlag Deubner, Hallbergmoos, 2008, S. 105 (nach WTO 1985 ff.)

S. 246, Abb. 5: E.W. Schamp, a. a. O., S. 112 (nach WTO 2002, 2008)

S. 250, Abb. 6: J. Schultz, a. a. O., ©1988, 2008, S. 203

Wolfram Glatz